普通高等教育一流本科专业建设系列教材

LaTeX 科技排版与应用开发教程

杨 雨 刘洪波 编著

科学出版社

北 京

内 容 简 介

本书是作者积累多年使用 LaTeX 的心得和体会编写而成的,内容包括基础部分的 LaTeX 简介、LaTeX 基础、图形编排、表格编排、数学公式与特殊符号、参考文献和附录的编排、常见问题及解决方案,提高部分的 LaTeX 文档模板、LaTeX 其他常用功能、个性化排版、LaTeX 排版技巧、自定义宏、TikZ 绘图、毕业论文模板解析、LaTeX 二次应用开发。其中通过两个典型案例,深度解析了一个标准毕业论文模板的宏包、样式引擎,并系统讲解了基于 LaTeX 的二次 Web 应用开发,部署实现了一个在线通知文稿编排系统,可以促进读者 LaTeX 科技排版技能的进阶式提升,使读者能够真正掌握 LaTeX 模板定制和应用开发技能。全书知识系统全面、由浅入深、循序渐进,配备了完整的实例源代码及运行结果,关键源代码均有注释,案例配套微课视频讲解,易于理解。

本书适合作为普通高等院校理工科专业本科生、研究生和教师的教材,也适合 LaTeX 爱好者自学使用,同时还可以作为 LaTeX 科技排版的培训用书。

图书在版编目（CIP）数据

LaTeX 科技排版与应用开发教程/杨雨,刘洪波编著. —北京：科学出版社,2024.8
ISBN 978-7-03-074316-9

I. ①L… II. ①杨… ②刘… III. ①排版-应用软件-教材 IV. ①TS803.23

中国版本图书馆 CIP 数据核字（2022）第 241061 号

责任编辑：孙露露 / 责任校对：赵丽杰
责任印制：吕春珉 / 封面设计：东方人华平面设计部

科 学 出 版 社 出版
北京东黄城根北街 16 号
邮政编码：100717
http://www.sciencep.com

北京九州迅驰传媒文化有限公司印刷
科学出版社发行 各地新华书店经销
*

2024 年 8 月第 一 版 开本：787×1092 1/16
2024 年 8 月第一次印刷 印张：14 1/4
字数：326 000

定价：59.00 元
（如有印装质量问题,我社负责调换）

销售部电话 010-62136230 编辑部电话 010-62138978-2010

序

科技论文和科技书籍的排版对于科学知识的交流和普及起到非常重要的作用。本书对当前主流的科技排版软件 LaTeX 进行了系统全面的介绍，除了详细介绍 LaTeX 的基础知识外，还系统地解析了一个具有代表性的毕业论文模板，同时给出了一个完整的 LaTeX 二次应用开发实例。

LaTeX 的用户大致可以分为三个级别：第一个级别是能够使用 LaTeX 标准命令、扩展宏包以及其他人配置好的模板来进行排版；第二个级别是能够根据自己的需要来配置宏包，将常用功能定制为模板以简化日常的排版工作，提高排版质量和效率；第三个级别是能够编写完成特定高级功能的扩展宏包以供其他 LaTeX 用户使用。大部分 LaTeX 用户处于第一个级别，市面上的多数 LaTeX 书籍也只介绍这个级别的相关内容。但是我一直认为，LaTeX 用户学会配置宏包和制定模板是非常必要的，一方面可以充分发挥自己掌握的 LaTeX 技能潜力，极大地提升自己的工作效率；另一方面可以推广和普及 LaTeX 排版软件的使用，让 LaTeX 的强大生产力发挥更大的作用。希望本书的出版能够帮助更多的读者对 LaTeX 知其然并知其所以然，不仅会使用别人的模板，还可以做出自己需要的模板，全面提升广大科技工作者的排版能力。

本书作者从事 LaTeX 应用和开发多年，开发了基于 LaTeX 的高校毕业论文在线自动编排系统，积累了丰富的开发和教学经验。本书以在线编译 LaTeX 项目为例，从软件工程的角度介绍了 LaTeX Web 项目的开发环境、工具、总体架构设计、关键技术等，为推广 TeX/LaTeX 的高阶应用打下了良好的基础。

希望本书的出版能够帮助更多的人提升 TeX/LaTeX 应用水平，为 TeX 在中国的推广普及做出更多的贡献，也希望更多的 TeX 爱好者加入到这个队伍中来。

中国科学院数学与系统科学研究院应用数学研究所

吴凌云

2024 年 3 月于北京中关村

前　言

LaTeX 是一款非常实用且便捷的排版系统，在论文排版方面有很多出色的功能，国外很多关于 LaTeX 的技术文档、论坛、书籍等是以英文的方式呈现的，阻碍了国内不少用户理解并深度掌握相关技术。国内 LaTeX 排版中文书籍主要偏重介绍基础的入门及常见的使用方法，没有系统地对常用模板背后的 LaTeX 关键代码进行详细解析。此外，众多宏包和命令也没有系统地进行汇总整合，使得大部分使用者只是掌握了简单的使用方法，没有真正掌握并达到灵活制作出适合自己需求的个性化模板的能力。因此，编写一本 LaTeX 科技排版从入门到精通的教程很有必要。

CTeX 套装作为 LaTeX 中文用户最常用的发行版之一，是由中国科学院数学与系统科学研究院应用数学研究所的吴凌云研究员制作并维护的一个面向中文用户的 Windows 系统下的发行版。该发行版安装简单、容易上手，增加了 WinEdt 作为主要编辑器，以及 PDF 预览器 Sumatra PDF；另一个较为流行的发行版是 TeX Live，该发行版文件较大，可以在各种常见的桌面操作系统上运行。本书选取 CTeX 套装来进行讲解。

本书通过由浅入深、循序渐进的方式对 LaTeX 进行全面介绍，包括 LaTeX 简介、LaTeX 基础、图形编排、表格编排、数学公式与特殊符号、参考文献和附录的编排、常见问题及解决方案、LaTeX 文档模板、LaTeX 其他常用功能、个性化排版、LaTeX 排版技巧、自定义宏、TikZ 绘图、毕业论文模板解析、LaTeX 二次应用开发等内容，可以帮助读者无压力地实现从初级到高级的进阶。本书所有案例的源代码使用 CTeX 中的 WinEdt 编写，均编译运行通过；为方便读者理解，书中所给关键源代码还配有注释；同时，每章后面提供习题，可以帮助读者及时巩固所学知识。本书配套微课视频，便于更加直观、高效地理解掌握相关知识，以二维码的方式链接在书中；课件等教学资源可发邮件至编辑邮箱（360603935@qq.com）索取。此外，本书还配套 LaTeX 排版学习 QQ 群（群号 81658306），可以及时解答读者学习中遇到的各种问题。

本书由杨雨、刘洪波、李波、彭统乾、李真、赵凯、吕海莲和赵伟艇编著。本书在编写过程中得到了中国科学院吴凌云研究员的大力支持和详细指导，上海交通大学张晓东教授阅读了本书的初稿并提出了很多宝贵的建议，在此深表感谢。刘凯博士，研究生靳棒棒、孙道强、李龙、孙祥辉等在源代码编写，系统开发和调试，课件制作和校对，以及本书统稿过程中做了大量细致的工作，在此一并表示感谢。本书在编写过程中，参考了许多国内外重要手册、同行的教材、开源的网络资源、模板和宏包（见参考文献），在此谨向相关作者表示衷心的感谢。

由于编者水平有限，书中难免存在疏漏和不妥之处，恳请广大读者批评指正。

目　　录

第 1 章　LaTeX 简介

学习目标 ☞

1. 了解 TeX 的发展历史。
2. 了解常见 TeX 版本的安装。
3. 掌握使用 LaTeX 常用工具的方法。

排版对于知识的传播和交流非常重要，LaTeX 作为一款优秀的电子排版系统，以其灵活、方便的格式控制，出色的排版效果，深受学术界特别是数学、计算机等领域广大科技工作者的喜爱。

1.1　TeX 的发展历史

TeX（发音：国际音标/teks/，音译"泰赫"）是由美国著名的计算机科学家唐纳德·欧文·克努特（Donald Ervin Knuth）在进行书籍 *The Art of Computer Programming* 第二卷校样时，对低质量的计算机排版校样感到无法忍受而开发的一款高质量计算机排版系统。

TeX 的发展历史

TeX 的第一版是用 SAIL 编程语言编写的，于 1978 年发布，运行于当时的 PDP-10 型计算机，采用斯坦福大学的 WAITS 操作系统。后来为了追求一种从同一源文件自动生成可编译的源代码和高质量文档的编程方法，唐纳德发明了所谓的"文学编程"，这种语言被称为 WEB，它所生成的源代码采用 Pascal 编程语言编写。经过不断改进之后，于 1982 年发布了 TeX 的第二版，该版本十分稳定，并且自此之后，TeX 的版本更新没有太大的变动，只是针对上一版本发现的错误进行修正。最有趣的莫过于从 1994 年 TeX 的第三版版本号码开始，每一次版本更新，版本号便会在 π 的小数点后加上一位数字，如现在版本号是 3.1415926，那下一次的版本号便是 3.14159265，这种版本号设定说明了 TeX 已经十分稳定，任何的升级都十分细微，并且也体现了 TeX 不断追求完美的初衷。

虽然 TeX 从排版效果上来说是一个非常好用的排版工具，但是它的使用是有一些门槛的。由于 TeX 有 300 条初始命令，且其中还有很多符号是键盘上没有的特殊符号，这对于没有编程基础的新手来说使用起来相对比较困难。此外，当输入错误命令或信息时，很多时候 TeX 的错误提示并不能迅速找到并定位，从而无形增加了写作的时间。为了克服上述缺点并方便用户的使用，1978 年，唐纳德又在 TeX 的基础上设计了一个 PlainTeX 的基本命令格式，该命令格式基于原始的 TeX 命令，但仍然有些命令晦涩难懂，不太方便用户使用。为此，莱斯利·兰波得（Leslie Lamport）和美国数学学会于 1990 年初又在 PlainTeX 的基础上再一次进行宏包开发，分别设计出了两种著名的排版软件——AMS-LaTeX 和 LaTeX。

AMS-LaTeX 和 LaTeX 都是在 Plain TeX 基础上开发的 TeX 宏集。前者主要针对复杂数学公式的编排提供了 amsmath 宏包排版数学符号和公式；后者主要针对整个文章的编排效果,提供了大量定义好的宏命令,能在很短的时间内生成高质量的文档。目前,TeX 和 LaTeX 是当今世界上最为流行和广泛使用的电子排版系统之一。

1.2 TeX 的主流发行版本介绍

要编排一个完整的文档,仅有 TeX、LaTeX 等排版引擎是完全不够的,还需要引擎的各种可执行程序及一些模板、字体文件辅助程序和宏包文档的集合。通常情况下需要将这些在运行过程中所需要的软件集合起来共同构建一个 TeX 的安装包供用户下载使用,这些安装包被称为 TeX 的发行版本。本节将简要介绍一些 TeX 的主流发行版本。

TeX 的主流发行
版本介绍

1.2.1 CTeX 套装

CTeX 中文套装是一款基于 Windows 的 MiKTeX 系统软件,主要面向中文 LaTeX 排版。该套装由中国科学院吴凌云研究员开发,旨在提供对中文排版的完整支持。CTeX 中文套装集成了 MiKTeX 编译器、WinEdt 编辑器、Sumatra PDF 阅览器、Ghostscript、GSview 等主要软件,并提供了多种不同的编译方式,如 LaTeX、pdfLaTeX、XeLaTeX、LuaLaTeX 等,以方便用户使用。

CTeX 套装深受中文用户的喜爱,它安装简单,容易上手。CTeX 套装有基本版和完全版两个版本:基本版只包含一些基本的 MiKTeX 组件命令,有些宏包需要用户自己安装;完全版包含了完整的 MiKTeX 组件。建议用户选择完全版,不仅可以减少自己安装宏包的频次,而且完全版还包含诸多文档资料,可供用户参考学习。

1.2.2 MiKTeX

MiKTeX 是一种在 Windows 系统上运行的文字处理系统,它基于 TeX 及其相关程序,由克里斯蒂安·申克(Christian Schenk)开发。MiKTeX 利用 TeX/LaTeX 标志语言组成文字处理所需的工具,而且当系统安装 MiKTeX 时,该软件会提供一个简易的文本编辑器——TeXworks。并且自 2.7 版开始,MiKTeX 已支持 XeTeX、MetaPost 和 pdfTeX,并且兼容于 Windows、Linux 和 macOS 操作系统。

1.2.3 TeX Live

TeX Live 是由国际 TeX 用户组织(TeX user group,TUG)开发的一款基于 TeX 系统的免费跨平台发行版软件,支持不同的操作系统平台,同时该系统的维护也是由 TUG 负责的。同 CTeX 套装一样,TeX Live 中也包含编辑器、编译器、阅读器以及配套的字库、各种宏包等软件,方便用户使用。

1.2.4 MacTeX

MacTeX 是基于 macOS 操作系统的 TeX 软件,它包含了完整的 TeX Live 发行版,包括了各种 TeX 引擎(如 pdfTeX、XeTeX、LuaTeX 等)、宏包、字体和相关工具。此外,MacTeX 还集成了 macOS 平台上常用的 TeX 编辑器和其他工具,如 TeXShop、TeXworks

等，这些工具提供了友好的用户界面，方便用户进行 LaTeX 文档的编写和排版。

1.3 CTeX、MiKTeX、TeX Live 和 MacTeX 的安装

下面主要介绍 CTeX、MiKTeX、TeX Live 和 MacTeX 的安装。

1.3.1 CTeX 的安装

CTeX 的最新版 CTeX 3.0.216.3 可通过 CTeX 官网 https://ctex.org/ctex/download/进行下载。本书使用 CTeX 2.9.2 版本，有两种下载方式，分别是清华 TUNA 镜像（清华大学开元软件镜像站）和腾讯微云，清华 TUNA 镜像的下载链接为 https://mirrors.tuna.tsinghua.edu.cn/ctex/legacy/2.9/。

CTeX、MiKTeX、TeX Live 和 MacTeX 的安装

下载完成后，双击安装包便可弹出安装界面，在该界面可以选择不同语言的安装版本，默认语言是中文，如需选择其他语言，可单击下拉框进行选择，然后根据系统提示进行安装。

1.3.2 MiKTeX 的安装

MiKTeX 的安装源文件可以通过其官方网站 https://miktex.org/download 下载，Windows 版本的界面如图 1.1 所示。

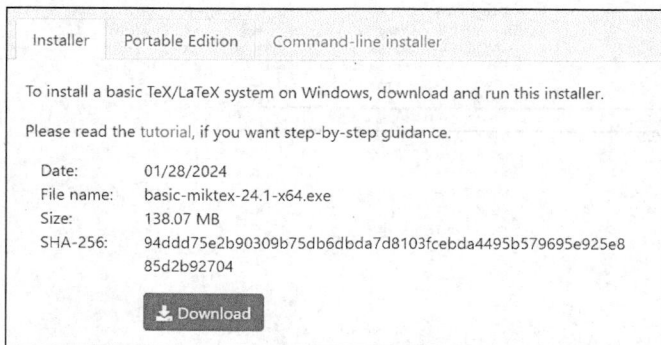

图 1.1 MiKTeX 软件下载界面

本书选择 Basic-MiKTeX-21.2-x64 版本，下载完成后进行安装。安装完成后，在"开始"程序中找到 MiKTeX 下的 TeXworks 并打开，输入"Hello,World!"，界面如图 1.2 所示。

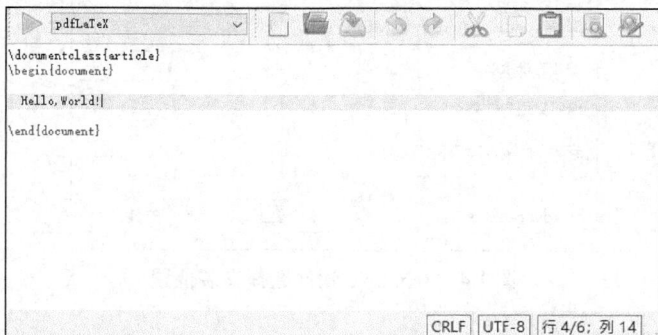

图 1.2 TeXworks 编辑界面

1.3.3　TeX Live 的安装

TeX Live 最新版 texlive2023 的安装文件既可以通过 TeX Live 的官网 http://www.tug.org/texlive/下载，也可以使用清华大学开源软件镜像站 https://mirrors.tuna.tsinghua.edu.cn/CTAN/systems/texlive/Images/进行下载。单击镜像站中的 texlive2023.iso 就可以进行下载，本书使用的版本是 texlive2021，下载网址为 https://mirrors4.tuna.tsinghua.edu.cn/tex-historic-archive/systems/texlive/2021/?C=N&O=D。

下载文件完成并解压后，进入文件的根目录。选择 install-tl-advanced.bat 文件并以管理员的方式运行，如图 1.3 所示。安装过程按照弹窗的指示，不断单击"安装"按钮即可，若弹出警告窗口，忽略它，单击 Continue 按钮继续进行安装。如果需要修改安装目录，可以在如图 1.4 所示界面中的 Installation root 中单击"修改"按钮进行修改。软件安装完成后，单击 TeXworks Editor 启动编辑器，即可进行 LaTeX 文章的编写。

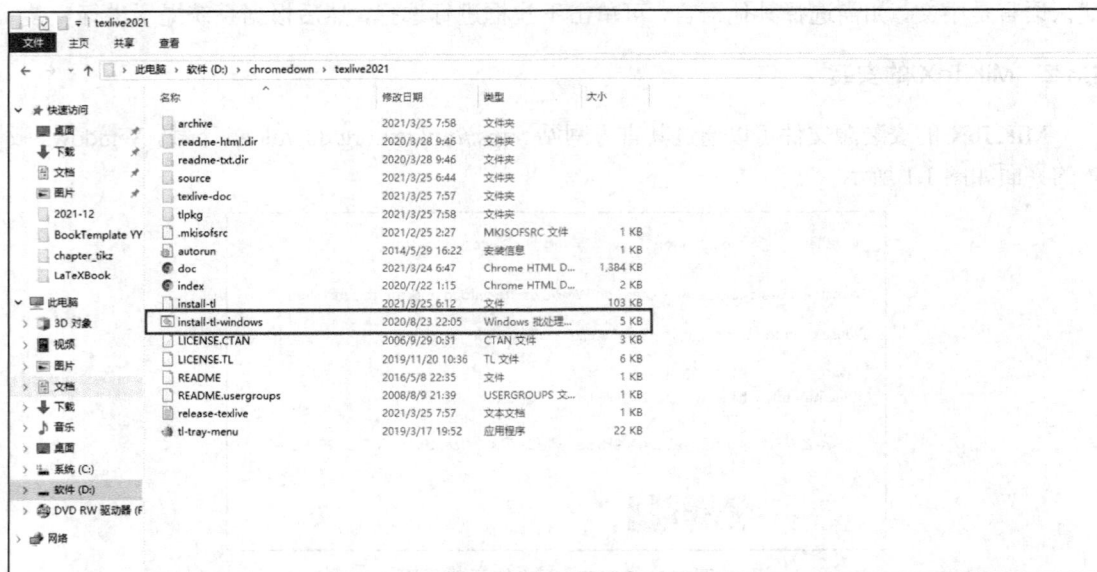

图 1.3　TeX Live 软件解压后的文件夹

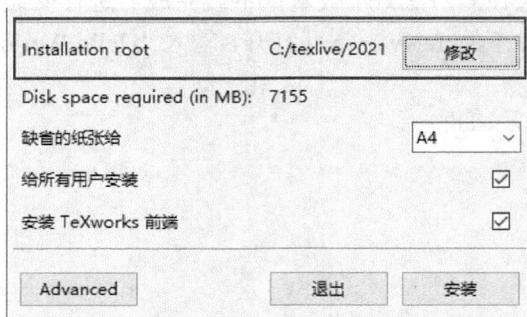

图 1.4　TeX Live 软件选择安装位置

1.3.4　MacTeX 的安装

　　MacTeX 安装包最新版是 MacTeX-2023，可以通过其官方网站 https://www.tug.org/mactex/ 下载。本书选择 MacTeX-2019 版本进行安装，下载地址为 https://www.math.utah.edu/pub/tex/ historic/systems/mactex/，安装完成后会在桌面上出现四个图标，如图 1.5 所示。其中，BibDesk 是参考文献数据管理工具；LaTeXiT 是一个简洁版的 LaTeX 图形交互界面，可用于检查数学公式书写规范；TeX Live Utility 旨在提供 Mac 下原生的图形用户界面（graphical user interface，GUI）工具，以便使用 TeX；TeXShop 集成了 Live Manager 的命令行工具，用于编辑 LaTeX 文档，展示运行效果，打开 TeXShop，编辑"Hello,World!"，编辑界面如图 1.6 所示。

图 1.5　安装完成后 MacTeX 界面

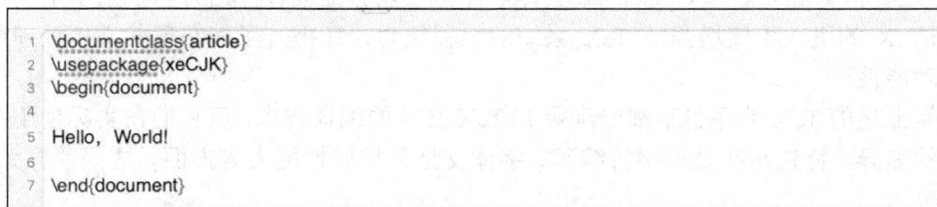

```
1  \documentclass{article}
2  \usepackage{xeCJK}
3  \begin{document}
4
5  Hello,  World!
6
7  \end{document}
```

图 1.6　TeXShop 编辑界面

1.4　TeX 系统的编译引擎和基于 TeX 的排版系统

　　在 TeX 系统中，有许多编译引擎和工具用于处理不同的文档编译和排版需求，从基础的 TeX 引擎到支持复杂排版需求的现代工具，如 XeTeX

TeX 系统的编译引擎和
基于 TeX 的排版系统

和 LuaTeX。这些编译引擎和辅助工具用于将 TeX 或 LaTeX 源文件转换为最终的输出格式（如 PDF、DVI），每个编译引擎和工具都有其独特的功能，适用于不同的排版需求。接下来介绍主要的 TeX 编译引擎、编译方式以及基于 TeX 的排版系统。

1.4.1　TeX 编译引擎和 LaTeX 源文件编译方式

1. 主要的 TeX 编译引擎

编译引擎是将 TeX 或 LaTeX 源文件转换为输出文件（如 PDF、DVI 等）的核心程序。主要的 TeX 编译引擎包括 TeX、pdfTeX、XeTeX 和 LuaTeX。

（1）TeX

TeX 是原始的 TeX 引擎，由唐纳德教授开发的最原始的排版系统，主要用于生成 DVI（Device Independent）文件。使用 TeX 编译引擎时，通常调用的是 Plain TeX 宏包，而不是 LaTeX 宏包。TeX 支持基本的 TeX 命令，但不支持现代特性，如 Unicode、复杂字体处理和直接生成 PDF。

（2）pdfTeX

pdfTeX 是从唐纳德教授的 TeX 扩展而来的编译引擎，能够直接生成 PDF 文件，而非传统的 DVI 文件。这个编译引擎支持大多数标准的 LaTeX 宏包和参数。相较于原始的 TeX，pdfTeX 引入了许多针对 PDF 的特定功能，例如 PDF 标注和超链接，使得生成的文档更具交互性和现代化。

（3）XeTeX

XeTeX 是一个基于 TeX 的编译引擎，专为支持 Unicode 和 OpenType 字体而设计。它不仅能处理复杂的字体设置和字符编码，而且支持直接使用系统安装的字体，极大地简化了字体管理和排版过程。XeTeX 特别适合于多语言排版，尤其是需要复杂字体处理的文档。

（4）LuaTeX

LuaTeX 是基于 pdfTeX 和 Lua 的 TeX 引擎，集成了 Lua 脚本语言，这使得用户能够通过编写 Lua 脚本来扩展 TeX 的功能和控制文档的生成过程。除了 pdfTeX 的基本功能外，LuaTeX 还支持 Unicode 和 OpenType 字体，使得它能够处理各种语言和复杂字形的排版需求。LuaTeX 的引入不仅增强了 TeX 系统的编程能力，还提升了其在现代文档处理中的灵活性和功能性。

尽管上述的 TeX 编译引擎都能满足 LaTeX 文档的编译需求，但它们在实际使用中还存在显著的差异，特别是在处理字符编码、字体支持和扩展性能力等方面。这些差异如表 1.1 所示。

表 1.1　TeX 不同编译引擎间的差异

编译引擎	输出格式	Unicode 支持	字体支持	宏包调用命令	扩展性
TeX	仅支持 DVI	不支持	基本字体	仅支持\input	基本
pdfTeX	支持 PDF 和 DVI	有限支持	扩展字体（包含 PostScript 字体、TrueType 字体）	支持\input 和\usepackage	中等

续表

编译引擎	输出格式	Unicode 支持	字体支持	宏包调用命令	扩展性
XeTeX	支持 PDF 和 DVI	支持	支持现代字体（OpenType、TrueType 和系统字体）	支持\input 和\usepackage	高
LuaTeX	支持 PDF 和 DVI	全面支持	支持现代字体（OpenType、TrueType 和系统字体）	支持\input 和\usepackage	非常高，内嵌 Lua 脚本支持

2. LaTeX 源文件编译方式

基于不同 TeX 编译引擎的 LaTeX 编译方式，是指使用不同的 TeX 编译引擎来处理 LaTeX 源文件的编译过程。

（1）pdfLaTeX

pdfLaTeX 使用 pdfTeX 引擎编译 LaTeX 文档，直接生成 PDF 文件。pdfLaTeX 结合了 LaTeX 的简便性和 pdfTeX 的强大功能，是学术文档排版的首选工具之一。通过利用丰富的宏包和扩展功能，pdfLaTeX 能够满足各种复杂的排版需求。

（2）XeLaTeX

XeLaTeX 是基于 XeTeX 编译引擎的 LaTeX 编译方式，专为处理 Unicode 和 OpenType 字体而设计。它结合了 LaTeX 宏包系统的简便性和 XeTeX 的强大功能，允许用户直接使用系统字体，并支持复杂的多语言排版。

（3）LuaLaTeX

LuaLaTeX 是基于 LuaTeX 编译引擎的 LaTeX 编译方式，它融合了 TeX 排版系统的传统功能和 Lua 脚本语言的灵活性。LuaLaTeX 允许用户通过编写 Lua 脚本来扩展 TeX 的功能，同时支持 Unicode 和 OpenType 字体，适合处理复杂的排版需求和多语言文档。

1.4.2　基于 TeX 的排版系统

1. LaTeX

LaTeX 是基于 TeX 的最流行的排版系统和宏包集合。它依赖于不同的 TeX 引擎（如 pdfTeX、XeTeX 或 LuaTeX）来编译文档。LaTeX 提供了一套标准的文档结构和格式，极大地简化了文档排版流程，特别适用于学术文档的撰写和排版。在使用 LaTeX 时，通常通过\usepackage{package_name}的形式调用宏包，以设定参数和引入额外功能。

2. AMSTeX

AMSTeX 是由美国数学学会（American Mathematical Society，AMS）开发的一套基于 TeX 的排版系统。它专注于优化和扩展 TeX 系统，以满足数学文档的排版需求。AMSTeX 提供了丰富的数学符号和结构命令，使得数学公式编排变得更加简单和精确。此外，AMSTeX 还包含一些专用于处理数学公式格式、定理环境和参考文献引用的宏包，可以帮助使用者高效地编辑和编译数学文档。

3. ConTeXt

ConTeXt 是由 Hans Hagen 开发的一个现代 TeX 排版系统，独立于 LaTeX，不依赖于 LaTeX 的宏包或命令。它可以使用 pdfTeX、XeTeX 或 LuaTeX 引擎进行编译。虽然 ConTeXt 和 LaTeX 都是基于 TeX 的排版系统，但它们是两个独立的发展分支，设计理念和实现方式各不相同。ConTeXt 集成了丰富的排版功能，支持复杂的布局设计、字体控制、图形插入等任务，能够处理多语言和复杂文档的需求。

1.5　LaTeX 常用编辑器及相关工具

与其他计算机编程语言相似，LaTeX 既可以使用 Windows 自带的记事本编写，也可以使用一些专门的编辑器。本节简单介绍编写 LaTeX 常用的编辑器及相关的辅助软件。

LaTeX 常用编辑器及相关工具

1.5.1　常用编辑器介绍

1. WinEdt 编辑器

WinEdt 是一款适用于 Windows 系统的万能文本编辑器，它具有强大的宏语言编写功能，可以用作编译器和排版系统的可视化编写工具。最新版的 WinEdt 已经无缝集成到 TeX 系统（如 MiKTeX、TeX Live 或 CTeX 套装）中，大大方便了用户的使用。

WinEdt 不仅拥有寻找/替换、打开多个文件、拼写检查程序等一般文本编辑器的功能，同时还支持分割视窗、双页打印等功能。它对数学公式的支持也非常友好，提供了一栏专门用于书写数学公式的工具栏。当用户用鼠标单击工具栏上的数学公式时，便会自动生成对应的数学 LaTeX 代码，大大提高了用户编写速度。

2. TeXstudio 编辑器

TeXstudio 是一款开源的跨平台 LaTeX 编辑软件，最初源于 Texmaker 的一个分支，因此该软件的用户界面与 Texmaker 类似。作为 LaTeX 语言的集成开发环境，TeXstudio 软件为用户提供了如交互式拼写检查、代码折叠、语法高亮等功能，但唯一遗憾的是它没有像 WinEdt 软件一样集成编译 LaTeX 文件的功能，用户需自行安装 LaTeX 编译软件。比如，TeXstudio 和 TeX Live 系统需要一起配合使用。

3. Overleaf 编辑器

Overleaf 是一个开源的在线实时协作的 LaTeX 编辑器。它不仅支持在线创建和管理项目，还支持在线编码、编译及预览效果等功能，官方网址为 https://www.overleaf.com/。作为在线 LaTeX 编辑器，它类似于腾讯文档，支持多人同时在线编辑、修改和评论同一篇文章，还支持本地上传 LaTeX 模板等功能。对于新手来说，省去了安装的步骤，提供了一些在线的模板，并具有代码提示的功能，大大降低了学习难度。

1.5.2　Visio 简介

Microsoft Visio 是微软公司提供的一款绘制流程图和矢量图的工具。它能够帮用户轻松创建极具专业特征的图表信息，简化复杂信息的数据链接关系，以便用户理解、记录和分析信息并绘制各种复杂图形。它不仅可以制作流程图、架构图、网络图、日程表、模型图、甘特图、思维导图等多种图表，它还支持团队协作，允许多个人同时处理图表和数据链接图，使绘制复杂的图形变得更加简单。

对于学术写作来说，论文中的插图通常需要提供高清的矢量图。Visio 是一个能将绘制的图形转换成矢量图的软件，相对于 LaTeX 自带的 Tikz 包，Visio 的使用显得更加简单。

1.5.3　Adobe Acrobat 简介

Adobe Acrobat 是 Adobe 公司出品的一款 PDF 编辑和阅读软件，它可以方便地修改文档的内容以及拆分与合并多个 PDF 文件。对于 PDF、Word、Excel 及 PowerPoint 等格式的文档，Adobe Acrobat 可以实现它们之间的无缝相互转换。Adobe Acrobat 还集成了 Photoshop 的图像编辑功能，可以用于编辑 PDF 文件中的图像内容，将任何纸质文件转换为可编辑的电子文件，用于传输和签字。它还包括一个移动应用程序，用户可以在任何设备上填写、签署以及共享 PDF。

1.5.4　MathType 简介

MathType 是由美国 Design Science 公司开发的一款非常专业的数学公式编辑工具软件，可以帮助用户在各种文档中插入复杂的数学公式和符号，支持对象的链接与嵌入功能，可以与当前常见的文字处理工具（如 Office）完美结合，被广泛地运用在编辑数学试卷、论文、幻灯片演示等方面。MathType 的操作采用了"所见即所得"的工作模式，用户只需要用鼠标在工具栏上选择所需要的公式即可，并且通过它可以自己设计公式的模板，让数学公式编辑变得更容易。MathType 还支持将编辑好的公式导出为 LaTeX 语言，大大降低了用户编写 LaTeX 数学公式的时间。

1.6　本　章　小　结

本章主要讲了 TeX 的发展历史，常用的几个主流发行版本以及各个版本的特点，并介绍了安装 CTeX、MiKTeX、TeX Live 和 MacTeX 的步骤供读者参考，最后介绍了 LaTeX 常用的编辑器以及与 LaTeX 搭配使用的软件。

习题 1

1. LaTeX 作为一款优秀的电子排版系统，其特点是（　　　）。
　　A. 灵活　　　　　　　　　　　　　B. 方便
　　C. 精美　　　　　　　　　　　　　D. 深受数学、物理、计算机界的喜爱

2. TeX 是因为（　　）无法忍受计算机排版的低质量，因此自己开发的。

    A. Leslie Lamport　　B. 唐纳德　　　　C. Christian Schenk　　D. W. Lemberg

3. CTeX 中文套装支持（　　）编译方式。

    A. LaTeX　　　　　　B. pdfLaTeX　　　C. XeLaTeX　　　　D. LuaLaTeX

4. 如果想在 LaTeX 中使用辅助工具编写数学公式，应该使用（　　）。

    A. Visio　　　　　　B. Adobe Acrobat　C. MathType　　　D. WPS

5. LaTeX 功能强大，可以进行优秀的排版、生成复杂的表格和数学公式，还可以（　　）。

    A. 制作幻灯片　　　B. 制作海报　　　C. 编写书籍　　　D. 播放视频

6. 支持 macOS 操作系统的 TeX 发行版本有（　　）。

    A. MiKTeX　　　　　B. CTeX　　　　　C. TeX Live　　　D. MacTeX

第 2 章 LaTeX 基础

学习目标 ☞　1. 认识 LaTeX 源文件的构成及文稿的编排过程。
2. 掌握 LaTeX 常用命令的使用方法。
3. 掌握根据需求设计导言区的方法。
4. 熟练运用全局控制命令，掌握页面设置的方法。
5. 了解 LaTeX 书写的注意事项。

LaTeX 基础是学习后续章节的前提，内容涉及 LaTeX 的编排过程、基础运行命令等，通过本章的学习，用户能够对 LaTeX 有基本的掌握，并且能够排版一些常见的文档。

2.1　文稿的编排过程

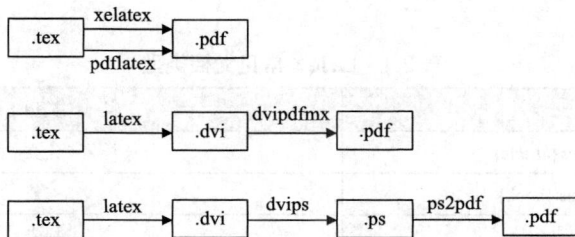

LaTeX 排版与 Microsoft Office Word、WPS Office Word 等办公软件排版不同，首先要用文本编辑器编辑好 TeX 文档，然后通过程序编译，得到 PDF 文档用于阅读或者打印，基本的排版流程如图 2.1 所示，根据实际需要，可以灵活地使用 LaTeX、PdfLaTeX 或 XeLaTeX 等编译模式，将 TeX 文档编译生成 PDF 文档。中文 TeX 文档通常使用 XeLaTeX 进行编译。

文稿的编排过程

图 2.1　基本的排版流程

WinEdt 是一款 Microsoft Windows 平台下的文本编辑器，利用它可以创建 TeX（或者 LaTeX）文档，同时也能处理 HTML 或者其他文本文档。它被很多 TeX 系统（如 MiKTeX）用来当作输入前端。

为了方便读者，本书所列举的源代码是在 CTeX 下的 WinEdt 7.0 版本编辑器中实现的。文档输入完毕后，单击 WinEdt 编辑器中的"编译"图标中的小三角打开下拉菜单，选择其中的 LaTeX 编译选项，对应图标"L"，对源代码进行编译。单击 WinEdt 编辑器中的"PDF 预览"图标即可显示编译效果，如图 2.2 所示。

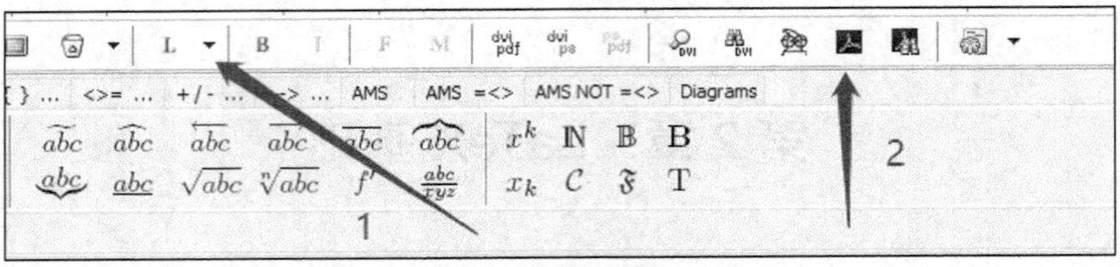

图 2.2　LaTeX 文档编译运行步骤

2.2　源文件的构成

　　所有 LaTeX 源文件都可以分为导言区和正文区两大部分。导言区主要用于设置编写的文档类型、字体字号、版式间距、引入需要的功能宏包、自定义一些功能等；正文区主要用于编写文档的内容。在后续小节和"第 8 章 LaTeX 文档模板"中将会详细介绍每一部分，这里不作赘述，为方便理解命令，对关键代码采用"%"进行注释，"%"代表注释符，"%"后的内容不会被编译，部分命令采用"："进行解释说明，最基本的 LaTeX 源文件命令格式如下。

源文件的构成

命令 2.1　基本结构

\documentclass {article}%引入导言区，设置正文类型为 article
\begin{document}%正文开始
... %正文内容
\end{document}%正文结束

　　文档类型可以通过导言区的\documentclass{文档类型}命令来进行设置，常见文档类型如表 2.1 所示。

表 2.1　LaTeX 常见文档类型

语法	类型
\doucumentclass{article}	论文
\doucumentclass{book}	书籍
\doucumentclass{report}	报告
\doucumentclass{letter}	书信

　　由于中文输入需要相关宏包支持，首先给出一个简单的英文输出例子。

LaTeX 源码 2.1　基础源文件构成

```
\documentclass{article}              %导言区
\begin{document}                     %正文区
    LaTeX LaTeX LaTeX LaTeX          %此处填写正文内容
\end{document}
```

　　运行效果如图 2.3 所示。

LaTeX LaTeX LaTeX LaTeX

图 2.3 基本运行效果

2.3 常用命令和自定义命令

下面介绍 LaTeX 的常用命令和自定义命令。

常用命令和自定义命令

命令 2.2 添加图像命令

\usepackage{graphicx}%导言区引入图片处理宏包

\graphicspath{}：设置图片目录路径

\includegraphics[图片大小]{图片名.后缀}：插入图片命令

LaTeX 源码 2.2 插入图片示例

```
\documentclass{article}
\usepackage{graphicx}
\graphicspath{{images/}}%图片文件存放在 images 文件夹内
\begin{document}
    \includegraphics[width=5cm]{playground.jpg}
\end{document}
```

运行效果如图 2.4 所示。

图 2.4 插入图片显示效果

LaTeX 中的列表是封闭的环境，列表中的每一项可以是一行或一段文字。在 LaTeX 中有三种列表类型。

命令 2.3 列表类型

\itemize：无序列表

\enumerate：有序列表

\description：描述列表

创建一个列表，需要在每个项目前加上控制序列命令\item，并在项目清单前后分别加上控制序列\begin{类型}和\end{类型}。下面是一个创建无序列表、有序列表和描述列表的示例。

LaTeX 源码 2.3　无序列表、有序列表和描述列表

```
\documentclass{article}
\begin{document}
    \begin{itemize}            %无序列表
        \item Collection
        \item List  Set
        \item ArrayList/LinkedList    HashSet/TreeSet
    \end{itemize}
    \begin{enumerate}          %有序列表
        \item Collection
        \item List  Set
        \item ArrayList/LinkedList    HashSet/TreeSet
    \end{enumerate}
    \begin{description}        %描述列表
        \item[Map] HashMap   Hashtable
        \item[Collection] List  Set
    \end{description}
\end{document}
```

运行效果如图 2.5 所示。

- Collection
- List Set
- ArrayList/LinkedList HashSet/TreeSet

1. Collection
2. List Set
3. ArrayList/LinkedList HashSet/TreeSet

Map HashMap Hashtable

Collection List Set

图 2.5　无序列表、有序列表和描述列表

　　LaTeX 提供了行内模式（嵌入句子中）和行间模式（单独一行）的公式书写方法。正文使用数学模式，可采用"$"符号，具体用法如下。

命令 2.4　"$"符号用法

　　xxx：一个"$"符号，中间的内容是行内模式显示

　　$$xxx$$：两个"$"符号，中间的内容是行间模式（单独一行）显示，也可以用\[xxx \]实现行间模式显示

　　LaTeX 文档中插入数学公式命令如下所示。

LaTeX 源码 2.4　数学公式命令

```
\documentclass{article}
\begin{document}
    Let $x$ = 1
                %空一行，实现文本的换行分段
    $f(x)=2x^2+3x^3+4x^4$
\end{document}
```

运行效果如图 2.6 所示。

$$\text{Let } x = 1$$
$$f(x) = 2x^2 + 3x^3 + 4x^4$$

图 2.6 应用数学公式

由于数学公式的表达形式复杂多样，将在本书"第 5 章 数学公式与特殊符号"中进行详细介绍。

LaTeX 提供了许多工具来创建和定制表格，在此主要介绍 table 和 tabular 表格环境。table 表格环境用于控制表格位置，设置表格标题，设置全局 id 用于引用；tabular 表格环境则用于绘制表格内容。

table 表格环境的基本格式如下。

LaTeX 源码 2.5 **table表格环境的基本格式**

```
\documentclass{article}
\usepackage{ctex}                           %中文汉字支持宏包
\begin{document}
\begin{table}
\centering                                   %表格居中
    \begin{tabular}{|l|c|c|c|}               %|代表分隔符
        \hline                               %LaTeX 插入水平边框线的命令
        电影名&疯狂动物城&寻梦环游记&我不是药神\\      \hline
        豆瓣评分&9.2&9.1&9.0\\                      \hline
    \end{tabular}
    \caption{豆瓣经典电影}                    %表格标题
    \label{tab:my_label}                     %表格 id 用于引用
\end{table}
\end{document}
```

运行效果如图 2.7 所示。

由于表格使用涉及单元格合并、斜线表头、多行多列嵌套等，具体使用方法将在本书 "第 4 章 表格编排"中进行详细介绍。

tabular 表格环境的基本格式如下。

电影名	疯狂动物城	寻梦环游记	我不是药神
豆瓣评分	9.2	9.1	9.0

Table 1: 豆瓣经典电影

图 2.7 两行四列表格

LaTeX 源码 2.6 **tabular表格环境的基本格式**

```
\documentclass{article}
\begin{document}
\begin{tabular}{cc} %c 表示该列居中对齐，还可以是 l（左对齐）或 r（右对齐）
    A&B\\           %符号"\\"表示换行，符号"&"表示分割符
    C&D\\
\end{tabular}
\end{document}
```

LaTeX 支持自定义命令。

命令 2.5 自定义命令

格式：\newcommand{新命令}[参数数量][默认值]{定义内容}

含义：

新命令：定义命令的名称，引用该新命令时使用

参数数量：可选，用于指定该命令具有参数个数，默认为 0，即无参数

> 默认值：可选，用于设定第一个参数的默认值
>
> 定义内容：涉及某个参数时用符号#n 表示，如#1、#2

例如：\newcommand{\mytextcolor}[1]{\textcolor{red}{#1}}。"mytextcolor"是新命令的名字；"[1]"表示有一个参数；"[1]"后面的大花括号表示新命令的内容。调用命令 \mytextcolor{word}时"word"这个单词将会变为红色显示。LaTeX 不允许定义一个与现有命令重名的命令，如果需要修改现有命令，可以使用\renewcommand 命令，在下面介绍文档间距，修改中文间距时将会用到此命令。

2.4　导　言　区

导言区比较常见的设置主要包括三项：设置文档类型和纸张，引用宏包实现特定功能，以及配置宏包参数。需要指出的是：每个文档不一定都需要引入下面提到的宏包，要根据实际需要引入，用不到的可以使用"%"符号注释掉，这样能够减少宏包之间可能存在的冲突；如果引入宏包数量不多，可以保留一些常用宏包，这样在排版新文档时，可以减少引入所需宏包的数量。导言区模板如下。

导言区

命令 2.6　导言区命令定义

```
%导言区的开始
\documentclass[12pt,a4paper]{article}%设置文件的类型、纸张、字体
%添加要用的各类 LaTeX 宏包
\usepackage{amsmath} %数学公式宏包
\usepackage{geometry} %调整页面的页边距
\geometry{left=2.5cm,right=2.5cm,top=2.5cm,bottom=2.5cm} %具体的页边距设置
\usepackage{graphicx} %插入图片的宏包
\usepackage{lineno,hyperref} %显示行号、超链接
\modulolinenumbers[5] %设置显示行号的步长值
\usepackage{multirow} %实现表格多行合并的功能
\usepackage{amsthm} %编辑数学定理和证明过程的宏包
\usepackage{enumerate} %插入列表的宏包
\usepackage{enumitem} %插入列举项目的宏包
\usepackage[linesnumbered,lined,boxed]{algorithm2e} %插入算法的宏包
%导言区的结束
%正文的开始
\begin{document}
%正文部分，包括题目、摘要、关键字、脚注、章节、参考文献等
\end{document}
```

在\usepackage{*}中，"*"代表引用一个或多个宏包，只要用英文的","分隔开即可。要用到具体宏包的功能，可以查阅 LaTeX 手册或上网查阅技术文档。

2.5 全局控制命令

全局控制命令是指输入命令的作用范围是全文，比如全局声明宏包、全局设置字体样式与大小、全局设置长度单位等。

2.5.1 宏包

宏包用来扩展 LaTeX 功能，类似于 Java 程序需要导入 jar 包以使用某些功能。引入常用的宏包名称及其功能如表 2.2 所示。

表 2.2 常用宏包名称及其功能

宏包名称	功能	宏包名称	功能
\CJK	支持中文字体	\fancyhdr	支持页眉和页脚
\titlesec	设置标题	\geometry	设置页面布局
\table	制作表格	\graphicx	支持插入图片
\url	支持网页链接	\caption	支持浮动体标题
\calc	支持四则运算	\multirow	支持表格跨行
\verbatim	支持抄录	\amsmath	支持数学环境
\booktabs	支持三线表格	\xcolor	颜色设置
\beamer	支持幻灯片	\multicol	支持多栏排版
\makecell	支持单元格自由换行	\subfigure	子图设置
\diagbox	斜线表格设置	\longtable	支持换页表格
\fontspec	字体选择	\hyperref	支持超链接

CTeX 附带有大量的宏包说明文件和示例文件，读者可以按照自己的安装位置找到 LaTeX 文件夹，依次打开 C:\CTEX\MiKTeX\doc\latex（示例中 LaTeX 安装位置在 C 盘）找到说明文件和示例文件。

调用宏包的形式有以下三种：

1）单独引入每一个宏包，如\usepackage{ctex}。

2）宏包加入可选参数，如\usepackage[numbers,angle]{natbib}。

3）一次引入多个宏包，如\usepackage{ctex,natbib}。

2.5.2 字体

在 LaTeX 中，一个字体有五种属性，分别是字体编码、字体族、字体系列、字体形状和字体大小。对于字体设置分为字体声明和字体命令，字体声明和字体命令对字体设置范围不同，字体声明是对当前及其后续位置的字体进行统一设置；字体命令是对紧跟命令花括号内的内容进行字体设置。

命令 2.7 字体定义

\textrm {Roman Family}：字体命令效果为花括号内的字体为 Roman Family 字体

\rmfamily Roman Family：该声明下面的字体为 Roman Family 字体，直到新的声明出

现覆盖该声明

> %字体族有罗马字体、无衬线字体和打字机字体三种
>
> \rmfamily 即 Roman Family 罗马字体：笔画起始处有装饰
>
> \textsf 即 Sans serif Family 无衬线字体：笔画起始处无装饰
>
> \ttfamily 即 Typewriter Family 打字机字体：每个字符宽度相同，又称等宽字体

LaTeX 源码 2.7   字体族应用

```
\documentclass{article}
\usepackage{ctex}
\begin{document}
    \noindent\textrm{美丽人生}  \qquad  \texttt{喜剧之王}  \qquad
    {\songti 超能陆战队}        \\  {\heiti 神偷奶爸}  \qquad
    {\fangsong 冰川时代}        \qquad {\kaishu 玩具总动员}\\
    \rmfamily  怦然心动          \qquad  \textsf 千与千寻  \qquad
    \ttfamily  当幸福来敲门
\end{document}
```

运行效果如图 2.8 所示。

美丽人生	喜剧之王	超能陆战队
神偷奶爸	冰川时代	玩具总动员
怦然心动	千与千寻	当幸福来敲门

图 2.8   不同字体效果

命令 2.8   字体加粗变斜设置

> \textbf{加粗内容}：括号中的内容加粗
>
> \bf 或\bfseries：声明加粗命令，对此命令后的文字统一加粗
>
> {\bf 加粗内容}或{\bfseries 加粗内容}：对花括号中的内容加粗
>
> \textit{内容变斜}：括号中的内容变斜
>
> \it 或\itshape：声明变斜命令，对此命令后的文字统一变斜
>
> {\it 内容变斜}或{\itshape 内容变斜}：括号中的内容变斜

LaTeX 源码 2.8   字体系列示例

```
\documentclass{article}
\usepackage{ctex}
\begin{document}
    经典外国歌曲 \\
    \noindent\textmd{Far Away From Home}  \\ \textbf{One Day} \\
    \textbf{See You Again}                \\ \textit{Five Hundred Miles} \\
    \mdseries{Dream It Possible}          \\ \bfseries{Cry On My Shoulder}
\end{document}
```

运行效果如图 2.9 所示。

经典外国歌曲

Far Away From Home

One Day

See You Again

Five Hundred Miles

Dream It Possible

Cry On My Shoulder

图 2.9　字体系列展示

命令 2.9　字体形状定义

\textup{Upright shape}：直立字体命令

\textit{Italic shape}：斜体命令

\textsl{Slanted shape}：伪斜体命令

\textsc{Small caps shape}：小型大写命令

{\upshape Upright shape}：直立字体声明

{\itshape Italic shape}：斜体声明

{\slshape Slanted shape}：伪斜体声明

{\scshape Small caps shape}：小型大写声明

LaTeX 源码 2.9　字体形状示例

```
\documentclass{article}
\usepackage{ctex}
\begin{document}
    %字体命令
    \noindent\textup{醉翁亭记(zuiwengtingji)} \qquad
    \textit{黄鹤楼记(huanghelouji)} \qquad
    \textsl{六国论(liuguolun)} \\ \textsc{鸿门宴(hongmenyan)}\\
    %字体声明
    \upshape{观沧海(guancanghai)} \qquad
    \itshape{夜雨寄北(yeyujibei)} \qquad
    \slshape{望月有感(wangyueyougan)}  \\ \scshape{别云间(bieyunjian)}
\end{document}
```

运行效果如图 2.10 所示。

醉翁亭记(zuiwengtingji)　　　黄鹤楼记*(huanghelouji)*　　　六国论*(liuguolun)*

鸿门宴(HONGMENYAN)

观沧海(guancanghai)　　　夜雨寄北*(yeyujibei)*　　　望月有感*(wangyueyougan)*

别云间(BIEYUNJIAN)

图 2.10　字体不同形状

　　字体尺寸设置命令用于设定字体的尺寸，改变字体的大小。字体尺寸设置命令都是声明形式的命令，它将改变其后所有字体的尺寸，包括数学模式中的字体，直到当前环境或组合结束。LaTeX 的标准字体命令由小到大分别是\tiny、\scriptsize、\footnotesize、\small、\normalsize、\large、\Large、\LARGE、\huge 和\Huge。

LaTeX 源码 2.10　字体尺寸命令

```
\documentclass[12pt]{article}\usepackage{ctex}
\begin{document}
    {\tiny Hello}        \quad    {\scriptsize Hello}\quad
    {\footnotesize Hello}\quad    {\small Hello}\quad
    {\normalsize Hello}  \quad    {\large Hello} \\
    {\Large HelLo}       \quad    {\LARGE HelLo} \quad
    {\huge Hello}        \quad    {\Huge Hello}
\end{document}
```

运行效果如图 2.11 所示。

Hello　Hello　Hello　Hello　Hello　Hello

HelLo HelLo Hello Hello

图 2.11　字体大小不同的 Hello

2.5.3　长度单位设置

在 LaTeX 中,排版内容是以命令的形式进行展示的,长度的使用也会贯穿 LaTeX 始终。在 LaTeX 中,任何排版的设置都离不开长度。因此,读者一定要理解长度的相关概念,学会设置长度,如设置纸张的大小、表格的列宽、列高等。

LaTeX 的长度单位有通用长度单位和专用长度单位。

通用长度单位是指 LaTeX 内部已经设计好的长度单位,它的单位长度不变,在任何场合与环境下都可以通用,常用的长度单位有 mm(毫米)、cm(厘米)、pt(点),有时也会见到 em(emphasize,元素的字体高度,相对长度单位)、ex(字母 x 的高度,相对长度单位)等。还有定标点 sp,sp 单位是系统中最小的长度单位,65536sp=1pt,1pt=0.351mm,使用 LaTeX 设定的长度单位,会在编译计算长度时转化为 sp 的整数倍。

专用长度单位是专门设计用于某些场合的长度单位,并不通用,比如数学长度单位 mu,可以在数学环境下使用。

在 LaTeX 中,排版的情况比较复杂,设定的长度可能与其他命令产生冲突,从而造成编译不通过或产生的效果偏差过大。LaTeX 充分考虑这些问题,提出了刚性长度和弹性长度,在一定程度上降低了编译出错的情况。

刚性长度:固定不变的长度,如 5pt、6cm 等。

弹性长度:根据排版情况,由系统判断排版效果,对长度进行一定的伸缩,如 5cm plus 1.2cm minus 0.5cm,表示其长度取值范围是 4.5~6.2cm。

LaTeX 中关于长度的命令有很多,常用长度设置命令如下。

命令 2.10　常用长度设置命令

\indent(\parindent):每一段的首行缩进

\noindent:每一段的首行不缩进

\vspace{高度}:生成一段垂直高度的空白

\hspace{长度}：生成一段水平长度的空白

\quad(\qquad)：生成一段水平长度为 1(2)em 的空白

\!：在数学模式中生成一段水平长度为-0.166em 的空白

\setlength{A}{长度}：为 A 设置一段长度，其中 A 通常是文档中固有的属性

\addtolength{B}{长度}：在 B 原有长度的基础上添加一段长度

节选《岳阳楼记》前两段，使用不同的长度命令。

LaTeX 源码 2.11　不同长度使用示例

```
\documentclass{article}
\usepackage{ctex}
\setlength{\textwidth}{10cm} %设置文档宽度为 10cm
\begin{document}
    庆历四年春，滕子京谪\hspace{10mm}守巴陵郡。越明年，政通人和，百废具兴。乃重修岳阳楼，
增其旧制，刻唐贤今人诗赋于其上，属予作文以记之。
    \vspace{1cm}

予观夫巴陵胜状，在洞庭一湖。衔远山，吞长江，浩浩汤汤，横无际涯；朝晖夕阴，气象万千。此则
岳阳楼之大观也，前人之述备矣。然则北通巫峡，南极潇湘，迁客骚人，多会于此，览物之情，得无
异乎？
\end{document}
```

运行效果如图 2.12 所示。

庆历四年春，滕子京谪　　守巴陵郡。越明年，政通人和，
百废具兴。乃重修岳阳楼，增其旧制，刻唐贤今人诗赋于其上，
属予作文以记之。

予观夫巴陵胜状，在洞庭一湖。衔远山，吞长江，浩浩汤汤，
横无际涯：朝晖夕阴，气象万千。此则岳阳楼之大观也，前人之
述备矣。然则北通巫峡，南极潇湘，迁客骚人，多会于此，览物
之情，得无异乎？

图 2.12　不同长度效果

2.6　页 面 设 置

页面设置是排版文档必不可少的环节，包括设置字间距、行间距及段落
设置等。

2.6.1　字间距和行间距

页面设置

LaTeX 有默认的文字间距和段落间距，也可以根据实际需求，修改默认的字间距、行间距等。在 CTeX 版本中，非中文间距的修改可以调用宏包 microtype，通过可选参数选择修改字间距的范围。

中文字体间距可以使用命令\renewcommand{\CJKglue}{\hskip 数值}进行修改。

如果想要修改某一段字体间距，可以使用命令\textls[字距系数]{文本}，其中字间距系

数默认值为 100，且支持中文调整间距。

LaTeX 源码 2.12　调整字符间距

```
\documentclass{article}
\usepackage{ctex}
\usepackage[tracking=alltext,
            letterspace=1500]{microtype} %设置全文非中文字符间距为 1500
\begin{document}
   ABCDEFGHIJKLMNOPQRS        %使用 microtype 宏包调整间距

   TUVWXYZ1234567890000       %使用 microtype 宏包调整间距

   庆历四年春，滕子京谪守巴陵郡。越明年，政通人和，百废具兴。乃重修岳阳楼，增其旧制，
刻唐贤今人诗赋于其上，属予作文以记之。        %microtype 宏包不起作用

   \renewcommand{\CJKglue}{\hskip 0.4cm} %调整中文间距命令，间距设为 0.4cm

   庆历四年春，滕子京谪守巴陵郡。越明年，政通人和，百废具兴。乃重修岳阳楼，增其旧制，
刻唐贤今人诗赋于其上，属予作文以记之。     %中文间距效果

   \textls[510]{在洞庭一湖。衔远山，吞长江，浩浩汤汤}%调整部分字符间距，系数为 510
\end{document}
```

运行效果如图 2.13 所示。

A B C D E F G H I J K L M N O P Q R S

T U V W X Y Z 1 2 3 4 5 6 7 8 9 0 0 0 0

庆历四年春，滕子京谪守巴陵郡。越明年，政通人和，百废具兴。乃重修岳阳楼，增其旧制，刻唐贤今人诗赋于其上，属予作文以记之。

庆 历 四 年 春，滕 子 京 谪 守 巴 陵 郡。越 明 年，政 通 人 和，百 废 具 兴。乃 重 修 岳 阳 楼，增 其 旧 制，刻 唐 贤 今 人 诗 赋 于 其 上，属 予 作 文 以 记 之。

在 洞 庭 一 湖 。衔 远 山 ，吞 长 江 ，浩 浩 汤 汤

图 2.13　不同字符间距

LaTeX 调整全局行距，可以在导言区使用命令\renewcommand{\baselinestretch}{系数}或\linespread{系数}，其中系数的默认值为 1。

如果要修改局部行距，可以在正文区使用命令\setlength{\baselineskip}{行距}。

LaTeX 源码 2.13　调整全局行距和局部行距

```
\documentclass{article}
\usepackage{ctex}
\renewcommand{\baselinestretch}{2} %设置全局行距系数为 2
\begin{document}
时先主屯新野。徐庶见先主，先主器之，谓先主曰：“诸葛孔明者，卧龙也，将军岂愿见之乎？”
先主曰：“君与俱来。”庶曰：“此人可就见，不可屈致也。将军宜枉驾顾之。”
\setlength{\baselineskip}{0.5cm}     %设置局部行间距为 0.5cm
由是先主遂诣亮，凡三往，乃见。因屏人曰：“汉室倾颓，奸臣窃命，主上蒙尘。孤不度德量力，
欲信大义于天下；而智术浅短，遂用猖獗，至于今日。然志犹未已，君谓计将安出？”
\end{document}
```

运行效果如图 2.14 所示。

时先主屯新野。徐庶见先主，先主器之，谓先主曰："诸葛孔明者，卧龙

也，将军岂愿见之乎？"先主曰："君与俱来。"庶曰："此人可就见，不可屈致

也。将军宜枉驾顾之。"

由是先主遂诣亮，凡三往，乃见。因屏人曰："汉室倾颓，奸臣窃命，主上
蒙尘。孤不度德量力，欲信大义于天下；而智术浅短，遂用猖蹶，至于今日。
然志犹未已，君谓计将安出？"

图 2.14 不同行间距

2.6.2 段落设置

段落与段落之间可以通过命令\par 隔开，也可以通过文字中间空一行实现，实现段落
首行是否缩进可以使用命令 \noindent、\indent，改变段落间距可以使用命令
\setlength{\parskip}{间距}。

LaTeX 源码 2.14   段落设置

```
\documentclass{article}
\usepackage{ctex}
\setlength{\parskip}{1.5em}  %设置段落间距
\begin{document}
潭中鱼可百许头，皆若空游无所依，日光下澈，影布石上。佁然不动，俶尔远逝，往来翕忽。似与游
者相乐。\par
潭西南而望，斗折蛇行，明灭可见。其岸势犬牙差互，不可知其源。

坐潭上，四面竹树环合，寂寥无人，凄神寒骨，悄怆幽邃。以其境过清，不可久居，乃记之而去。

\noindent   同游者：吴武陵，龚古，余弟宗玄。隶而从者，崔氏二小生：曰恕己，曰奉壹。
\end{document}
```

运行效果如图 2.15 所示。

潭中鱼可百许头，皆若空游无所依，日光下澈，影布石上。佁然不动，俶
尔远逝，往来翕忽。似与游者相乐。

潭西南而望，斗折蛇行，明灭可见。其岸势犬牙差互，不可知其源。

坐潭上，四面竹树环合，寂寥无人，凄神寒骨，悄怆幽邃。以其境过清，
不可久居，乃记之而去。

同游者：吴武陵，龚古，余弟宗玄。隶而从者，崔氏二小生：曰恕己，曰奉
壹。

图 2.15 段落设置

2.7 LaTeX 书写注意事项

LaTeX 书写过程中，宏包与宏包之间可能会发生冲突，比如在编写
算法时同时引入宏包 algorithm、pseudocode 就会出错，不能把知道的所

有宏包都加载到导言区，同时也要注意宏包的引入顺序，因为在实际应用中，各种排版需求层出不穷，一些开发者借助 TeX 制作实现了特殊目标的宏包，不同开发者制作的宏包，所采用的基础宏包也不相同，这里很可能就存在相互冲突的问题。一般来讲，新开发的宏包或者高版本的宏包，功能和兼容性要好于老旧宏包或低版本的宏包，可以通过网站 https://ctex.org/docs/在线查阅常用宏包介绍。

输入符号时，对应中文，逗号、句号、分号、感叹号、问号、冒号、双引号和书名号可以直接键盘输入，大括号"{}"在 LaTeX 中的输入形式是"\{\}"，右斜杠"\"在 LaTeX 中的输入形式是"$\backslash$"，波浪号"～"在 LaTeX 中的输入形式是"$\sim$"，尖括号"^"在 LaTeX 中的输入形式是"$\hat{}$"。使用输入法与否，其输出的符号效果不同，比如不使用输入法输入的逗号比使用输入法输入的逗号间距要小一点，一些特殊的符号可以通过搜狗拼音输入法输入"v"+数字行选择。

一般环境下，汉字之间输入的空格会被省略，而英文单词和字母之间输入的空格会在输出中保留。"\\"和留存一行空格都可以进行换行操作，如果先留存一行空格然后再使用"\\"则会出错。如果想要另起一页重新编写内容时，可以使用命令\newpage、\clearpage，不同的是，在多栏排版中，\newpage 会另起一栏而不是另起一页，而\clearpage 会另起一页。

2.8　本　章　小　结

本章是 LaTeX 排版基础，讲述了 LaTeX 源文件的编译生成过程，源文件的基本构成，介绍了导言区相关概念和宏包的作用，以及构成文章的基本内容，如长度单位、长度参数、字体单位、字体大小、字体种类等，介绍了一些常见基本应用，如插入图片、有序无序列表、数学公式、表格等，最后介绍了排版页面常用参数以及注意事项。

■■■■■■■■■■■■■■■■■■■■■■■■■■■ 习题 2 ■■■■■■■■■■■■■■■■■■■■■■■■■

1. 生成文档，有题目、作者、日期和内容，文档题目是"Application of LaTeX"，作者是"Bob"，日期为当前日期，正文区内容为"新的练习，新的成长!"。

2. 正文区输出勾股定理公式。

3. 正文区输出内容"LaTeX 快速入门"，并居中，字号为 3，黑体，汉字之间的横向距离为 4mm。

4. 正文区输出两段内容，设置行间距为 2em，段落间距为 3em，第一段内容缩进 2em，第二段内容不缩进。

5. 插入图片、表格、定理和证明、列表分别需要导入什么宏包？

6. 在段落设置中，设置左右两侧段落宽度、开启新的一页、进入双栏模式的命令分别是什么？

第3章 图形编排

学习目标 ☞	1. 了解常用的图形格式。
	2. 掌握图形的插入、设置及引用。
	3. 了解一些绘图宏包。

为了更加直观地展示实验结果，论文中经常使用图形对实验结果进行可视化展示，因而，图形的插入及版式设计是一项重要技能。本章将首先对 LaTeX 中常见的图形格式进行介绍，然后对图形的插入及版式设计进行讲解，最后介绍一些便捷的绘图工具。

3.1 常用图形格式

本节主要带大家了解 LaTeX 中一些常见的图形格式。

3.1.1 EPS 格式

EPS（encapsulated post script，封装的 PostScript）是一种内嵌式 PS 语言文件格式，也被称为带有预视图像的 PS 格式，它是一种混合的图形文件格式。这种图形文件格式支持 Lab、CMYK、RGB、索引颜色、灰度和位图颜色模式，但是不支持 Alpha 通道，几乎所有的绘图和排版软件都支持这种格式的图形。

可以使用如下方式生成一个 EPS 格式的文件：

1）打开 Visio 进行绘图，绘图完毕后，将文件另存为 PDF 文件。

2）使用 Adobe Acrobat 打开保存的 PDF 文件，单击"编辑 PDF"图标，再单击"裁剪页面"菜单，对需要存储为 EPS 格式的图片范围进行选取，选取确定后双击，然后单击下方的"确定"按钮，即可完成图片的裁剪。

3）裁剪完毕后，单击 Adobe Acrobat 的"文件"菜单，选择"另存为"选项，设定保存类型为.eps，然后单击"保存"按钮即可存储为 EPS 格式文件。

3.1.2 PDF、JPG 和 PNG 格式

1. PDF

PDF（portable document format，可携带文件格式）是一种拥有灵活、跨平台、跨应用程序的便携式文件格式，PDF 格式采用 PostScript 成像模型，可以将文件上的文字及格式等完整地保存下来。相比 EPS 格式，PDF 格式更简单，不需要转换，PDF 格式的优势在于可以对图像和文本进行压缩，可以使文件小很多。此外，PDF 格式可以包含文本链接、声音和动态影像等电子信息，集成度和安全性都很高。

2. JPG

JPG 格式，也称为 JPEG（joint photographic experts group，联合图像专家小组）格式，采用差分脉冲编码调制（differential pulse code modulation，DPCM）、离散余弦变换（discrete cosine transform，DCT）以及熵编码的联合编码方式去除冗余的图形和颜色信息，以获得较高的压缩率，同时保持适当的图像质量。JPG 格式图片支持 CMYK、RGB 和灰度颜色模式，但是并不支持 Alpha 通道的图像信息，JPG 格式的图形文件在打开时会自动进行解压，压缩率越高，得到的图像品质越低；压缩率越低，得到的图像品质越高。

JPG 格式的图形文件在保存时，可以设置图形文件的类型为.jpg 或.jpeg，两者可以互换并且对于文件本身没有任何影响。JPG 格式的图形文件已经广泛用于彩色传真、静止图像、电话会议、印刷等，由于该图形格式兼容各种浏览器，因此也被广泛用于图像预览和制作 HTML 网页。

3. PNG

PNG（portable network graphics，便携式网络图形）是一种采用无损压缩算法的网络图形格式。PNG 格式的设计目标是为了试图代替 GIF 和 TIFF 格式，它保留了 JPG 格式的优点，支持 24 位图像并产生无锯齿状边缘的背景透明度，并且支持带有 Alpha 通道的 RGB、索引颜色、灰度和位图模式的图像。

3.2　图形的插入、设置及引用

LaTeX 的插图功能并不是由 LaTeX 内核直接提供的，而是需要在导言区插入宏包予以支持，导入宏包之后就可以使用\includegraphics 命令进行插图了。插入图形的基本命令及其含义如下。

图形的插入、设置及引用

命令 3.1　插入图形的基本命令及其含义

\begin{figure}[图形排版位置参数] %设置图形的排版位置
\centering %设置对齐格式，表示图形居中显示
\includegraphics[图形大小]{图形路径/图形名称} %插入图形并设置图形大小
\caption{设置图形标题} %为插入的图形设置标题
\label{图形引用标识} %为插入的图形设置引用标识，便于引用
\end{figure}

如果图形位置与撰写的 TeX 文件不在同一个目录下，此时需要指明图形的路径；如果图形位置与撰写的 TeX 文件在同一个目录下，此时不需要指明文件路径，而是直接写图形文件名即可，比如可以将所有的图片都放到名字为 images 的文件夹下，在导言区加上\graphicspath{{images/}}，在\includegraphics 命令中直接写图片名称即可。

LaTeX 源码 3.1　　图形插入

```
\documentclass{article}
```

```
\usepackage{graphicx}    %插入图形宏包
\usepackage{ctex}
\begin{document}
    \begin{figure}[!htbp]
    \centering
    \includegraphics[width=12cm,height=10cm]{cow.jpg}
    \end{figure}
\end{document}
```

运行效果如图 3.1 所示。

3.2.1 图形位置设置

图形环境可以通过设置位置参数来指示图形放置的位置，参数选项可以由以下字母任意组合而成。

图 3.1　小牛

1）h：here 的首字母，表示当前位置，将图形放置在该图形环境的地方，使用该参数的前提是当前页面有充足的空间放置该图形，否则该参数将不起作用。

2）t：top 的首字母，表示顶部，将图形放置在当前页面的顶部。

3）b：bottom 的首字母，表示底部，将图形放置在当前页面的底部。

4）p：page of its own 的第一个单词首字母，表示浮动页，将图形放置在一个允许有浮动对象的页面上。

使用上述参数的注意事项如下：

1）如果在图形环境中没有给出上述任一参数，LaTeX 默认为[tbp]。

2）参数出现的顺序并不会影响图形位置，因为 LaTeX 内核总是尝试按照 h-t-b-p 的顺序来确定图形的位置。

3）设定的位置参数越多，LaTeX 的排版效果越好，常见的组合有[htbp]、[htb]、[tbp]等。

4）!h 是尝试将图形放置在当前的定位点，如果当前页面的剩余空间不足以容纳该图形，则该图形会被自动移动到下一页。

5）当 LaTeX 使用浮动参数 p 时，图形只能"向后浮动"而不能"向前浮动"。

3.2.2 图形大小设置

和 Word 一样，在 LaTeX 中可以通过命令行来对图形的大小进行设置。

在\includegraphics 中加入[选项]来指定图形的大小：

1）\includegraphics[width=5in]{cow.jpg}，设置图形的宽度为 5 英寸，图形高度会自动进行缩放。

2）\includegraphics[width=\textwidth]{cow.jpg}，设置插入的图形缩放到和文本行的宽度一样。

3）\includegraphics[width=0.7\textwidth]{cow.jpg}，设置图形宽度为文本宽度的 0.7 倍。

4）\includegraphics[width=\textwidth-2.0in]{cow.jpg}，设置图形宽度比文本宽度少 2 英寸。

5）\includegraphics[scale=0.5]{cow.jpg}，设置图形的大小为图形自然大小的 0.5 倍。

6）\includegraphics[width=12cm,height=10cm]{cow.jpg}，同时设置图形的宽度和高度。

7）\includegraphics[angle=-45]{cow.jpg}，设置图片旋转角度为-45°。

在设置图形的高度和宽度时，必须给出相应的单位，可以用厘米（cm）或英寸（in）。

3.2.3 并列子图的插入

在日常写作过程中，有时为了将一些实验结果进行对比，需要将几幅图形并列插入文章中。在使用子图插入功能时，需要在文件头部引入 subfigure 宏包，其他图形引用规则、大小设置和单个图形相同。

LaTeX 源码 3.2　并列子图的插入

```
\documentclass{article}
\usepackage{graphicx}        %需要使用的宏包
\usepackage{ctex}
\usepackage{caption}
\usepackage{subfigure}       %插入多个子图的宏包
\begin{document}
  \begin{figure}[!htpb]
    \centering
    \subfigure[牛气冲天]{\label{fig:cow}
    \includegraphics[width=5.5cm,height=5.5cm]   {figs/cow.jpg}}
    \subfigure[粉色小猪]{ \label{fig:pig}
    \includegraphics[width=5.5cm,height=5.5cm]    {figs/pig.jpg}}
    \label{fig:subfig}
    \caption{卡通图}
  \label{fig:subpic}
  \end{figure}
\end{document}
```

(a) 牛气冲天　　　(b) 粉色小猪

Figure 1: 卡通图

图 3.2　并列子图的插入——小牛和小猪

运行效果如图 3.2 所示。

想要一个图形中包含两个子图，且共用一个图形名称，可以通过缩放图形的大小来调控两个图形的位置。如果两个图形需要左右排列，则可以将图形宽度和高度设置得小一些；如果两个图形需要上下排列，则可以将图形宽度和高度设置得大一些；如果需要放置多个图形，则使用多个\subfigure 命令即可。

3.2.4 通栏图形的插入

对于双栏的文章，如果图形太大，可以让它通栏显示。与并列子图的插入相比，多行通栏图形的插入只需要在\begin{figure}命令的 figure 后加上*即可，这里不再赘述。

LaTeX 源码 3.3　通栏图形的插入

```
\documentclass{article}
\usepackage{graphicx}        %需要使用的宏包
\usepackage{ctex}
```

```
\usepackage{subfigure}    %插入多个子图的宏包
\begin{document}
  \begin{figure*}[!h]
    \centering
    \subfigure[牛气冲天]{    \label{fig:cow1}
    \includegraphics[width=3cm,height=3cm] {figs/cow.jpg}}


    \subfigure[粉色小猪]{    \label{fig:pig1}
    \includegraphics[width=3cm,height=3cm] {figs/pig.jpg}}


    \subfigure[粉色小猪]{    \label{fig:pig}
    \includegraphics[width=3cm,height=3cm] {figs/pig.jpg}}


    \subfigure[牛气冲天]{    \label{fig:cow}
    \includegraphics[width=3cm,height=3cm] {figs/cow.jpg}}


    \caption{卡通图}
    \label{fig:cowandpig}
  \end{figure*}
\end{document}
```

运行效果如图 3.3 所示。

(a) 牛气冲天　　　(b) 粉色小猪　　　(c) 粉色小猪

(d) 牛气冲天

Figure 1: 卡通图

图 3.3　通栏图形的插入——小牛和小猪

3.2.5　图形的引用

在使用 Word 进行写作时，需要手动对文中的图形进行编号，如果在写作过程中图形数量和顺序发生改变，就需要重新对文中的图形进行编号，这将耗费大量的时间和精力。

在 LaTeX 中，可以通过图形引用功能来解决这个问题，该功能通过 label 标签和 ref 标签成对使用，能够实现对图形的灵活引用。

其命令格式为：\ref{label 标签内的内容}，能实现引用图形的功能。

```
LaTeX 源码 3.4    图形的引用

\documentclass{article}
\usepackage{graphicx}            %需要使用的宏包
\usepackage{ctex}
\usepackage{subfigure}           %插入多个子图的宏包
\renewcommand\figurename{图}     %重命名 figure 为图
\begin{document}
  \begin{figure}[htbp]
    \centering
    \includegraphics[scale=0.5]{figs/pig.jpg}
    \caption{幸运猪} \label{fig:pig}
\end{figure}
  如图\ref{fig:pig}所示，有一只可爱的粉红小猪。
\end{document}
```

运行效果如图 3.4 所示。

图片 1: 幸运猪

如图1所示，有一只可爱的粉红小猪。

图 3.4　有一只可爱的粉红小猪

3.3　绘图宏包（PGFPLOTS 和 TikZ）

在写作过程中，绘图是必不可少的操作。通常情况下，在使用 Word 时，人们需要借助第三方工具来绘制图形，然后将其插入 Word 文档中。当然，Word 自身也提供了一些预设的图形，可以在 Word 中进行图形绘制。LaTeX 同样具备这种功能，除了可以引用外部图片，LaTeX 还集成了一些宏包用于绘图。下面介绍两种常用的绘图宏包——PGFPLOTS 和 TikZ。

绘图宏包
（PGFPLOTS 和 TikZ）

PGFPLOT 绘图由三个组件组成：tikzpicture 环境、axis 轴和\addplot 命令。它能够轻松绘制多种简单的曲线，同时也能够绘制精确的系统框图、树形图等复杂的几何图形，支持 pdfLaTeX 编译，而且它拥有一个明显的优势，即只需要给出函数关系式，在配合 gnuplot 绘图工具的情况下，就能够绘制出精确的函数曲线图。

绘制二维图形命令：\addplot[参数选项]{数学表达式}。

方括号里面可以添加一些选项用于对绘制图形的颜色等进行设置，如果不需要设置，括号内留为空白即可。在花括号内需要提供绘制函数图形的函数表达式，命令以"；"结束。

LaTeX 源码 3.5   PGFPLOTS绘图1

```
\documentclass{article}
\usepackage{pgfplots}        %绘制图形的宏包
\begin{document}
  \begin{tikzpicture}
  \begin{axis}
    \addplot[color=red]{x^2};
  \end{axis}
  \end{tikzpicture}
\end{document}
```

运行效果如图 3.5 所示。

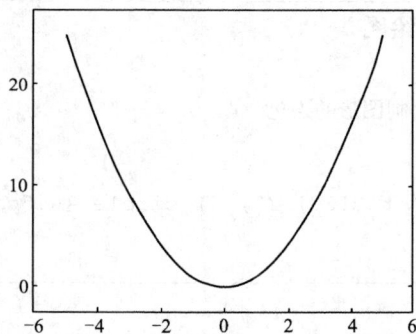

图 3.5　抛物线

绘制三维图形命令：\addplot3[参数选项] {数学表达式}。

绘制图形时，需要在方括号内添加选项 surf，声明这是一个曲面图，要绘制的函数表达式必须放在大括号内，同样，以"；"表示该命令结束。

LaTeX 源码 3.6   PGFPLOTS绘图2

```
\documentclass{article}
\usepackage{pgfplots}        %绘制图形的宏包
\begin{document}
  \begin{tikzpicture}
  \begin{axis}
    \addplot3[surf,]
    {exp(-x^2-y^2)*x^(-2)};
  \end{axis}
  \end{tikzpicture}
\end{document}
```

运行效果如图 3.6 所示。

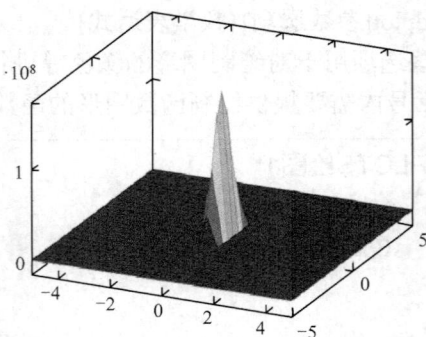

图 3.6　三维图

在导言区引入 pgfplots 宏包之后，可以使用\pgfplotset 命令对绘图大小进行调整。

TikZ 语言包安装于\begin{tikzpicture}与\end{tikzpicture}环境下，导言区需要添加 tikz 包，每行一句，并以 ";" 结尾。

LaTeX 源码 3.7　TikZ绘图

```
\documentclass{article}
\usepackage{tikz}      %绘制图形的宏包
\begin{document}
  \begin{tikzpicture}
    \draw[dashed, fill=red!20] (0, 0) circle (0.5cm);
  \end{tikzpicture}
\end{document}
```

运行效果如图 3.7 所示。

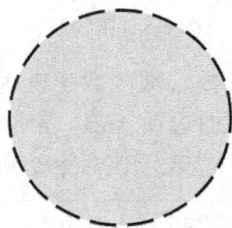

彩图 3.7

图 3.7　粉色圆圈

几何中常见的元素包括点、线、圆、面，在 TikZ 中分别通过如表 3.1 所示命令定义。

表 3.1　命令及效果

元素	命令	示例	效果
点	\coordinate	\coordinate[label=B](B) at (3,1);	创建 B，位于(3,1)处，标签 B（支持公式格式显示）
线	--	\draw[dashed] (A) -- (B);	用虚线连接 A 与 B
圆	circle	\draw (0, 0) circle (2cm);	以(0,0)为圆心，2cm 为半径画圆
面	\fill	\fill[gray!20] (D)--(E)--(F);	以 20%透明度灰色填充三角形 DEF

3.4 其他绘图宏包

除了 3.3 节介绍的两种常用的绘图宏包之外，下面再介绍几种常用的绘图宏包。

其他绘图宏包

1. curves

本节使用的 curves 宏包示例需要使用 picture 环境，因此先对 picture 环境进行介绍。

命令 3.2　picture 环境命令及其含义

\begin{picture}(width,height)(Xoffset, Yoffset)

%width 和 height 是以\unitlength 为单位的值，用于定义图片的大小

%框（图片）宽度 = width×unitlength

%框（图片）高度 = height×unitlength

%这个框是 LaTeX 保留的空间量，其他的元素不能进入这个框内，当然框里的图片可以比框大，外延到框的外面

%(Xoffset, Yoffset)是一个可选坐标，用于设置图片的新原点（左下角），这两个值也由当前\unitlength 值确定的单位表示

　　...

\end{picture}

上述(Xoffset, Yoffset)参数决定了图片的平移方向，通过改变这两个值，就可以实现图片上、下、左、右的移动布局：

1）如果 Xoffset≥0，相当于所有的图片的 x 坐标向左平移 Xoffset 个单位。

2）如果 Xoffset<0，相当于所有的图片的 x 坐标向右平移|Xoffset|个单位。

3）如果 Yoffset≥0，相当于所有的图片的 x 坐标向下平移 Yoffset 个单位。

4）如果 Yoffset<0，相当于所有的图片的 x 坐标向上平移|Yoffset|个单位。

此外，需要注意的是 Xoffset、Yoffset 不影响 LaTeX 保留的空间尺寸，但是会导致图片超出预定框，因为坐标变换后图片整体平移了，有可能会超出框之外。

LaTeX 源码 3.8　picture环境的使用

```
\documentclass{article}
\usepackage{ctex}
\usepackage{xcolor}
\begin{document}
  \setlength{\unitlength}{1cm}
  \setlength{\fboxsep}{0pt}    %盒子的框线与被包围文本之间的距离
  This is my picture \fbox{% \fbox{}生成一个框
  \begin{picture}(3,3)
        \put(0,0){{\color{blue}\circle*{0.25}}\hbox{\kern1pt\textttt{(0,
        0)}}}%蓝色小圆
        \put(3,3){{\color{red}\circle*{0.25}}\hbox{\kern1pt\texttt{(3,
```

```
        3)}}}   %红色小圆
   \end{picture}}
   \vskip 20pt

   This is my picture(new coordinate origin at (1,1)) \fbox{%\fbox{}生成一
个框
   \begin{picture}(3,3)(1,1)
      \put(1,1){{\color{green}\circle*{0.25}}\hbox{\kern2pt \texttt{(1,1)
      新的原点}}}
      \put(0,0){{\color{blue}\circle*{0.25}}\hbox{\kern2pt\texttt{(0,0)}}}
      \put(3,3){{\color{red}\circle*{0.25}}\hbox{\kern2pt \texttt{(3,3)}}}
   \end{picture}}
   \vskip 70pt

   This is my picture(new coordinate origin at (-1,-1)) \fbox{% \fbox{}生成
一个框
   \begin{picture}(3,3)(-1,-1)
      \put(-1,-1){{\color{green}\circle*{0.25}}\hbox{\kern2pt\texttt{(-1,
      -1) 新的原点}}}
      \put(0,0){{\color{blue}\circle*{0.25}}\hbox{\kern2pt
\texttt{(0,0)}}}
      \put(3,3){{\color{red}\circle*{0.25}}\hbox{\kern2pt
\texttt{(3,3)}}}
   \end{picture}}
   \end{document}
```

运行效果如图 3.8 所示。

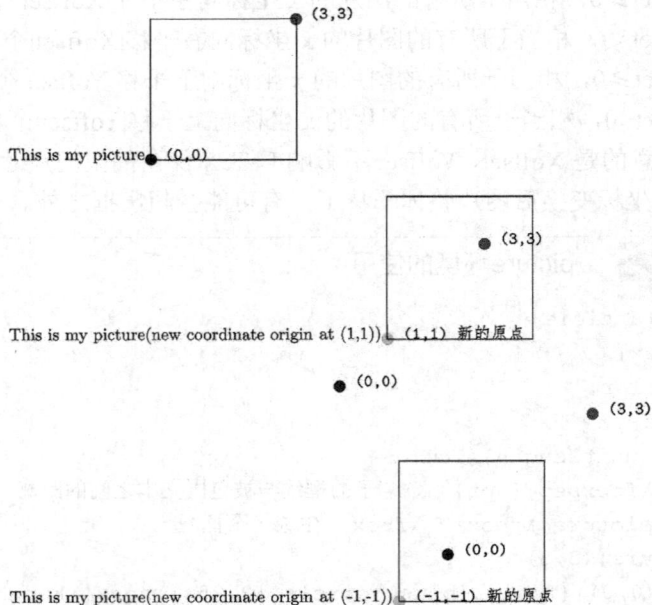

图 3.8　picture 环境的使用

在标准的 LaTeX 中只能绘制象限、圆弧以及一些斜率范围有限的线段，而不能去描绘一些曲线，为此 LaTeX 引入了许多绘图宏包，这里介绍的 curve 就是这些宏包中的一种。使用 curve 不仅能使图形朝某一方向伸展、压缩或旋转，而且还能为所画的曲线添加各种符号。调用该宏包的方法就是在导言区引入 curves 包。

下面的示例中使用了三个绘图命令，以下是对它们的简单解释。

1）\put(x,y){绘图命令}：从(x,y)点开始绘制图形。

2）\multiput(起始点 x,起始点 y)(x 递增量, y 递增量){重复次数}{绘图命令}：从起始点 (x,y)开始，重复指定的次数，每次增加指定的递增量，然后绘制出相应的图形。

3）\line(x,y){d}：绘制直线，其中(x,y)决定了直线的斜率，d 为直线的长度。

LaTeX 源码 3.9 **curve绘图**

```
\documentclass{article}
\usepackage{curves}              %需要使用的宏包
\begin{document}
\setlength\unitlength{3mm}       %设置单位长度为 3mm
\begin{picture}(40,30)
  \thicklines                    %线条加粗
  \multiput(20,5)(20,12){2}{\line(-5,3){20}}%坐标(20,5)绘制 1，3 两条线
  \multiput(20,5)(-20,12){2}{\line(5,3){20}}%坐标(20,5)绘制 2，4 两条线
  \multiput(20,5)(20,12){2}{\line(0,-1){2}} %坐标(20,5)绘制 6，7 两条线
  \put(0,15){\line(0,1){2}}      %坐标(0,15)绘制 5 这条线
  \put(20,3){\line(-5,3){20}}    %坐标(20,3)绘制 8 这条线
  \put(20,3){\line(5,3){20}}     %坐标(20,3)绘制 9 这条线
\end{picture}
\end{document}
```

运行效果如图 3.9 所示,图中数字与坐标起说明作用。

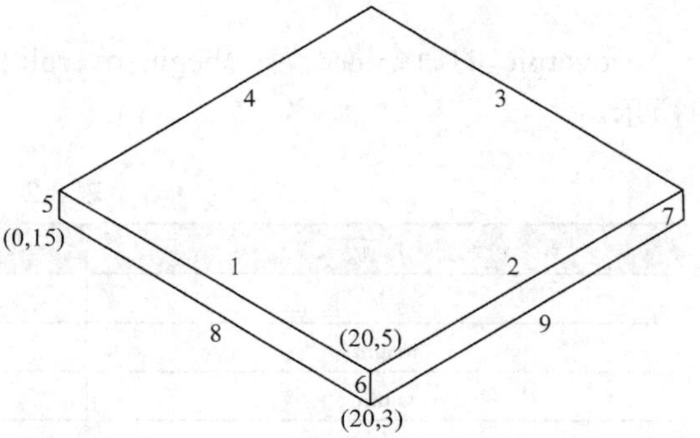

2. epic 和 eepic

LaTeX 中的 epic 宏包扩充了 LaTeX 中的 picture 的环境功能，新增了实线、虚线、点划线以及网格命令，但是存在很多局限性。eepic 宏包进一步扩充了 epic 宏包的作图功能，尽可能地消除限制，可以绘制任意斜率的直线以及任意半径的圆。

图 3.9 立体图

3. graphpap

graphpap 是一个能够在 LaTeX 中绘制网格的宏包。该宏包的命令格式为“\graphpaper [线间宽度](左下角坐标)(右上角坐标)”，可以用来设定绘制网格的参数。绘制出来的网格每隔五行会有一条粗线，并且标有长度值。线间宽度默认为 10，所有的参数值都应该是正整数或零。

> **LaTeX 源码 3.10** graphpap绘图
>
> ```
> \documentclass{article}
> \usepackage{graphpap}        %需要使用的宏包
> \begin{document}
>   \small
>   \graphpaper[20](0,0)(100,100)
> \end{document}
> ```

运行效果如图 3.10 所示。

4. overpic

LaTeX 中提供了一个 overpic 宏包,可以将图形、文本以及数字插入另一个图形的指定位置,使用该环境时,需要在导言区导入 overpic 宏包。如果引入图形格式为 JPG、PNG 等,可以使用 pdfLaTeX 编译;如果图形格式为 EPS,则编译方式是先单击 LaTeX,然后单击 dvips,中间可能需要等待几十秒,最后单击 pspdf 生成,操作步骤如图 3.11 所示。

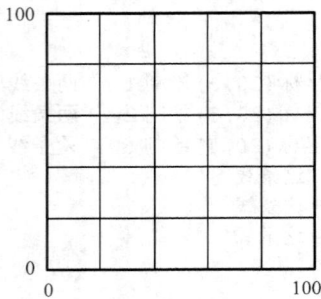

图 3.10   方形网格

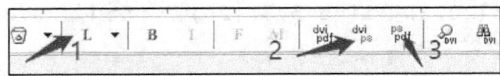

图 3.11   操作步骤

overpic 的命令格式为:\begin{overpic}[选项]{图形名}。常用的选项及其含义如表 3.2 所示。

表 3.2   选项及含义

选项	说明
grid	图形上叠加网格标尺
height	图形高度
width	图形宽度
scale	图形缩放因数,默认为 1
tics	标尺刻度间隔值,默认为 10

> **LaTeX 源码 3.11** overpic绘图
>
> ```
> \documentclass{article}
> \usepackage{overpic}        %需要使用的宏包
> \usepackage{ctex}
> \begin{document}
> \begin{overpic}[scale=0.25]{images/cow.jpg}
>   \put(2,32){\color{red}牛气冲天}
> ```

```
    \put(73,1){\includegraphics[scale=0.1]{images/pig.jpg}}
\end{overpic}
\end{document}
```

运行效果如图 3.12 所示。

5. psfrag

在科技论文的插图中往往需要附加一些注释性的文字、符号或表达式等，为了实现这一效果，LaTeX 引入了 psfrag 包，它能够将 LaTeX 中的文件元素准确地添加到 EPS 文件符号的位置。psfrag 替换命令常用形式为：\psfrag{被替换文本}{替换文本}；完整的形式为\psfrag{被替换文本}[LaTeX 文本（替换文本）控制点][PostScript 文本（被替换文本）控制点][放缩因子][旋转角度]{替换文本}。其中，上述两个控制点均取自{t, b, B, c}(top, bottom, baseline, center)和{l , r , c} (left, right, center)的组合，共有 12 种情况。如果控制点的两个字母组合中缺省一个字母，则缺省的字母默认为 c；如果两个字母都缺省，则默认为[Bl]。psfrag 的编译方式与 overpic 相同。

图 3.12 图层覆盖效果

◰ LaTeX 源码 3.12　**psfrag绘图**

```
\documentclass{article}
\usepackage{graphicx}
\usepackage{psfrag}              %添加注释宏包
\usepackage{ctex}
\begin{document}
\begin{figure}[!htbp]
\begin{center}
  \psfrag{a}[1][1]{$\alpha$}     %把原来的 a 替换为$\alpha$
  \psfrag{b}[1][30]{$\beta$}
  \includegraphics{graph.eps}
  \end{center}
\caption{变换后的图}
\end{figure}
\end{document}
```

运行效果如图 3.13 所示。

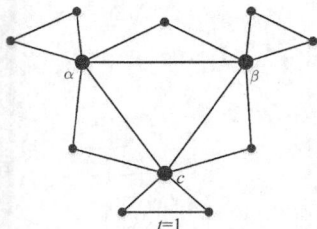

6. psfragx

LaTeX 中的 psfragx 包是对 psfrag 和 overpic 宏包功能的扩展。其命令格式为：\includegraphicx[图形外观选项] (\psfrag 文本替换命令)<前景插入元素>[背景插入元素]{EPS 图形名}。其中，背景元素中可以插入多个，最先插入的在最下面，但是仍然在 EPS 图像的上面，上述命令将一次性完成文本替换和图形等元素的插入工作。

彩图 3.13

Figure 1: 变换后的图

图 3.13 把 *a*、*b* 替换为 α、β

⊿ **LaTeX 源码 3.13**　　**psfragx绘图**

```
\documentclass{article}
\usepackage{graphicx}
\usepackage{psfragx}      %图形扩展宏包
\usepackage{ctex}
\usepackage{color}        %颜色宏包
\begin{document}
\begin{figure}[!htbp]
  \includegraphics[width=0.4\linewidth]
  (\psfrag{a}[1][1]{\textcolor{red}{$y=e^2$}})
  <\put(5,10){\fcolorbox{red}{red}
      {\textcolor{blue}{network}}}>
  {graph.eps}
\end{figure}
\end{document}
```

运行效果如图 3.14 所示。

7. psticks

LaTeX 中的 psticks 是基于 PostScript 语言的宏命令，具有制图、旋转等强大的图形处理功能。使用时需要在导言区引入 psticks 宏包，编译方式与 overpic 相同，操作步骤如图 3.10 所示。

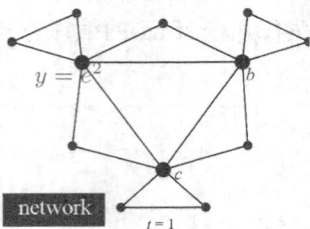

图 3.14　替换和添加元素

彩图 3.14

⊿ **LaTeX 源码 3.14**　　**psticks绘图**

```
\documentclass{article}
\usepackage{pstricks}     %基于 PostScript 的图形处理宏包
\begin{document}
\begin{pspicture}(5,5)    %画布的长和宽
    \psline{->}(0,0)(3,5)
    \psline{->}(0,0)(1,1)
    \psline{->}(0,0)(1,5)
    \psline{->}(0,0)(2,5)
\end{pspicture}
\end{document}
```

运行效果如图 3.15 所示。

图 3.15　psticks 绘图示例

3.5 本 章 小 结

本章介绍 LaTeX 的图形编排，主要分为从外界导入图形和输入绘图命令进行绘图两个方面；从外界导入图形，包括图形的插入、设置与引用，介绍了 LaTeX 常用的支持图形格式，有 EPS、PDF、JPG、PNG 等格式，还介绍了引入图形的位置、大小、并行插入图形等。输入绘图命令则需要导入相对应的宏包，不同的图形需要引入不同的宏包与命令，如绘制网格图形需要 graphpap 宏包，读者可以根据需要灵活调用不同的绘图命令。

■■■■■■■■■■■■■■■■■■■■■■ 习题 3 ■■■■■■■■■■■■■■■■■■■■

1. 在 LaTeX 中插入图形时，使用 PNG、JPG 格式，图形放大会模糊。采用 EPS 格式的图形，因为是矢量图，即使放大也不会失真。　　　　　　　　　　　　（　　　）

2. 插入图片时，使用 htbp 参数可以使图形根据实际情况浮动，放在页面顶部或者底部，但有时只想把图形固定在某个地方，在\begin{figure}[]处，[]内应该填写_____。

3. 插入两个图形，使两个图形分别在同一行、同一列。

4. 使用 TikZ 绘制弦曲线，如图 3.16 所示。

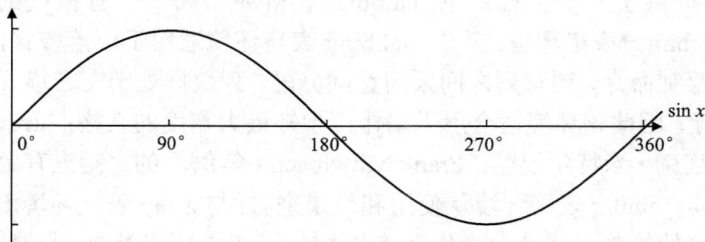

图 3.16　题 4 图

第 4 章 表 格 编 排

学习目标 ☞
1. 掌握表格排版命令的使用方法。
2. 掌握 LaTeX 中常见表格的制作方法。
3. 掌握表格颜色、字体、长宽的设置方法。
4. 掌握表格在文档中的引用方法。

表格在图书、论文中非常常见，经常需要使用表格罗列各种数据。表格的特点是醒目直观，便于分析和理解。LaTeX 中所有的表格排版操作都要通过编写代码实现。因此，要想熟练地使用 LaTeX 制作表格，需要在排版中多加练习。

4.1 表格排版命令

LaTeX 系统提供了一个无框线的 tabbing 表格环境和三个有框线的 array、tabular 和 tabular*表格环境。其中，tabbing 表格环境适用于段落模式，它没有表格框线绘制命令，列与列之间采用空间分隔，列数据处于左右模式中，不能自动换行，因此该环境适合用于编排可预知最大宽度的表格；array 表格环境是由弗兰克·米特尔巴赫（Frank Mittelbach）等编写的，侧重有数学公式的表格环境；tabular 表格环境从使用和效果来看，与 array 表格环境没有太大的区别，其更侧重文本表格的绘制。tabular*表格环境与 tabular 表格环境类似，只是可以用参数指定表格的总体宽度。下面以 tabular 表格环境为例，介绍表格排版中常用的命令和参数的设置。

制作表格的基础命令为\begin{table}[!hbp]。其中，参数"[!hbp]"表示表格的放置位，"!"表示尽可能尝试 h(here)在当前位置显示表格，如果放不下，则放置在 b(bottom)底部。

tabular 表格环境以\begin{tabular}[pos]{table spec}命令作为开始，具体参数定义如下。

命令 4.1   tabular 所有参数含义

pos：可选参数，参数有 b、t，b(t)表示表格底部（顶部）与当前 tabular 表格环境外部文本行的基线重合

table spec：各列的对齐方式，指定列的宽度，为表格画垂直线；对齐方式的参数有 l（左侧）、c（居中）、r（右侧）

p{width}：指定列的宽度。LaTeX 不能自动断行，当文字过长时，需要手动指定列的宽度）

|、||：画垂直线的参数，可以在表格中画一条、两条垂直线

---

tabular 表格行的符号在"第 2 章 LaTeX 基础"中进行了一些介绍，如果想在每行的下面增加额外的空间，可以使用命令\\[height]，其中 height 是一个高度值，如 4pt；如果想

在 n 列和 m 列之间画一条水平线，可以使用命令\cline{n- m}；如果想在当前位置画一条与行等高的垂直线，可以使用命令\vline。

下面通过一个简单的例子来体会 LaTeX 的表格功能。

LaTeX 源码 4.1 表格基本实现

```
\documentclass{ctexart}
\begin{document}
   \begin{table}[!hbp]
   \centering
   \caption{学生信息表}
   \label{tab:my-table}
     \begin{tabular}{llllll}
     \hline
     姓名 & 性别 & 年龄 & 毕业学校 &专业 & 备注 \\ \hline
     张军 & 男 & 20 & 清华大学 &数据科学与大数据技术 & \\
     李梅 & 女 & 21 & 北京大学 &软件工程 & \\
     王琳 & 女 & 22 & 河南大学 &计算机科学与技术 & \\ \hline
     \end{tabular}
   \end{table}
\end{document}
```

运行效果如表 4.1 所示。

表 4.1 学生信息表

姓名	性别	年龄	毕业学校	专业	备注
张军	男	20	清华大学	数据科学与大数据技术	
李梅	女	21	北京大学	软件工程	
王琳	女	22	河南大学	计算机科学与技术	

可以通过命令"\hline"实现给每一行加一条横线；如果打算给每一列加一条竖线，则在"llllll"每两个字母之间加符号"|"。为表 4.1 中表格每一行、每一列都加上横线和竖线。

LaTeX 源码 4.2 行和列均分隔开来

```
\documentclass{ctexart}
\begin{document}
   \begin{table}[!hbp]
   \centering
   \caption{学生信息表}
   \label{tab:my-table}
     \begin{tabular}{|l|l|l|l|l|l|}
     \hline
     姓名 & 性别 & 年龄 & 毕业学校 &专业 & 备注 \\
     \hline
     张军 & 男 & 20 & 清华大学 & 数据科学与大数据技术& \\
     \hline
```

```
    李梅 & 女    & 21 & 北京大学 & 软件工程   & \\
    \hline
    王琳 & 女    & 22 & 河南大学 &计算机科学与技术 &\\
    \hline
    \end{tabular}
  \end{table}
\end{document}
```

运行效果如表 4.2 所示。

表 4.2　学生信息表

姓名	性别	年龄	毕业学校	专业	备注
张军	男	20	清华大学	数据科学与大数据技术	
李梅	女	21	北京大学	软件工程	
王琳	女	22	河南大学	计算机科学与技术	

4.2　常用表格类型及设置

常用的表格类型有三线表、斜线表格、单元格合并型表格、跨行跨列表格、分页表格等，常见的表格设置有表格颜色、字体、长宽等。

4.2.1　常用表格类型

常用表格类型及设置

三线表是比较常用的一类表格，通常在表格中包含三根横线，具体如表 4.1 所示。这是一个比较简单的三线表，但在实际使用中，有的时候需要更改横线的粗细，具体实现过程如下：首先导入三线表的宏包：\usepackage{booktabs}，然后修改表 4.1 的相关代码，将代码中的第一个 hline 和最后一个 hline 分别换成 toprule 和 bottomrule，具体代码修改如下。

LaTeX 源码 4.3　　更改表格横线粗细

```
\documentclass{ctexart}
\usepackage{booktabs}
\begin{document}
   \begin{table}[!hbp]
   \centering
   \caption{学生信息表}
   \label{tab:my-table}
     \begin{tabular}{llllll}
     \toprule
     姓名 & 性别 & 年龄 & 毕业学校  &专业    & 备注 \\ \hline
     张军 & 男  & 20 & 清华大学 &数据科学与大数据技术 & \\
     李梅 & 女  & 21 & 北京大学 &软件工程    & \\
     王琳 & 女  & 22 & 河南大学 &计算机科学与技术 & \\
     \bottomrule
     \end{tabular}
```

```
    \end{table}
\end{document}
```

运行效果如表 4.3 所示。

表 4.3 学生信息表

姓名	性别	年龄	毕业学校	专业	备注
张军	男	20	清华大学	数据科学与大数据技术	
李梅	女	21	北京大学	软件工程	
王琳	女	22	河南大学	计算机科学与技术	

在实际应用中，斜线表头的表格也是一种常见的表格，在使用斜线表头时需要引入宏包：\usepackage{diagbox}，斜线表头主要是将一个单元格分成两块或三块的情况。例如，代码\diagbox{a}{b}表示将单元格分成两块，分别是 a 和 b；代码\diagbox{a}{b}{c}表示将单元格分成三块，分别是 a、b 和 c。实现一个学生课程成绩表，用斜线表头将单元格分成两块，分别对应学生姓名和课程名称。

LaTeX 源码 4.4 行和列均分隔开来

```
\documentclass{ctexart}
\usepackage{diagbox}
\begin{document}
    \begin{table}[!hbp]
    \renewcommand{\arraystretch}{1.2}  %控制 tabular 表格环境行与行之间的距离
    \caption{学生课程成绩表}
    \label{table_example}
    \centering
        \begin{tabular}{|c|c|c|c|c|}
        \hline
        \diagbox{学生姓名}{课程名称}&数据结构与算法&离散数学&C 程序设计&计算机导论\\
        \hline    李明&85&90&92&98\\    \hline    李晨&89&92&90&95\\
        \hline    吴琳&94&95&89&97\\    \hline
        \end{tabular}
    \end{table}
\end{document}
```

运行效果如表 4.4 所示。

表 4.4 学生课程成绩表

课程名称 学生姓名	数据结构与算法	离散数学	C 程序设计	计算机导论
李明	85	90	92	98
李辰	89	92	90	95
吴琳	94	95	89	97

在实际应用中，也存在这样一种表格，即表格中的数据需要占用多行、多列的情况，

这种表格称为跨行、跨列表格。在 LaTeX 中，如果想设计该类型的表格，可以引入由彼得·范·奥斯特伦（Piet van Oosterom）和杰里·莱希特尔（Jerry Leichter）共同编写的跨行表格宏包 multirow。引入该宏包的方法是：\usepackage{multirow}。

命令 4.2　在宏包 multirow 中编排跨行、跨列数据的命令

格式：

\multirow{所跨行数}[补偿数]{数据宽度}[位移量]{数据}

\multicolumn{所跨列数}[补偿数]{数据宽度}[位移量]{数据}

含义：

所跨行数：表示设置数据所要跨占的行数

补偿数：可选参数，默认值为 0

数据宽度：用于设置跨行数据的列宽度，也可用符号"*"表示使用数据的自然宽度

位移量：可选参数，用于调整数据的垂直位置。正值向上移动，负值向下移动

数据：跨行编排的数据。若已设定数据宽度，数据处于段落模式，可自动换行，也可用换行命令"\\"强制换行；如果已用"*"符号表示数据宽度，则数据不能换行

LaTeX 源码 4.5　表格单元格的合并

```
\documentclass{ctexart}
\usepackage{multirow}
\begin{document}
   \begin{table}[!hbp]
   \renewcommand{\arraystretch}{1.5}
   \caption{单元格合并} \label{table_example}      \centering
      \begin{tabular}{|c|c|c|c|c|}            \hline
      \multicolumn{2}{|c|}{\multirow{2}{*}{A}}&
      \multicolumn{3}{c|}{B}\\               \cline{3-5}
      \multicolumn{2}{|c|}{} &B1&B2&B3\\   \hline 1&2&3&4&5\\   \hline
      \end{tabular}
   \end{table}
\end{document}
```

表 4.5　单元格合并

A	B		
	B1	B2	B3
1	2	3	4	5

运行效果如表 4.5 所示。

从上述代码可知，首先需要在导言区通过 \usepackage{multirow} 导入跨行表格宏包，根据分隔符"&"与换行符"\\"的数目可知，这是一个三行五列的表格。通过观察代码发现，第一行只有一个"&"，说明第一行只有两个单元格，第二行有三个"&"，说明第二行有四个单元格。

在上述代码中，\multicolumn{2}{|c|}{\multirow{2}{*}{A}} 中用到了两个命令，即 \multicolumn{}{}{} 和 \multirow{}{}{}。其中，第一个命令是多列合并，第二个命令是多行合并，如果是嵌套使用，那就是多行多列合并。每个大括号内容的含义如下：第一个大括号是要合并的数量，用到第一个命令中就是要合并多少列，用到第二个命令中就是要合并多少行；第二个大括号是行中每列数据的格式及对应的边框线；第三个大括号是当前单元

格的内容。

以课程成绩表为例，设计跨行跨列表格。

LaTeX 源码 4.6 跨行跨列表格

```
\documentclass{ctexart}
\usepackage{multirow}
\begin{document}
   \begin{table}[!hbp]
   \renewcommand{\arraystretch}{1.2}
   \caption{课程成绩表}
   \label{table_example}
   \centering
      \begin{tabular}{|c|c|c|}                    \hline
      \multicolumn{3}{|c|}{成绩}\\                 \hline
      高等数学&数据结构与算法&企业级应用开发\\        \hline
      80&90&88\\ \cline{1-2} 84&95&96\\           \cline{2-3}
      82&92&95\\ \cline{1-2} 86&89&93\\           \hline
   \end{tabular}
   \end{table}
\end{document}
```

运行效果如表 4.6 所示。

通过分析上述代码发现，第 10 行代码 \multicolumn{3}{|c|}{成绩} 为合并列的命令，第一个参数"3"表示将所在行其后的 3 列合并为一列；第三个参数"成绩"表示该列的内容是"成绩"；第二个参数"|c|"表示该列的列格式为居中对齐。

将表 4.6 中的"成绩"属性列由原来的占三列，修改成占五行，代码如下。

表 4.6 课程成绩表

成绩		
高等数学	数据结构与算法	企业级应用开发
80	90	88
84	95	96
82	92	95
86	89	93

LaTeX 源码 4.7 跨行表格

```
\documentclass{ctexart}
\usepackage{multirow}
\begin{document}
\begin{table}[!hbp]
\renewcommand{\arraystretch}{1.2}
\caption{课程成绩表}
\label{table_example}
\centering
\begin{tabular}{|c|c|c|c|}
   \hline
   \multirow{5}{*}{\centering 成绩}&高等数学&数据结构与算法&企业级应用开发\\
   \cline{2-4}    &80&90&88\\         \cline{2-4}    &84&95&96\\
   \cline{2-4}    &82&92&95\\         \cline{2-4}    &86&89&93\\
   \hline
```

```
\end{tabular}
\end{table}
\end{document}
```

运行效果如表 4.7 所示。

表 4.7　课程成绩表

	高等数学	数据结构与算法	企业级应用开发
	80	90	88
成绩	84	95	96
	82	92	95
	86	89	93

在实际应用中，有时候会创建含有大量数据的表格，其长度超过一页；或者表格虽然长，但当前版面所剩的空间不多，需要将整个表格移到下一页的顶部，从而造成当前页面底部出现大片空白。为了解决这个问题，可调用长表格宏包 longtable，使用长表格环境，具体命令为\begin{longtable}[位置]{列格式}。

长表格环境是一个可自动换页排版的 tabular 表格环境，除了位置参数的定义不同外，列格式和行格式的设置方法与 tabular 完全相同。长表格环境的最大特点就是采用系统的换页运算机制，可对长表格进行分页排版；它的另一个特点是可以使用图表标题命令，并使用 table 表格计数器为表格标题排序，因此长表格环境中的标题可与其他表格的标题统一排序，表格目录命令也可将长表格的标题写入目录中。

由于需要分页，长表格宏包还定义了一组格式设置命令。下面是用于长表格环境的设置命令及其说明。

命令 4.3　长表格宽度与距离设置命令

\LTleft：表格左侧到主文本区边缘的距离，默认值是\fill，即 0pt plus 1fill

\LTright：表格右侧到主文本区边缘的距离，默认值是\fill

\LTpre：表格与上面文本之间的距离，默认值为\bigskipamount

\LTpost：表格与下面文本之间的距离，默认值也是\bigskipamount

\LTcapwidth：设置表格标题所占的宽度，默认值是 4in

命令 4.4　换行及表头表尾命令

\\[高度]：换行，然后向下添加一段垂直高度的空白

*：换行，但不得在此换页

\endfirsthead：用于指定出现在第一页表头的内容

\endhead：用于指定每页表头的内容，若使用了\endfirsthead 命令，该命令仅指定第二页及之后的续页表头的内容

\endfoot：用于指定每页表尾的内容，若使用了\endlastfoot 命令，该命令仅指定倒数第二页及之前的续页表尾的内容

\endlastfoot：用于指定出现在最后一页末尾的行

命令 4.5   标题命令

\caption{标题}：表示生成的标题可被写入表格目录

\caption{目录标题}{标题}：表示目录标题被写入表格目录，而标题只显示在表格处

\caption[]{标题}：表示生成的标题不被写入表格目录

\caption*{标题}：表示生成的标题不带编号，且标题不被写入表格目录

用长表格环境编写的表格需要连续编译：在第一次编译时，它将标题和分页信息写入.aux 引用记录文件，这时的表格很可能参差不齐，再经反复编译才能将表格排列整齐。

首页标题与续页标题命令（\endfirsthead、\endhead、\endfoot 和\endlastfoot）表示的内容可以是一行或多行，但都必须在表格的数据行之前使用。如果要求首页标题与续页标题不同，可在首页标题行中使用\caption{标题}命令，而在续页标题行中使用\caption[]{标题}命令，使两者的标题内容不同。

使用 longtable 实现对表格的分页显示，并保留表头与标题，由于表格需要跨页展示，受限于篇幅长度，将表格部分内容省略，仅展示分页效果，效果如图 4.1 所示。

表 1: 经典影视

影视名	主演
唐朝诡事录(2022)	杨志刚/ 杨旭文/ 郜思雯/ 陈创/ 孙雪宁等
我们这十年(2022)	郭晓东/ 侯勇/ 焦俊艳/ 白百何/ 张慧雯等
昆仑神宫(2022)	潘粤明/ 张雨绮/ 姜超/ 高伟光/ 汤镇业等
大明王朝1566 (2007)	陈宝国/ 黄志忠/ 王庆祥/ 倪大红/ 祝希娟等

接下页

表 1: 经典影视（续表）

影视名	主演
觉醒年代(2021)	于和伟/ 张桐/ 张晚意/ 马启越/ 马少骅等
白夜追凶(2017)	潘粤明/ 王龙正/ 梁缘/ 吕晓霖/ 尹姝贻等
琅琊榜(2015)	胡歌/ 刘涛/ 王凯/ 陈龙/ 黄维德等

图 4.1   表格分页显示

⬀ LaTeX 源码 4.8   表格的分页显示

```
\documentclass{ctexart}
\usepackage{multirow}
\usepackage{longtable}
\begin{document}
   \begin{longtable}{lp{8cm}}
      \caption{经典影视}\\ \hline
      影视名 & 主演 \\ \hline
      \endfirsthead                  %第一页的表头
      \caption{经典影视（续表）}\\ \hline
      影视名 & 主演\\ \hline
      \endhead   %每页显示的表头，若有\endfirsthead，则指第二页及续页表头
      \multicolumn{2}{r}{接下页}\\ %在第一页的尾部显示下一页
      \endfoot        %每页的表尾，若有\endlastfoot,则指倒数第二页及之前续页的表尾
      \hline                        %该内容显示在最后一页表尾
```

```
    \endlastfoot                         %最后一页的表尾

    唐朝诡事录（2022）& 杨志刚 / 杨旭文 / 郜思雯 / 陈创 / 孙雪宁等\\
    我们这十年（2022）& 郭晓东 / 侯勇 / 焦俊艳 / 白百何 / 张慧雯等\\
    昆仑神宫（2022）& 潘粤明 / 张雨绮 / 姜超 / 高伟光 / 汤镇业等 \\
    大明王朝1566（2007）&陈宝国 / 黄志忠 / 王庆祥 / 倪大红 / 祝希娟等 \\
    ...                                  %省略表格中间内容
    觉醒年代（2021）& 于和伟 / 张桐 / 张晚意 / 马启越 / 马少骅等 \\
    白夜追凶（2017）& 潘粤明 / 王龙正 / 梁缘 / 吕晓霖 / 尹姝贻等\\
    琅琊榜（2015）& 胡歌 / 刘涛 / 王凯 / 陈龙 / 黄维德等 \\
    \end{longtable}
\end{document}
```

4.2.2 表格颜色、字体、长宽等的设置

如果想要给表格增加点色彩，可以使用由戴维·卡莱尔（David Carlisle）编写的 colortbl 宏包，它提供了一组颜色设置命令，可分别用于设置表格中列、行和单元格的背景颜色以及表格线的颜色。该宏包需要 array 宏包和 color 宏包的支持，在调用 colortbl 宏包的同时，这两个宏包也被自动加载。例如，可以分别使用\columncolor、\rowcolor、\cellcolor 命令来设置列、行、单元格的颜色。这三个命令的基本语法相似。

\columncolor 需要放到列前置命令中，\rowcolor、\cellcolor 分别放到行、单元格之前。colortbl 宏包需要通过使用 xcolor 宏包选项 table 来加载。该宏包使用案例如下。

LaTeX 源码 4.9　**表格颜色设置**

```
\documentclass{ctexart}
\usepackage[table]{xcolor}
\begin{document}
    \begin{table}[!hbp]
    \centering
    \rowcolors{2}{red!20}{blue!20} %表示从第二行开始,奇数行为红色20%,偶数行为蓝色20%
    \caption{学生信息表}
    \label{tab:my-table}
        \begin{tabular}{|l|l|l|l|l|l|}
        \hline
        \rowcolor{black!20}
        姓名 & 性别 & 年龄 & 毕业学校 &专业 & 备注 \\
        \hline
        张军 & 男  & 20 & 清华大学  &数据科学与大数据技术 & \\
        \hline
        李梅 & 女  & 21 & 北京大学  &软件工程 & \\
        \hline
        王琳 & 女  & 22 & 河南大学  &计算机科学与技术 & \\
        \hline
        陈明 & 男  & 22 & 上海交通大学  &物联网工程 &\\
        \hline
        \end{tabular}
    \end{table}
\end{document}
```

运行效果如表 4.8 所示。

表 4.8　学生信息表

姓名	性别	年龄	毕业学校	专业	备注
张军	男	20	清华大学	数据科学与大数据技术	
李梅	女	21	北京大学	软件工程	
王琳	女	22	河南大学	计算机科学与技术	
陈明	男	22	上海交通大学	物联网工程	

在表 4.8 中，为什么表头所在行的颜色与其他行的颜色不一致？如果想设置表格中的奇数行颜色一致，偶数行的颜色一致，该如何处理？要想实现上述效果，只需要修改表 4.8 对应的相关代码，将第 6 行代码 \rowcolors{2}{red!20}{blue!20} 改为\rowcolors{1}{red!20}{blue!20}，并将第 11 行代码\rowcolor{black!20}删除即可。具体实现代码如下。

彩表 4.8

LaTeX 源码 4.10　表格奇偶行颜色设置

```
\documentclass{ctexart}
\usepackage[table]{xcolor}
\begin{document}
   \begin{table}[!hbp]
   \centering
   \rowcolors{1}{red!20}{blue!20}
   \caption{学生信息表}
   \label{tab:my-table}
   \begin{tabular}{|l|l|l|l|l|l|}
   \hline
   姓名 & 性别 & 年龄 & 毕业学校 &专业 &备 注 \\
   \hline
   张军 & 男   & 20   & 清华大学 &数据科学与大数据技术 & \\
   \hline
   李梅 & 女   & 21   & 北京大学 &软件工程      & \\
   \hline
   王琳 & 女   & 22   & 河南大学 &计算机科学与技术 & \\
   \hline
   陈明 & 男   & 22   & 上海交通大学 &物联网工程 & \\
   \hline
   \end{tabular}
\end{table}
\end{document}
```

运行效果如表 4.9 所示。

表 4.9　学生信息表

姓名	性别	年龄	毕业学校	专业	备注
张军	男	20	清华大学	数据科学与大数据技术	
李梅	女	21	北京大学	软件工程	
王琳	女	22	河南大学	计算机科学与技术	
陈明	男	22	上海交通大学	物联网工程	

彩表 4.9

表 4.10　餐具信息表

餐具名称	数量	单价
碗	20 个	10 元
勺子	3 个	15 元
筷子	10 双	3 元

彩表 4.10

在表格中综合运用单元格背景命令（\cellcolor）、行背景命令（\rowcolor）、列背景命令（\columncolor）来设置相关颜色，做一个带有背景颜色的餐具信息表，效果如表 4.10 所示，相关代码如下。

LaTeX 源码 4.11　表格行列颜色设置

```
\documentclass{ctexart}
\usepackage[table]{xcolor}
\begin{document}
   \begin{table}[!hbp]
   \caption{餐具信息表}
   \label{tab:table}
   \centering
      \begin{tabular}{l>{\columncolor{yellow}}ll}   %第二个 l 前>号开头的代码用来
                                                     %控制第二列的颜色
      \rowcolor{red}餐具名称 & 数量 & 单价\\
      碗 & 20 个 & 10 元\\
      \rowcolor{green}勺子 & \cellcolor{red}3 个 &15 元 \\
      筷子 &10 双 &3 元 \\
      \rowcolor{blue}盘子 & 15 个 &5 元 \\
      \end{tabular}
   \end{table}
\end{document}
```

通过上面的例子发现，命令\cellcolor 可以用于表格中的任何单元格；如果由\cellcolor 命令定义的单元格与\rowcolor 定义的行重叠，或与\columncolor 命令定义的列重叠，则重叠处的单元格颜色以\cellcolor 命令的定义为准。

在表格中通常会涉及对字体大小和样式的设置，表格默认的字体大小与正文字体相同。如果需要单独设置表格字体大小，需要在\begin{table}后加入控制字体大小的控制命令。如果需要单独控制表格中某一列的字体大小，需要在表格每个单元格内容对齐位置之前使用>{字体大小控制命令}来定义每个单元格不同的字体大小。

用户可以根据自己的需要，按照第 2 章有关字体的命令介绍设置表格字体大小和字体样式。例如，将表格中的字体大小控制在 12pt，字体间距控制在 20pt，具体实现代码如下。

LaTeX 源码 4.12　表格字体大小间距设置

```
\documentclass{ctexart}
\usepackage{array}
\newcommand{\fs}{\fontsize{12pt}{20pt}\selectfont}
\begin{document}
   \begin{table}[!hbp]
   \caption{学生信息表}
   \label{tab:my-table}
```

```
    \fs
        \begin{tabular}{|l|l|l|l|l|l|}  \hline
        姓名 & 性别 & 年龄 & 毕业学校 &专业   & 备注   \\
        \hline
        张军 & 男 & 20 & 清华大学 &数据科学与大数据技术 & \\
        \hline
        李梅 & 女 & 21 & 北京大学 &软件工程 & \\
        \hline
        王琳 & 女 & 22 & 河南大学 &计算机科学与技术 & \\
        \hline
        陈明 & 男 & 22 & 上海交通大学 &物联网工程 & \\
        \hline
        \end{tabular}
    \end{table}
\end{document}
```

实现效果如表 4.11 所示。通过观察上述代码发现，第 2 行代码是通过\usepackage{array}引入宏包；第 3 行代码是通过\newcommand{\fs}{\fontsize{12pt}{20pt}\selectfont}自定义了表格中的字体大小为 12pt，字间距为 20pt，新命令命名为 fs；第 8 行代码是通过\fs 来调用用户设置的字体大小和间距。如果初学者想用 LaTeX 内置的字体大小命令，则可以直接替换\fs 即可，如\small。

表 4.11　学生信息表

姓名	性别	年龄	毕业学校	专业	备注
张军	男	20	清华大学	数据科学与大数据技术	
李梅	女	21	北京大学	软件工程	
王琳	女	22	河南大学	计算机科学与技术	
陈明	男	22	上海交通大学	物联网工程	

将表 4.11 中第一列的字体大小控制在 18pt、字间距控制在 20pt，第三列的字体大小控制为\huge，即将源码 4.12 中第 3 行的代码修改为\newcommand{\fs}{\fontsize{18pt}{20pt}\selectfont}，将第 8 行代码\fs 去掉，第 9 行代码修改为\begin{tabular}{|>{\fs}l|l|>{\huge}l|l|l|l|}，在单元格的第一列和第三列内容加上"><{字体大小控制命令}"来控制每列的字体大小，实现效果如表 4.12 所示。

表 4.12　学生信息表

姓名	性别	年龄	毕业学校	专业	备注
张军	男	20	清华大学	数据科学与大数据技术	
李梅	女	21	北京大学	软件工程	
王琳	女	22	河南大学	计算机科学与技术	
陈明	男	22	上海交通大学	物联网工程	

表 4.11 中的信息不变，仅将"姓名"字段设置为"宋体"，"性别"字段设置为"黑体"，"年龄"字段设置为"仿宋"，"毕业学校"字段设置为"楷体"，具体实现方法是在源码 4.12 的基础上，将表格的第一栏修改为 {\songti 姓名 }&{\heiti 性别 }&{\fangsong 年龄}&{\kaishu 毕业学校}，实现效果如表 4.13 所示。

表 4.13　学生信息表

姓名	性别	年龄	毕业学校	专业	备注
张军	男	20	清华大学	数据科学与大数据技术	
李梅	女	21	北京大学	软件工程	
王琳	女	22	河南大学	计算机科学与技术	
陈明	男	22	上海交通大学	物联网工程	

在默认情况下，表格的行高系数为 1，如果想要将行高扩大为原来的 1.5 倍，可以使用重定义行高系数命令\renewcommand{\arraystretch}{1.5}来实现。中文表格一般是重定义行高系数为 1.5 或 1.6，有时候可能更大一些。实现效果如表 4.14 所示。

表 4.14　教师信息表

姓名	性别	工号	所在院系
李敏	女	4327	软件学院
张强	男	4316	教师教育学院
王军	男	4315	信息工程学院
陈丽	女	4314	经济管理学院

代码如下。

LaTeX 源码 4.13　表格行高设置

```
\documentclass{ctexart}
\usepackage{array}
\begin{document}
  \begin{table}[!hbp]
  \caption{教师信息表}
  \renewcommand{\arraystretch}{1.8}
    \begin{tabular}{|l|l|l|l|l|l|}  \hline
    姓名 & 性别 & 工号 & 所在院系    \\  \hilne
    李敏 & 女 & 4327 & 软件学院  \\  \hline
    张强 & 男& 4316 & 教师教育学院 \\  \hline
    王军 & 男& 4315 & 信息工程学院  \\  \hline
    陈丽 & 女& 4314 & 经济管理学院   \\  \hline
    \end{tabular}
  \end{table}
\end{document}
```

通过上述代码发现，第 6 行代码\renewcommand{\arraystretch}{1.8}是控制行高变化的关键语句。说明：重定义命令的设置值可以在默认的基础上改变表格的行高，若设置值小于 1，则减少行高。

改变单元格左右边距可以改变表格列宽，系统默认的单元格左右边距为 12pt，若想改变边距值，可以在 table 和 tabular 中间使用长度赋值命令\tabcolsep 进行设置。当设置单元格左右边距为零，即\tabcolsep=0p 时，可将单元格左右边距为零的表格嵌入其他表格中，效果比较美观。

将表格单元格左右边距设置为 25pt，具体效果如表 4.15 所示。

表 4.15 教师信息表

姓名	性别	工号	所在院系
李敏	女	4327	软件学院
张强	男	4316	教师教育学院
王军	男	4315	信息工程学院
陈丽	女	4314	经济管理学院

通过重定义行高命令能够改变行高，使表格的所有行高都变为同样的大小，而有时只想改变某行的行高，一个最简单的解决方法就是把可生成一定的高度而宽度为零的标尺盒子命令\rule[内容升降值]{水平宽度}{竖直高度}放在该行的某个单元格代码中，形成一个无形的垂直支撑，从而改变行高。

其中，"竖直高度"改变表格行高，当设置竖直高度小于系统默认高度时，则系统默认高度起作用；"内容升降值"是表格内容所在的位置，值为 0 表示内容底部在此单元格最下面，值为正值 a 表示此行高增加 a，且内容底部也在此单元格最下面，值为负数 b 表示内容底部位于距离单元格底部为 b 的绝对值处。具体实现代码如下。

LaTeX 源码 4.14　表格单行行高设置

```
\documentclass{ctexart}
\usepackage{array}
\begin{document}
   \begin{table}[!hbp]
      \begin{tabular}{|l|l|l|l|}        \hline
      姓名 & 性别& 工号 & 所在院系 \\        \hline
      李敏 & 女 & 4327 & 软件学院\rule[-6mm]{0mm}{15mm} \\ \hline
                     %表示行高为15mm,内容底部距离单元格底部 6mm 处
      张强 & 男& 4316 & 教师教育学院  \\        \hline
      王军 & 男& 4315 & 信息工程学院  \\        \hline
      陈丽 & 女& 4314 & 经济管理学院   \\        \hline
      \end{tabular}
\end{table}
\end{document}
```

运行效果如表 4.16 所示。

将标尺盒子命令中的宽度参数改为 2mm，效果如表 4.17 所示。

表 4.16　教师信息表

姓名	性别	工号	所在院系
李敏	女	4327	软件学院
张强	男	4316	教师教育学院
王军	男	4315	信息工程学院
陈丽	女	4314	经济管理学院

表 4.17　教师信息表

姓名	性别	工号	所在院系
李敏	女	4327	软件学院
张强	男	4316	教师教育学院
王军	男	4315	信息工程学院
陈丽	女	4314	经济管理学院

改变列宽也可以使用标尺盒子：把有一定的宽度而高度为零的标尺盒子放在某列中的某个单元格中，形成一个无形的水平支撑，从而改变列宽；也可以使用命令\hspace{尺寸}生成水平空白。调整教师信息表中第一列的列宽，具体实现效果如表 4.18 所示。

表 4.18　教师信息表

姓名	性别	工号	所在院系
李敏	女	4327	软件学院
张强	男	4316	教师教育学院
王军	男	4315	信息工程学院
陈丽	女	4314	经济管理学院

表格第一列列宽变大是因为在第一列的单元格"姓名"后添加了命令\hspace{2cm}，这个命令放在第一列的任何一个单元格中效果都是一样的。也可以使用命令\rule{数值 mm}{数值 mm}改变单元格的列宽。

4.3　表格的引用

在制定表格时，通常需要使用命令\caption{An Example of a Table}和\label{table example}分别设置表格的标题和标签，caption 是表格的标题，{}中就是标题的具体内容，标题还会有编号，一般都是自动编号。label 是标签，标签主要是在引用的时候被用到。当表格的格式设置好之后，通常需要在正文中引用。在正文中引用一个表格的命令是\ref{table example}。LaTeX 与 Word 最大的不同是，前者对表格自动编号，而且只要表格的 label 不发生变化，即使正文中表格的顺序发生了变化，或者表格数目发生了变化，LaTeX 也会自动编号；而在 Word 中，如果表格顺序或数目发生变化，需要用户自己调整表格的编号。从这一点来看，LaTeX 对于表格的引用非常便捷。

表格的引用

LaTeX 源码 4.15　**表格引用设置**

```
\documentclass{ctexart}
\begin{document}
    教师信息表的详细信息，如表\ref{tab:table18}所示。
    \begin{table}[!hbp]
    \tabcolsep=25pt
    \caption{教师信息表}
    \label{tab:table18}
        \begin{tabular}{|l|l|l|l|}        \hline
        姓名 & 性别 & 工号 & 所在院系  \\        \hilne
        李敏 & 女 & 4327 & 软件学院    \\ \hline
```

```
        张强 & 男& 4316 & 教师教育学院 \\ \hline
        王军 & 男& 4315 & 信息工程学院 \\ \hline
        陈丽 & 女& 4314 & 经济管理学院  \\ \hline
        \end{tabular}
    \end{table}
\end{document}
```

通过观察上述代码发现，在第 7 行代码中通过命令\caption{教师信息表}指定表格的标题，在第 8 行代码中通过命令\label{tab:table18}指定表格的标签，在第 4 行代码中通过命令\ref{tab:table18}完成对表格的引用，在书写过程中一定要保证 label{}与 ref{}中的内容一致，否则引用不会成功。关于表格在正文中的其他引用方法，读者也可以自主查阅相关文档，并进行上机实践。源码 4.15 显示的效果是教师信息表的详细信息，如表 4.19 所示。

表 4.19 教师信息表

姓名	性别	工号	所在院系
李敏	女	4327	软件学院
张强	男	4316	教师教育学院
王军	男	4315	信息工程学院
陈丽	女	4314	经济管理学院

4.4 本 章 小 结

本章介绍的是 LaTeX 表格排版，首先讲述了 LaTeX 中绘制表格常用的参数，然后介绍了一些常用的表格，如三线表，跨行、跨列表格，分页表格，彩色表格等的使用方法，最后讲述了如何在正文区中引用表格。

习题 4

1. 请写出表格的标题与引用表格的关键字。
2. 三线表格中\toprule、\midrule、\bottomrule 分别代表什么含义？
3. 请写出设置表格行距的代码。
4. 若要实现三列表格表头的第一列是三分斜线，斜线内容分别是 "A" "B" "C"，请写出对应的关键代码。
5. 将三行三列表格第一行的前两列进行合并，请写出对应的关键代码。
6. 制作一个三行三列的无线表格，效果如下所示，请给出对应的代码。

英语	物理	生物
语文	数学	地理
化学	历史	政治

7. 编写一个三行三列的有框表格，最后一列宽度设置为 4cm,超过设定宽度则自动换行。

第 5 章　数学公式与特殊符号

学习目标 ☞ | 1. 掌握数学公式的基本使用方法。
2. 了解复杂数学公式的构成。
3. 熟悉基本的数学符号。

在 Microsoft Word、WPS Word 等文档编辑软件中输入数学公式时，通常采用内置的数学公式编辑器或第三方软件，如 MathType。这些软件采用"所见即所得"的模式，将编写好的数学公式插入文档中，缺点是调整公式的大小和位置很麻烦。相比之下，LaTeX 采用命令行的方式来控制数学公式的大小和位置，从而克服了这些缺点。此外，LaTeX 排版效果对于复杂的数学公式而言更为出色。在 LaTeX 中引入相关数学宏包以扩展数学公式的排版功能，可以为用户编写数学公式提供便利。为了支持本章中的数学符号命令，读者需要在导言区添加相关宏包，命令为\usepackage{amsmath,latexsym,bm}。

5.1　数学公式的基本使用

在 LaTeX 中，较常用的模式是文本模式和数学模式。文本模式主要用于书写不涉及数学符号的正文内容，而数学模式则是用于编写数学公式。由于两种模式的输出效果不同，因此需要在源文件中对数学模式进行标识，以区分哪些内容属于数学模式，哪些内容属于文本模式。此外，

数学公式的基本使用

根据数学公式在文中的不同位置，又可将其分为行内公式（inline formula）和行间公式（displayed formula），并且需要在源文件中特别标明数学公式的开始位置和结束位置，以确保正确的输出效果。

5.1.1　行内公式

行内公式又叫作正文公式，是一种可以在行文中与文字混编且不单独占一行的数学公式模式。常用的行内公式标识符主要有以下三种。

命令 5.1　行内公式标识符

$数学表达式$

\(数学表达式\)

\begin{math}数学表达式\end{math}

⤢ LaTeX 源码 5.1　行内公式标识符的运用

```
\documentclass{article}
\begin{document}
```

```
    $a_n=a_1+(n-1)d$\\          %第一种方式
    \(a_n=a_1+(n-1)d\)\\        %第二种方式
    \begin{math}                %第三种方式
        a_n=a_1+(n-1)d
    \end{math}
\end{document}
```

行内公式效果如下：

$$a_n = a_1 + (n-1)d$$
$$a_n = a_1 + (n-1)d$$
$$a_n = a_1 + (n-1)d$$

5.1.2　行间公式

行间公式又称为显示公式，是指数学公式单独占一行并且居中显示的公式。行间公式根据公式的大小也分为单行公式和多行公式。对于多行的行间公式的使用和介绍，可详见5.4 节。本节只简单介绍单行的行间公式。常用的单行行间公式的标识符主要有以下三种。

命令 5.2　单行行间公式标识符

$$数学公式$$

\[数学公式\]

\begin{displaymath}数学公式\end{displaymath}

LaTeX 源码 5.2　行间公式标识符的运用

```
\documentclass{article}
\begin{document}
    $$a_n=a_1+(n-1)d$$          %第一种方式
    \[a_n=a_1+(n-1)d\]         %第二种方式
    \begin{displaymath}        %第三种方式
        a_n=a_1+(n-1)d
    \end{displaymath}
\end{document}
```

行间公式效果如下：

$$a_n = a_1 + (n-1)d$$
$$a_n = a_1 + (n-1)d$$
$$a_n = a_1 + (n-1)d$$

在 LaTeX 编译数学公式过程中，行内公式的三种方式和行间公式的三种方式各自都呈现相同的结果。因此在实际使用中，读者可以根据个人偏好自由选择其中的任何一种方式。对于公式的编号详见 5.4 节介绍。

5.1.3　公式中文本的插入

在编写某些数学公式时，有时需要插入一些文本，而 LaTeX 默认的数学模式下不支持文本的插入。为此，LaTeX 提供了两种向数学公式中插入文本的命令，一种是基于 amsmath

宏包的\text{}命令，另一种是\mbox 命令。

LaTeX 源码 5.3　向数学公式中插入文本

```
\documentclass{article}
\usepackage{ctex}
\usepackage{amsmath}
\begin{document}
\begin{center}
    $y=x^3 \qquad    \text{x 取值范围是} (-\infty,+\infty)$\\
    $y=x^3 \qquad    \mbox{x 取值范围是} (-\infty,+\infty)$
\end{center}
\end{document}
```

效果如下：

$$y = x^3 \qquad x取值范围是(-\infty,+\infty)$$
$$y = x^3 \qquad x取值范围是(-\infty,+\infty)$$

5.2　公式的字体与字号

根据公式样式需求的不同，LaTeX 也可以设置公式的字体与字号。

5.2.1　常见的数学字体

在数学模式下，通常数学公式中字母默认是斜体，但为了更好地满足读者需要，LaTeX 提供了很多种类的数学字体形状（如\mathrm 罗马直立、\mathit 罗马斜体、\mathbf 直立粗体、\mathcal 花体等），详见表 5.1。需要注意的是，上述字体均需在数学模式下才可使用。

表 5.1　数学字体与对应的宏包

字体名	命令	示例	所需宏包
默认字体	\mathnormal	$ABCDEFGHIJKLMNOPQRSTUVWXYZ$ $abcdefghijklmnopqrstuvwxyz$	无
罗马体	\mathrm	ABCDEFGHIJKLMNOPQRSTUVWXYZ abcdefghijklmnopqrstuvwxyz	无
斜体	\mathit	$ABCDEFGHIJKLMNOPQRSTUVWXYZ$ $abcdefghijklmnopqrstuvwxyz$	无
黑粗体	\mathbf	**ABCDEFGHIJKLMNOPQRSTUVWXYZ** **abcdefghijklmnopqrstuvwxyz**	无
黑板体	\mathbb	ABCDEFGHIJKLMNOPQRSTUVWXYZ	amssymb
书法艺术体	\mathcal	$ABCDEFGHIJKLMNOPQRSTUVWXYZ$	无
书写体	\mathds	ABCDEFGHIJKLMNOPQRSTUVWXYZ Ahk	dsfont
哥特体	\mathfrak	ABCDEFGHIJKLMNOPQRSTUVWXYZ abcdefghijklmnopqrstuvwxyz	amssymb
无衬线体	\mathsf	ABCDEFGHIJKLMNOPQRSTUVWXYZ abcdefghijklmnopqrstuvwxyz	无
打印机体	\mathtt	ABCDEFGHIJKLMNOPQRSTUVWXYZ abcdefghijklmnopqrstuvwxyz	无

公式的字体与字号

在使用数学公式过程中，还需要注意的是字母与字母之间是没有空格的，如果想要在公式中插入空格，可以采用表 5.2 所示的命令。

表 5.2　常用的空格命令

命令	长度	示例	适用范围
\quad	1em	*LaTeX　Math*	适用全文
\qquad	2em	*LaTeX　　Math*	适用全文
\:	4/18em	*LaTeX Math*	仅公式
\;	5/18em	*LaTeX Math*	仅公式
\,	3/18em	*LaTeX Math*	仅公式

5.2.2　公式字号的设置

公式字号大小的设置使用的命令与第 2 章介绍的字体尺寸设置的命令相同，有\tiny、\footnotesize、\large 等。

LaTeX 源码 5.4　不同字号的数学公式

```
\documentclass{article}
\begin{document}
   $y=2x^2$ \\            %默认字号
   \begin{large} \\       %字号为 large，第一种设置字号的方式
      $y=2x^2 $
   \end{large}
   {\LARGE $y=2x^2 $}     %字号为 LARGE，第二种设置字号的方式
\end{document}
```

效果如下：

$$y = 2x^2$$

$$y = 2x^2$$

$$y = 2x^2$$

5.3　基本的数学符号命令

常见的加号、减号等可以通过键盘直接输入，字符上标下标、导数积分等在数学中也经常用到，LaTeX 支持使用命令来表达这些符号。

5.3.1　上标与下标

在书写数学公式的过程中，经常会用到上、下标，这在 LaTeX 中统称为角标。相对于正常的数学公式，角标的显示字体会变小，并且位置会相应升高或下降。在数学环境中使用角标的命令为"上标:^{数学公式}""下标:_{数学公式}"。

基本的数学符号命令

在使用角标时需要注意以下几点：第一，若角标中的内容不是单个字符时，必须用{}将内容给涵盖住，以防止排版出问题；第二，在书写角标的过程中，上下标命令的输入顺序对公式最后显示没有影响；第三，公式中的上下标是可以任意嵌套的。

> ↗ **LaTeX 源码 5.5**　**数学公式中上、下标的使用**

```
\documentclass{article}
\begin{document}
    $y=x^2$ \qquad  $y=x_2$ \qquad  $y=x^{x^2}$
\end{document}
```

效果如下：

$$y = x^2 \quad y = x_2 \quad y = x^{x^2}$$

5.3.2　分式与根号

在 LaTeX 中书写分式的命令时，对于一些简单的数学公式，推荐使用斜杠"/"来表示；而对于一些比较复杂的分式，可以采用命令\tfrac、\dfrac、\frac、\cfrac。其中，\tfrac 设置分式显示为行内公式的形状；\dfrac 设置分式显示为行间公式的形状；\frac 会自动判断使用行内公式显示还是行间公式显示；而\cfrac 主要用于表示连续的分式。

> ↗ **LaTeX 源码 5.6**　**数学分式的使用**

```
\documentclass{article}
\usepackage{amsmath}
\begin{document}
    $\tfrac{x^{2}}{a^2}$    \qquad  $\dfrac{x^{2}}{a^2}$    \qquad
    $\frac{x^{2}}{a^2}$     \qquad  $\cfrac{1}{a_1+\cfrac{1}{a_2}}$
\end{document}
```

效果如下：

$$\frac{x^2}{a^2} \quad \frac{x^2}{a^2} \quad \frac{x^2}{a^2} \quad \cfrac{1}{a_1+\cfrac{1}{a_2}}$$

对于根式的编写，LaTeX 提供了两种编写方法：一种是使用默认的命令\sqrt{表达式}；另一种是使用开高次方根式的命令\sqrt[n]{表达式}，其中"n"代表开方的次数。若对开方次数的排版位置不满意，可以使用宏包 amsmath 中提供的命令\uproot 和命令\leftroot 进行调整。

> ↗ **LaTeX 源码 5.7**　**数学分式举例**

```
\documentclass{article}
\usepackage{amsmath}
\usepackage{ctex}
\begin{document}
    开平方根:$\sqrt{e^x}$ \qquad 开$n$次平方根:$\sqrt[n]{e^x}$ \qquad
    调整开方次数的位置$\sqrt[\uproot{10}\leftroot{-3}n]{e^x}$
\end{document}
```

效果如下：

$$\text{开平方根：}\sqrt{e^x} \qquad \text{开}n\text{次平方根：}\sqrt[n]{e^x} \qquad \text{调整开方次数的位置}\sqrt[n]{e^x}$$

5.3.3　导数与积分

在 LaTeX 中，与导数相关的命令主要有以下三种。

命令 5.3　与导数相关的命令
偏导符号：\partial{}
求导符号：\mathrm{d}{}
撇形式的求导符号：{}'

在 LaTeX 中，一重积分的命令是\int，二重积分的命令是\iint，对于更高阶的积分，如三重积分或四重积分的使用，需要在 "nt" 前面分别加上三个或四个 "i"。需要注意的是，使用高阶积分需要导入 amsmath 宏包，并且积分的公式形状也随着数学环境的变化而变化，与求和符号的使用方式一样。

环路积分的使用方式与上面的积分相同，分别用行内公式数学环境和行间数学环境编写格林公式。

LaTeX 源码 5.8　不同数学环境编写格林公式

```
\documentclass{article}
\usepackage{amsmath}
\usepackage{ctex}
\begin{document}
    行内公式编写的格林公式:$\iint_{D}\left(\frac{\partial Q}{\pa rtial x}-\frac
{\partial P}{\partial y}\right)
{\rm d}x {\rm d}y=\oin t_{L} P {\rm d}x+Q {\rm d}y$
    \[\text{行间公式编写的格林公式:}\iint_{D}\left(\frac{\partial Q}{\partial
x}-\frac{\partial P}{\partial y}\right) {\rm d}x
    {\rm d}y=\oint_{L} P {\rm d}x+Q {\rm d}y\]
\end{document}
```

效果如下：

$$\text{行内公式编写的格林公式：} \iint_{D}\left(\frac{\partial Q}{\partial x}-\frac{\partial P}{\partial y}\right)\mathrm{d}x\mathrm{d}y = \oint_{L} P\,\mathrm{d}x + Q\mathrm{d}y$$

$$\text{行间公式编写的格林公式：} \iint_{D}\left(\frac{\partial Q}{\partial x}-\frac{\partial P}{\partial y}\right)\mathrm{d}x\mathrm{d}y = \oint_{L} P\,\mathrm{d}x + Q\mathrm{d}y$$

5.3.4　求和、累积与极限

在 LaTeX 中，产生求和与累积的命令分别是\sum 与\prod，这两种命令在行内公式或者行间公式最终显示的效果也有所不同，并且它们都有上、下限来进行范围的表示。使用这两种命令产生的效果如下：

$$\text{行内公式：} \sum_{i=1}^{n} x_i \qquad \prod_{i=1}^{n} x_i$$

$$\text{行间公式：} \sum_{i=1}^{n} x_i \qquad \prod_{i=1}^{n} x_i$$

若要在行内公式中使用行间公式显示上、下限的效果，可以在带有上、下限符号的后面紧接着写上\limits，然后再写上、下限。此外，若想在行间公式中使用行内公式的效果，可以使用\nolimits。

LaTeX 中的极限表示可以使用命令\lim，同样也可以使用带下标的形式命令\lim_{}，下面以高等数学中两个重要极限 $\lim_{x \to 0} \dfrac{\sin x}{x} = 1$ 和 $\lim_{x \to \infty}(1 + \dfrac{1}{x})^x = e$ 举例。

LaTeX 源码 5.9 两个重要极限源码

```
\documentclass{article}
\usepackage{amsmath}
\begin{document}
  \[\lim_{x \rightarrow 0}\frac{\sin x}{x} = 1    \qquad
  \lim_{x \rightarrow + \infty}(1 + \frac{1}{x})^x = {\rm e}\]
\end{document}
```

5.3.5 上、下划线和堆叠符号

在编写公式的过程中，有时需要在公式的上方或者下方添加直线或者花括号。LaTeX 提供了公式中上、下划线的命令。

命令 5.4 公式中上、下划线的命令

上划线：\overline{{公式}}
下划线：\underline{公式}
上花括号：\overbrace{公式}
下花括号：\underbrace{公式}

下面以编写一个带有上、下划线和花括号的公式 $X_n = \overbrace{x_1 + x_2 + x_3 + x_4 + ... + x_n}$ 举例。

LaTeX 源码 5.10 带有上、下划线和花括号的例子

```
\documentclass{article}
\begin{document}
  $X_n=\overbrace{\underline{x_1+x_2}+x_3+x_4+\cdots+x_n}$
\end{document}
```

堆叠符号通常是指将一个公式叠加到另一个公式上面，而在 LaTeX 中，可以使用命令\stackrel{上层符号}{下层符号}。用这种方式编写的堆叠公式，上层符号公式比下层小。若想要上、下层公式的显示效果一样，可以使用命令{上层符号\atop 下层符号}和{上层符号\choose 下层符号}。

命令\atop 和命令\choose 是 LaTeX 中较常用的两种命令，这些命令在显示的时候是使用一个小括号包围，整体的效果类似于二项式。

5.4　复杂数学公式的编排

复杂的数学公式是指公式长度太长需要换行或者是多行的数学公式，这个时候可能会用到 LaTeX 提供的数学环境等。因此在本节中，主要介绍常见的数学环境以及公式的编号。

复杂数学公式的编排

5.4.1　常用的数学公式环境

1. equation 环境

equation 是 LaTeX 提供的一种常见的单行数学公式排版环境。该环境的特点是不管公式多长，都可以将它排版为一行，并给出一个公式编号。当使用 equation*环境时，它等同于系统提供的 displaymath 环境。需要注意的是，在命令 equation 中，换行命令无效并且会引发系统给出错误信息。equation 环境的代码结构如下。

有公式编号：\begin{equation}…… end{equation}。

无公式编号：\begin{equation*}…… end{equation*}。

举例编写一个常用的等差数列公式和它的求和公式。

LaTeX 源码 5.11　**常用的等差数列公式和求和公式**

```
\documentclass{article}
\usepackage{amsmath}
\begin{document}
   \begin{equation}              %有编号的等差公式
      a_{n}=a_{1}+ (n-1)d
   \end{equation}
   \begin{equation}              %有编号的求和公式
      S_{n}=na_{1}+\frac{n \left( n-1 \right)}{{2}}d
   \end{equation}
   \begin{equation*}             %无编号的等差公式
      a_{n}=a_{1}+ (n-1)d
   \end{equation*}
   \begin{equation*}             %无编号的求和公式
      S_{n}=na_{1}+\frac{n \left( n-1 \right)}{{2}}d
   \end{equation*}
\end{document}
```

效果如下：

$$a_n = a_1 + (n-1)d \tag{5.1}$$

$$S_n = na_1 + \frac{n(n-1)}{2}d \tag{5.2}$$

$$a_n = a_1 + (n-1)d$$

$$S_n = na_1 + \frac{n(n-1)}{n}d$$

2．eqnarray 环境

eqnarray 环境是 LaTeX 提供的一个最基本的多行数学公式排版环境，它的使用方法与表格环境一样，公式之间的对齐使用分隔符"&"，而公式的换行则使用命令"\\"。需要注意的是，每行之间最多可以用两个分隔符"&"进行分隔。使用 eqnarray 环境实现数学公式对齐的示例如下。

↗ LaTeX 源码 5.12　　使用eqnarray环境实现数学公式对齐

```
\documentclass{article}
\begin{document}
  \begin{eqnarray}
     (a+b)&=(a+b)&=(a+b)\\
     (a+b)&=(a+b)&=(a+b)
  \end{eqnarray}
\end{document}
```

效果如下：

$$(a+b)=(a+b)=(a+b) \tag{5.3}$$

$$(a+b)=(a+b)=(a+b) \tag{5.4}$$

3．align 环境

align 是 LaTeX 提供的另一种数学环境，在数学公式前加分隔符"&"，表示将与上面的数学公式对齐，行与行之间的公式仍然用命令"\\"来进行换行。在默认情况下，每行都有编号，若不想使用多个编号，可以使用 align*环境。举例使用 align 环境实现数学公式间的对齐。

↗ LaTeX 源码 5.13　　使用align环境实现数学公式多行等号对齐

```
\documentclass{article}
\usepackage{amsmath}
\begin{document}
  \begin{align}
     H_{n}&= \frac{n}{\frac{1}{x_{1}}+
     \frac{1}{x_{2}}+ \cdot s + \frac{1}{x_{n}}}\\%第一行

     &=\frac{n}{\sum \limits_{i=1}^{n}\frac{1}{x_{i}}} %第二行
  \end{align}
  \end{document}
```

效果如下：

$$H_n = \frac{n}{\dfrac{1}{x_1}+\dfrac{1}{x_2}+\cdots+\dfrac{1}{x_n}} \tag{5.5}$$

$$= \frac{n}{\displaystyle\sum_{i=1}^{n} \frac{1}{x_i}} \tag{5.6}$$

在 align 环境排版的过程中，除了支持单列公式的对齐外，还支持多列公式的对齐，如每行使用 n 个列分隔符"&"，则会生成 $n+1$ 列，其中奇数列右对齐，偶数列左对齐。并且在 LaTeX 输出时，会将奇数列和偶数列看成一个列对，列对与列对之间会有明显的间距。效果如下所示：

$$\frac{d}{dx} x^n = n x^{n-1} \qquad\qquad \frac{d}{dx} \sin x = \cos x \tag{5.7}$$

$$\frac{d}{dx} \cos x = -\sin x \qquad\qquad \frac{d}{dx} \cot x = -\csc^2 x \tag{5.8}$$

4. gather 环境

gather 是 LaTeX 提供的一种不关注行间公式对齐的多行公式排版环境，默认每行公式是居中对齐，适合写数学推导或者证明，公式换行仍然采用命令"\\"。该环境默认是对每行公式进行编号，若想取消公式编号，可采用 gather*环境。使用 gather 环境编写 $\sin x$ 和 $\tan x$ 的泰勒公式展开式，效果如下所示：

$$\sin x = \sum_{n=0}^{\infty} \frac{(-1)^n}{(2n+1)!} x^{2n+1} \quad \forall x \tag{5.9}$$

$$\tan x = \sum_{n=1}^{\infty} \frac{B_{2n}(-4)^n(1-4^n)}{(2n)!} x^{2n-1} \quad \forall x : |x| < \frac{\pi}{2} \tag{5.10}$$

5. 内嵌的对齐环境

内嵌的对齐环境也称为公式块环境，该环境无法独立构成一个数学环境，必须要嵌入其他数学环境内部才可以使用。最常见的三种公式块环境是 aligned、gathered 和 split。在排版过程中，这些环境中的内容被当作一个整体的块而不再单独编号。这些环境还可以用来分隔长的数学公式。关于 aligned 和 gathered 的使用方法与上面的 align 和 gather 一样，因此不再叙述。在这里只介绍一下 split 环境的用法。

split 环境经常与 equation 环境结合在一起使用。使用时用命令"\\"来进行换行，用分隔符"&"来进行公式之间的对齐。

LaTeX 源码 5.14　使用split环境分隔数学公式

```
\documentclass{article}
\usepackage{amsmath}
\begin{document}
    \begin{equation}
        \begin{split}
        L_{task}& = \lambda_1 L_{per}(G_s(x),G_t(x)) +\lambda_1 L_{CE}(y,
                    \delta(z_s))\\ &=+\lambda_1L_{Focal}(y,y_{out})
        \end{split}
```

```
\end{equation}
\end{document}
```

效果如下：

$$L_{task} = \lambda_1 L_{per}(G_s(x), G_t(x)) + \lambda_1 L_{CE}(y, \delta(z_s))$$
$$= +\lambda_1 L_{Focal}(y, y_{out}) \tag{5.11}$$

此外，可以利用 amsmath 宏包，flalign 环境以及分隔符"&"来实现单行或者多行公式的左、右对齐。原理是分隔符"&"（假设 n 个）可以将一行分为 n+1 列。从左向右每两列被分为一组，第一组紧靠页左侧，最后一组紧靠页右侧，其余组均匀散布在整个行中，具体命令如下。

命令 5.5　　flalign 配合分隔符"&"实现单行及多行公式左、右对齐

```
\usepackage{amsmath}
\begin{flalign} %单行公式左对齐
 x+y=z&&
\end{flalign}
\begin{flalign} %单行公式右对齐
&& x+y=z
\end{flalign}
\begin{flalign} %多行公式左对齐
 &x+y=z&\\
&1+2=3
\end{flalign}
\begin{flalign} %多行公式右对齐
&& x+y=z\\
&&1+2=3
\end{flalign}
```

5.4.2　数学公式的编号

1. 公式编号的方式

在 LaTeX 中公式编号一般只针对行间公式，而且有自动编号和人工编号之分。对于一些简单的行间公式，如 5.1.2 节中所展示的一些公式，LaTeX 不会提供自动编号的功能。用户若想使用编号，且编号在公式的右边，需要使用命令\eqno {公式表达式}；若编号在公式的左边，则使用命令\leqno {公式表达式}。

LaTeX 提供了多个自动编号的公式环境，包括 equation、eqnarray、align 等。其中，equation 是单行公式环境，它能够自动编号，即使公式很长需要换行，输出时也只分配一个编号。eqnarray、align 和 gather 等环境使用 LaTeX 中的换行命令"\\"来实现每行公式的编号。

2. 公式编号的规则

在数学环境中，公式的编号取决于 LaTeX 中的计数器 equation。equation 计数器的编号值随着文档类型的不同而呈现不同的编号方式。对于 book 或 report 格式的文档，公式的编号以章节为排序单位。在每个新章节开始时，公式计数器 equation 就会重新从零开始计数。例如，第 1 章第 2 个公式的编号为（1.2），第 3 章第 5 个公式的编号为（3.5）等。在 article 格式的文档中，公式的编号是以全文为排序单位的。如果需要给文章添加范围编号，可以使用命令\numberwithin{equation}{范围}，其中，范围可以是 section、subsection 等。

若想要在某一个章节中进行公式自定义编号，可以使用命令\setcounter{equation}{值}，其中的值应该是整数。使用此命令后，后文中出现的第一个公式的编号以设定的值为基础然后加 1，以此类推。注意，若当前是以章节为排序单位的话，这种命令只会影响本章节，不会影响下一章节。

3. 公式编号的取消和替换

在 LaTeX 中，带有星号的公式环境通常不会自动编号。例如，equation 环境如果不带星号，则会自动编号；但如果加上星号，则不会编号。eqnarray、align 和 gather 等环境也是同样的情况。但有时候希望多行公式中的某些公式有编号，而某些公式没有编号，这时就需要使用命令\nonumber、\notag、\tag{标号}、\tag*{标号}。

上述命令中，命令\nonumber 和\notag 是用来取消某个公式的编号的。命令\tag{标号}可以将某行公式的编号替换为指定的"标号"，命令\tag*{标号}可以取消公式两边的括号。需要注意的是，在使用上述两个命令之前，需要将它们插入换行命令"\\"之前。

5.5　数学环境的编排

LaTeX 支持一些特定的数学环境，如定界符环境、矩阵环境、定理环境等。

5.5.1　定界符环境

数学环境的编排

定界符通常用来分隔或包围公式的一些数学符号，在数学公式中使用分隔符能使复杂的公式看起来更加美观。一般来说分隔符主要分为两种：一种是括号分隔符，如圆括号、中括号等；另一种是非括号分隔符，如上整、下整等。这两种方式的分隔符在使用方式上是完全相同的，唯一的区别是分隔符尺寸的选取。因此，在本节主要介绍定界符的使用。

1. 固定大小的定界符

固定大小的定界符是指使用特定的尺寸命令使定界符尺寸固定，且不会随着定界符内的公式内容增大而变化，常用的定界符命令有\big、\Big、\bigg、\Bigg。

按照上面命令的顺序，定界符的尺寸会逐渐增大。以括号定界符为例，其尺寸变化如表 5.3 所示。

表 5.3　LaTeX 中的括号定界符

LaTeX 代码	例子
\Bigg(\bigg(\Big(\big(　　\big)\Big)\bigg)\Bigg)	$\left(\left(\left(\left(\ \right)\right)\right)\right)$
\Bigg[\bigg[\Big[\big[　　\big]\Big]\bigg]\Bigg]	$\left[\left[\left[\left[\ \right]\right]\right]\right]$
\Bigg\{\bigg\{\Big\{\big\{　　\big\}\Big\}\bigg\}\Bigg\}	$\left\{\left\{\left\{\left\{\ \right\}\right\}\right\}\right\}$
\Bigg\langle\bigg\langle\Big\langle\big\langle \big\rangle\Big\rangle\bigg\rangle\Bigg\rangle	$\left\langle\left\langle\left\langle\left\langle\ \right\rangle\right\rangle\right\rangle\right\rangle$
\Bigg|\bigg|\Big|\big|　　\big|\Big|\bigg|\Bigg|	$\left\|\left\|\left\|\left\|\ \right\|\right\|\right\|\right\|$

在使用上述命令的过程中，需要注意匹配定界符与公式的尺寸，防止出现公式过大而定界符过小，或公式过小而定界符过大，或定界符不需要成对使用的情况。

2. 自适应大小的定界符

固定大小的定界符由于它使定界符的尺寸固定，有些情况需要用户手动调节定界符的大小，为此 LaTeX 提供了一种可以自适应公式大小、自动调节定界符尺寸的命令，即\left 定界符...\right 定界符。

使用时注意该命令需要配对使用，若想使用一半括号，可采用\left 定界符公式\right. 命令，而且这个英文的 "." 是绝对不能去掉的，否则编译不通过。

用上面两种命令给公式 $\sum_{i=1}^{n} X_i$ 添加括号定界符，示例如下：

$$\left(\sum_{i=1}^{n} X_i\right) \quad \left(\sum_{i=1}^{n} X_i\right)$$

LaTeX 源码 5.15　自适应大小的定界符

```
\documentclass{article}
\begin{document}
    $$\Big(\sum_{i=1}^{n}{X_i}\Big) \quad
    \left(\sum_{i=1}^{n}{X_i} \right)$$ %自适应大小定界符
\end{document}
```

3. 花括号环境

花括号在数学公式中也是经常使用的，例如分段函数、方程组或者一些证明过程。可以使用上面的定界符和矩阵环境来实现花括号的编写，但是编写过程十分复杂且不美观。为此，LaTeX 专门提供了 cases 环境用来书写花括号。

LaTeX 源码 5.16　cases环境编写分段函数

```
\documentclass{article}
\usepackage{amsmath}
```

```
\begin{document}
  \[
  f(x)=\begin{cases}
        x^{2}& \text { if } x<2 \\
        6 & \text { if } x=2 \\
        10-x & \text { if } x>2
      \end{cases}
  \]
\end{document}
```

效果如下：

$$f(x)=\begin{cases} x^2 & \text{if } x<2 \\ 6 & \text{if } x=2 \\ 10\text{-}x & \text{if } x>2 \end{cases}$$

cases 环境只提供左花括号情况，如果想使用右花括号，需要宏包 mathtools。该宏包提供了 dcases 和 rcases 环境，分别对应左花括号和右花括号，它的使用方法与 cases 环境一样，单独使用 dcases 环境，展示效果为左花括号，单独使用 rcases 环境，展示效果为右花括号，如果想要左、右两个花括号对称出现，可见如下示例。

LaTeX 源码 5.17　左、右两个花括号对称包括分段函数

```
\documentclass{article}
\usepackage{mathtools}
\begin{document}
  \[
  f(x)=\begin{dcases}
        x^{2}& \text { if } x<2 \\
        6 & \text { if } x=2 \\
        10-x & \text { if } x>2
      \end{dcases}
\begin{rcases}
        \\  \\  \\
      \end{rcases}
  \]
\end{document}
```

效果如下：

$$f(x)=\left.\begin{cases} x^2 & \text{if } x<2 \\ 6 & \text{if } x=2 \\ 10\text{-}x & \text{if } x>2 \end{cases}\right\}$$

5.5.2　矩阵环境

矩阵是把一些元素排列成横竖都对齐的矩形阵列，可以看作一张没有表头的表。矩阵是编写数学公式时最常用的数学符号之一，也是公式输入过程中最烦琐的一类。矩阵的编写通常有两种方法：一种是基于表格环境；另一种是使用矩阵环境专有的命令。

LaTeX 源码 5.18　　**表格环境编写矩阵**

```
\documentclass{article}
\begin{document}
  \[\left (\begin{array}{lll}
  a_{11} & a_{12} & a_{13} \\
  a_{21} & a_{22} & a_{23} \\
  a_{31} & a_{32} & a_{33}
  \end{array}\right)
  \]
\end{document}
```

效果如下：

$$\begin{pmatrix} a_{11} & a_{12} & a_{13} \\ a_{21} & a_{22} & a_{23} \\ a_{31} & a_{32} & a_{33} \end{pmatrix}$$

第二种矩阵实现的方式是 LaTeX 为矩阵专门设计的命令。通常这些标识符也会将矩阵分为行内矩阵和行间矩阵。

LaTeX 源码 5.19　　**行内矩阵的命令**

```
\documentclass{article}
\usepackage{amsmath}
\begin{document}
  $\begin{bmatrix}
  x_1&x_2 \\
  x_3&x_4
  \end{bmatrix}$
\end{document}
```

效果如下：

$$\begin{bmatrix} x_1 & x_2 \\ x_3 & x_4 \end{bmatrix}$$

上述代码中命令 "\\" 用来换行，分隔符 "&" 用来分隔矩阵中列与列之间的元素。行内矩阵和行间矩阵的使用方式是一样的，只是命令不同。关于行间矩阵的命令可见表 5.4。

表 5.4　LaTeX 中的矩阵

环境	样式	环境	样式	环境	样式
matrix	$\begin{matrix} x_1 & x_2 \\ x_3 & x_4 \end{matrix}$	vmatrix	$\begin{vmatrix} x_1 & x_2 \\ x_3 & x_4 \end{vmatrix}$	bmatrix	$\begin{bmatrix} x_1 & x_2 \\ x_3 & x_4 \end{bmatrix}$
vmatrix	$\begin{Vmatrix} x_1 & x_2 \\ x_3 & x_4 \end{Vmatrix}$	bmatrix	$\begin{Bmatrix} x_1 & x_2 \\ x_3 & x_4 \end{Bmatrix}$	pmatrix	$\begin{pmatrix} x_1 & x_2 \\ x_3 & x_4 \end{pmatrix}$

5.5.3 定理环境

学术论文中经常会见到定理、定义等名词，这些名词可以通过 LaTeX 中的命令 \newtheorem 实现。该命令使用时需要将命令添加到导言区。

命令 5.6 newtheorem 命令

格式：\newtheorem{name}[counter]{title}[range]

含义：

name：环境名，如"theorem"

counter：编号按照哪个环境进行延续，如方括号内填写"section"，则按照二级标题排序

title：定理名称，如"引理"

range：定理编号所在的层次，如"section""chapter"

示例：\newtheorem{example}{例}、\newtheorem{definition}[example]{定义}，这里定义的编号将延续刚刚设置的 example 环境的编号。

若读者想要修改定理环境的样式，可以使用命令\theoremstyle{style}来对当前定理环境的样式进行修改，其中 style 为参数，通常有以下三种：plain，默认样式，定理名称是正体，定理内容是斜体；definition，定理名称和定理内容都是正体；remark，定理名称是斜体，定理内容是正体。

将上述命令放到定理前面可以实现相对应的样式，需要注意，该语句之后的定理都会采用这种样式，直到下一次改变样式。

5.6 常见的数学符号

在使用 LaTeX 编写数学符号时，常见的符号如加、减、乘、除等，可以从键盘中直接获取，但是对于一些比较复杂的符号，则需要通过复杂的指令才能得到。本节主要介绍一些常用的数学符号和数学运算符号。

常见的数学符号

5.6.1 函数符号

一些常见的函数（如 sin、cos），如果直接在数学环境中使用会变成数学斜体，这不符合日常使用习惯。为此，LaTeX 给这些特殊的函数名定义了命令，如表 5.5 所示。

表 5.5 LaTeX 中的函数符号

函数名	代码	函数名	代码	函数名	代码	函数名	代码
sin	\sin	cos	\cos	arcsin	\arcsin	arccos	\arccos
tan	\tan	cot	\cot	arctan	\arctan	csc	\csc
lim	\lim	log	\log	max	\max	min	\min

5.6.2 希腊字母

希腊字母需要在数学模式下才能正常使用，相应的命令如表 5.6 所示。

表 5.6　LaTeX 中的希腊字母

符号	代码	符号	代码	符号	代码	符号	代码	符号	代码
α	\alpha	β	\beta	γ	\gamma	δ	\delta	ϵ	\epsilon
ε	\varepsilon	ζ	\zeta	η	\eta	θ	\theta	ϑ	\vartheta
ι	\iota	κ	\kappa	λ	\lambda	μ	\mu	ν	\nu
ξ	\xi	Ω	\Omega	π	\pi	ϖ	\varpi	ρ	\rho
ϱ	\varrho	ς	\varsigma	τ	\tau	υ	\upsilon	ϕ	\phi
σ	\sigma	φ	\varphi	χ	\chi	ψ	\psi	ω	\omega
Γ	\Gamma	Δ	\Delta	Θ	\Theta	Λ	\Lambda	Ξ	\Xi
Π	\Pi	Σ	\Sigma	Υ	\Upsilon	Φ	\Phi	Ψ	\Psi

5.6.3　数学运算符

　　数学运算符包括二元运算符和二元关系符。二元运算符主要指两个元素的计算，如加、减、乘、除等；二元关系符用来判断两数之间的从属关系，如数之间的大小关系、集合之间的属于关系等。LaTeX 为这些符号提供了专门的命令，如表 5.7 和表 5.8 所示。

　　除了表 5.8 中的二元关系符外，有时还需要用到它们的否定形式，如集合 A 不属于集合 B，$A \notin B$。为此，LaTeX 提供了一个通用的方法，在关系命令前加"\not"，如"\not="，代表"$\neq$"。

表 5.7　LaTeX 中的二元运算符

符号	代码	符号	代码	符号	代码	符号	代码
$\pm$	\pm	$\mp$	\mp	$\times$	\times	$\div$	\div
$*$	\ast	$\star$	\star	$\circ$	\circ	$\bullet$	\bullet
$\cdot$	\cdot	$\cap$	\cap	$\cup$	\cup	$\uplus$	\uplus
$\sqcap$	\sqcap	$\sqcup$	\sqcup	$\vee$	\vee	$\wedge$	\wedge
$\setminus$	\setminus	$\wr$	\wr	$\diamond$	\diamond	$\bigtriangleup$	\bigtriangleup
$\bigtriangledown$	\bigtriangledown	$\triangleleft$	\triangleleft	$\triangleright$	\triangleright	$\oplus$	\oplus
$\ominus$	\ominus	$\otimes$	\otimes	$\oslash$	\oslash	$\odot$	\odot
$\bigcirc$	\bigcirc	$\dagger$	\dagger	$\ddagger$	\ddagger	$\amalg$	\amalg

表 5.8　LaTeX 中的二元关系符

符号	代码	符号	代码	符号	代码	符号	代码
$<$	<	$\leq$	\leq	$\prec$	\prec	$\preceq$	\preceq
$\ll$	\ll	$\subset$	\subset	$\subseteq$	\subseteq	$\sqsubseteq$	\sqsubseteq
$\in$	\in	$\vdash$	\vdash	$>$	>	$\geq$	\geq
$\succ$	\succ	$\succeq$	\succeq	$\gg$	\gg	$\supset$	\supset
$\supseteq$	\supseteq	$\sqsupseteq$	\sqsupseteq	$\ni$	\ni	$\dashv$	\dashv
$\equiv$	\equiv	$\sim$	\sim	$\simeq$	\simeq	$\asymp$	\asymp
$\approx$	\approx	$\cong$	\cong	$\neq$	\neq	$\doteq$	\doteq
$\models$	\models	$\perp$	\perp	$\mid$	\mid	$\parallel$	\parallel
$\smile$	\smile	$\frown$	\frown	$\propto$	\propto	$\bowtie$	\bowtie
$\lhd$	\lhd	$\rhd$	\rhd	$\unlhd$	\unrhd	$\unrhd$	\unrhd

除了 LaTeX 提供的原生不等号外，ammssymb 宏包也提供了一些相关的不等号命令，如表 5.9 所示。

表 5.9　ammssymb 宏包中的否定二元关系符

符号	代码	符号	代码	符号	代码	符号	代码
≮	\nless	≯	\ngtr	≰	\nleq	≱	\ngeq
≰	\nleqslant	≱	\ngeqslant	≰	\nleqq	≱	\ngeqq
⪇	\lneqq	⪈	\gneqq	⪇	\lvertneqq	⪈	\gvertneqq
⪉	\lnsim	⪊	\gnsim	⪉	\lnapprox	⪊	\gnapprox
⊉	\nsupseteq	⊄	\nsubseteq	⊈	\nsubseteqq	⊉	\nsupseteqq
⊊	\subsetneq	⊋	\supsetneq	⊊	\varsubsetneq	⊊	\subsetneqq
⊋	\supsetneqq	⊊	\varsubsetneqq	⊋	\varsupsetneqq	≇	\ncong

5.6.4　其他符号

其他的符号还有各种各样的箭头，如表 5.10 所示。

表 5.10　LaTeX 中的箭头符号

符号	代码	符号	代码	符号	代码
←	\leftarrow	⇐	\Leftarrow	→	\rightarrow
↔	\leftrightarrow	⇔	\Leftrightarrow	↦	\mapsto
↼	\leftharpoonup	↽	\leftharpoondown	⇌	\rightleftharpoons
⇀	\rightharpoonup	⇁	\rightharpoondown	↑	\uparrow
↓	\downarrow	⇓	\Downarrow	↕	\updownarrow
⇇	\leftleftarrows	⇉	\rightrightarrows	↞	\twoheadleftarrow
⇆	\leftrightarrows	⇄	\tightleftarrows	↢	\leftarrowtail
⇚	\Lleftarrow	⇛	\Rightarrow	↫	\looparrowleft
⇋	\leftrightharpoons	⇌	\rightleftharpoons	↶	\curvearrowleft
↺	\circlearrowleft	↻	\circlearrowright	↿	\upharpoonleft
⇠	\dashleftarrow	⇢	\dashrightarrow	⇃	\downharpoonleft
↰	\Lsh	↱	\Rsh	⇝	\rightsquigarrow
⇈	\upuparrows	⇊	\downdownarrows	⊸	\multimap
↛	\nrightarrow	⇍	\nLeftarrow	⇏	\nRightarrow
⇎	\nLeftrightarrow	↗	\nearrow	↘	\searrow
↙	\swarrow	⟹	\Longrightarrow	⟺	\Longleftrightarrow
⇒	\Rightarrow	↠	\twoheadrightarrow	⇂	\downharpoonright
↩	\hookleftarrow	↣	\rightarrowtail	↭	\leftrightsquigarrow
↪	\hookrightarrow	↬	\looparrowright	↚	\nleftarrow
⇑	\Uparrow	↷	\curvearrowright	↮	\nleftrightarrow
⇕	\Updownarrow	↾	\upharpoonright	↖	\nwarrow

5.7 本 章 小 结

本章是 LaTeX 关于数学公式的介绍。LaTeX 采用命令行的形式来实现对数学公式的大小和位置控制，因此对于数学公式的排版效果更好。本章首先介绍了数学公式的基本符号命令、公式的字体字号和基本应用，然后介绍了一些复杂的数学公式的编排，以及在数学环境内如何编写符号，最后给出了一些常用符号的命令以供读者参考使用。

■■■■■■■■■■■■■■■■■■■■■■ 习题 5 ■■■■■■■■■■■■■■■■■■■■■■

1. 使用 LaTeX 编写一个分数、根号数以及带上下标的数字。
2. 使用 LaTeX 编写累加、累乘、求极限和积分运算。
3. 将公式 $x^2 + y^2 = z^2$ 分别左对齐与居中显示。
4. 使用 LaTeX 编写如下分段函数：

$$y = \begin{cases} 0 & x < 0 \\ 1 & x \geq 0 \end{cases}$$

5. 使用 LaTeX 为下面公式进行自动编号和手动编号，并将其设置为序号(3)。

$$\lim_{x \to \infty}\left(1 + \frac{1}{x}\right)^x = e$$

6. 使用 LaTeX 编写如下矩阵：

$$\begin{pmatrix} a_{11} & \cdots & a_{1n} \\ \vdots & & \vdots \\ a_{m1} & \cdots & a_{mn} \end{pmatrix}$$

第 6 章 参考文献和附录的编排

学习目标 ☞ | 1. 掌握参考文献的引入与设置。
2. 掌握参考文献的样式命令。
3. 掌握附录的设置与使用。

参考文献是科技论文等文献等必不可少的部分。它不仅是创新的理论基础，还体现了尊重他人知识产权的态度和知识传承的重要性。本章将介绍如何在 LaTeX 中引用参考文献。

6.1 参考文献命令及设置

本节主要介绍默认的参考文献配置环境，其关键字是 thebibliography。

参考文献命令及设置

命令 6.1 参考文献命令及其含义

\begin{thebibliography}{x}   % x 可以是数字也可以是字符或两者混合，使参考文献的编号右对齐。若参考文献序号数值的位数（宽度）超过 x 的位数（宽度）值，超出部分向右凸出，位数（宽度）小于该值，则该文献序号左边补空格使得总位数（宽度）等于该值

\bibitem[编号]{文献引用标记}文献信息   %编号是可选参数，如果不设置此项，则以默认顺序形式显示；文献引用标记用来引用文献标记

...

\end{thebibliography}

LaTeX 源码 6.1 参考文献设置使用

```
\documentclass{article}
\usepackage{ctex}
\begin{document}
    \begin{thebibliography}{10}
    \bibitem{article1}文章 1 标题 1 作者 期刊 年代 页码
    \bibitem{article2}文章 2 标题 2 作者 期刊 年代 页码
    \bibitem[Ⅲ]{article3}文章 3  标题 3  作者  期刊  年代  页码
    \end{thebibliography}
\end{document}
```

效果如图 6.1 所示。

如果想把 References 修改为中文的"参考文献"名称，可用 renewcommand 关键字进行修改。

如果文档类是 article 类的，可用\renewcommand\refname {参考文献}；如果文档类是 book 类的，则用\renewcommand\ bibname{参考文献}。

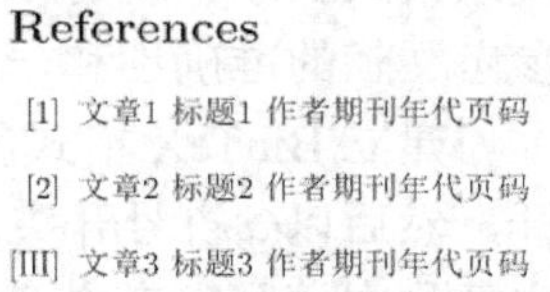

References

[1] 文章1 标题1 作者期刊年代页码

[2] 文章2 标题2 作者期刊年代页码

[Ⅲ] 文章3 标题3 作者期刊年代页码

图 6.1   参考文献基本使用

6.2　参考文献的引入方式

在 LaTeX 中，参考文献常用的引入方式有直接引入和通过建立 BibTeX 格式参考文献库来引入。

参考文献的引入方式

6.2.1　直接引入

直接引入文献的关键字是\cite，具体使用方法如下。

> **LaTeX 源码 6.2**　**参考文献的直接引入**
>
> ```
> \documentclass{article}
> \usepackage{ctex}
> \begin{document}
>     灵活地分层分块绘制复杂的图像\cite{article1}联合使用图层、辖域和剪裁功能，有助于
> \cite{article2}灵活地分层分块绘制复杂的图像。
>     \renewcommand\refname{参考文献}
>     \begin{thebibliography}{10}
>     \bibitem{article1}文章 1 标题 1 作者 期刊 年代 页码
>     \bibitem{article2}文章 2 标题 2 作者 期刊 年代 页码
>     \end{thebibliography}
> \end{document}
> ```

效果如图 6.2 所示。

灵活地分层分块绘制复杂的图像 [1]联合使用图层、辖域和剪裁功能，有助
于 [2]灵活地分层分块绘制复杂的图像。

参考文献

[1] 文章1 标题1 作者期刊年代页码

[2] 文章2 标题2 作者期刊年代页码

图 6.2　参考文献直接引入

6.2.2　直接建立 BibTeX 格式参考文献库

在编写参考文献时，需要逐一编辑，这可能会导致一些格式错误，如多余的逗号或缺失的句点，这是非常麻烦的。然而，LaTeX 提供了 BibTeX 格式参考文献库，只需按照要求填写引用文章的标题、作者、期刊、年代、页码等信息，并使用期刊或杂志提供的参考文献格式显示，就可以实现参考文献的规范化。这样，就可以避免手动编辑的麻烦，确保参考文献的准确性和一致性。

建立 BibTeX 格式参考文献库首先要创建 BIB 文件，其文件后缀为.bib，以文本格式打开，然后以@符号开头，后接 article 或者 book、inproceedings 等，然后以中括号包裹住，中括号中填写参考文章的信息字段。由于参考文章的信息字段可选择性较多，因此这里选择常用的字段以表格形式展示，如表 6.1 所示。

表 6.1　BibTeX 格式参考文献库字段含义

字段	含义	字段	含义
manual	技术文件	masterthesis	硕士论文
url	发表网址	phdthesis	博士论文
issn	国际标准刊号	doi	论文标识符
author	文献作者	title	文献题目
journal	期刊名称	year	出版年份
volume	参考卷号	number	参考序号、编号
pages	参考页码	book	参考的书籍
address	出版地址	chapter	参考的章节
institution	出版机构	type	文献形式
annotation	参考文献末尾添加补充信息，如添加 "(sci 检索)"		

LaTeX 源码 6.3　BibTeX格式参考文献库的建立

```
@article{HE2017313,
title = "On the minimum {Kirchhoff} index of graphs with a given vertex
$k$-partiteness and edge $k$-partiteness",
author = "Weihua He and Hao Li and Shuofa Xiao",
journal = "Applied Mathematics and Computation",
volume = "315",
pages = "313-318",
year = "2017",
issn = "0096-3003",
doi = "https://doi.org/10.1016/j.amc.2017.07.067",
url = "http://www.sciencedirect.com/science/article/pii/S0096300317305283",
}
...
```

6.2.3　BIB 文件的快速录入

　　BibTeX 格式参考文献库建立完成之后，就可以嵌入正文中了，具体嵌入方法是在 LaTeX 中引入关键字 bibliography，在其后面添加文献库文件的路径，经过两次编译就可以了，具体代码示例如下。

LaTeX 源码 6.4　LaTeX中引入BIB文件

```
\documentclass{article}
\usepackage{cite}
\begin{document}
    \cite{HE2017313}
    \bibliographystyle{plain}     %文献样式，默认为plain
    \bibliography{文献库所在文件路径}
\end{document}
```

　　效果如图 6.3 所示。

[1] HE W, LI H, XIAO S. On the minimum Kirchhoff index of graphs with a given vertex k-partiteness and edge k-partiteness[J]. Applied Mathematics and Computation, 2017, 315:313–318.

图 6.3　以 BIB 文件的形式引入参考文献

6.3　文献样式设置及引用

不同的报纸或者杂志需要不同的文献及引用样式设置，通常可分为常规修改样式、natbib 宏包样式以及基于 BIB 文件的样式设置，接下来一一进行介绍。

常规修改样式可以使用命令\usepackage[样式]{cite}，样式留空则参考文献在正文中以中括号包裹的形式显示，源码如下，效果如图 6.4 所示。若宏包 cite 的样式设置使用的关键字是 super，则文献序号就以上标的形式出现，但生成的上标没有括号，效果如图 6.5 所示。若要生成带括号的上标，则需要对宏包稍作修改。

文献样式设置及引用

LaTeX 源码 6.5　引用文献的上标设置

```
\documentclass{article}
\usepackage{ctex}
\usepackage{cite}
\begin{document}
    灵活地分层分块绘制复杂的图像\cite{article1}联合使用图层、辖域和剪裁功能，有助
于\cite{article2}灵活地分层分块绘制复杂的图像。
    \renewcommand\refname{参考文献}
    \begin{thebibliography}{10}
    \bibitem{article1}文章1 标题1 作者 期刊 年代 页码
    \bibitem{article2}文章2 标题2 作者 期刊 年代 页码
    \end{thebibliography}
\end{document}
```

灵活地分层分块绘制复杂的图像 [1]联合使用图层、辖域和剪裁功能，有助于 [2]灵活地分层分块绘制复杂的图像。

图 6.4　引用形式为中括号

灵活地分层分块绘制复杂的图像[1]联合使用图层、辖域和剪裁功能，有助于[2]灵活地分层分块绘制复杂的图像。

图 6.5　引用形式为上标

如果将关键字 super 替换为 biblabel，可以将文献的序号修改为上标，效果如图 6.6 所示。

参考文献

[1] 文章1 标题1 作者期刊年代页码

[2] 文章2 标题2 作者期刊年代页码

图 6.6　文献序号为上标

如果一句话需要引用多个文献，只需要用英文逗号隔开即可，如果不进行样式设置，则样式如图 6.7 所示。

> 灵活地分层分块绘制复杂的图像 [1–3]联合使用图层、辖域和剪裁功能，有
> 助于 [2]灵活地分层分块绘制复杂的图像。

图 6.7　以横线形式引用多个文献

如果想要调整参考文献段落的间距，可以使用关键字 setlength，具体代码示例如下。

LaTeX 源码 6.6　参考文献间距

```
\documentclass{article}
\usepackage{ctex}
\usepackage[]{cite}
\begin{document}
    灵活地分层分块绘制复杂的图像\cite{article1}联合使用图层、辖域和剪裁功能，有助于
\cite{article2}灵活地分层分块绘制复杂的图像。
    \renewcommand\refname{参考文献}
    \begin{thebibliography}{10}
    \setlength{\itemsep}{10mm}
    \bibitem{article1}文章 1 标题 1 作者 期刊 年代 页码
    \bibitem{article2}文章 2 标题 2 作者 期刊 年代 页码
    \end{thebibliography}
\end{document}
```

运行效果如图 6.8 所示。

参考文献

> [1] 文章1 标题1 作者期刊年代页码

> [2] 文章2 标题2 作者期刊年代页码

图 6.8　修改参考文献间距

下面介绍 natbib 宏包。相比 cite 宏包，该宏包的功能更强大一些，可以对参考文献格式进行设置。首先介绍一些常用命令，如果一句话需要引用多个文献，则只需要用英文逗号隔开即可。例如，"灵活地分层分块绘制复杂的图像\cite{article1,article2,article3}联合使用图层、辖域和剪裁功能，有助于\cite{article2}灵活地分层分块绘制复杂的图像。"如果样式设置仅使用关键字 numbers，即\usepackage[numbers]{natbib}，则样式如图 6.9 所示。

> 灵活地分层分块绘制复杂的图像[1, 2, 3]联合使用图层、辖域和剪裁功能，
> 有助于[2]灵活地分层分块绘制复杂的图像。

图 6.9　引用多个文献

关键字 sort 可以用来确保一次引用好几个文献时，引用顺序是从小到大排列好的，如果样式设置使用关键字 sort&compress，即\usepackage[numbers,sort&compress]{natbib}，则会把连续引用的参考文献进行合并，例如，[1,2,3]合并为[1-3]。

同时，借助 natbib 宏包可以改变引用符号、参考文献的字体格式及大小，具体使用方法如下。

> **LaTeX 源码 6.7** 修改引用符号

```
\documentclass{article}
\usepackage{ctex}
\usepackage[numbers,angle]{natbib}
\begin{document}
    灵活地分层分块绘制复杂的图像\cite{article1}联合使用图层、辖域和剪裁功能，有助于
\cite{article2}灵活地分层分块绘制复杂的图像。
    \renewcommand\refname{参考文献}
    \begin{thebibliography}{10}
    \bibitem{article1}文章 1 标题 1 作者 期刊 年代 页码
    \bibitem{article2}文章 2 标题 2 作者 期刊 年代 页码
    \end{thebibliography}
\end{document}
```

运行效果如图 6.10 所示。

灵活地分层分块绘制复杂的图像<1>联合使用图层、辖域和剪裁功能，有
助于<2>灵活地分层分块绘制复杂的图像。

图 6.10　引用符号修改为对角括号

如图 6.10 所示，引用符号修改为对角符号，其中还有圆括号关键字 round、方括号关键字 square、花括号关键字 curly 等。

修改参考文献字体及大小的关键字是 bibfont。把参考文献字体修改为黑体，关键字 bibfont 的使用方法及效果如下。

> **LaTeX 源码 6.8** 修改参考文献字体及大小

```
\documentclass{article}
\usepackage{ctex}
\usepackage[numbers]{natbib}
\begin{document}
    灵活地分层分块绘制复杂的图像\cite{article1}联合使用图层、辖域和剪裁功能，有助
于\cite{article2}灵活地分层分块绘制复杂的图像。
    \renewcommand\refname{参考文献}
    \renewcommand{\bibfont}{\heiti\small}
    \begin{thebibliography}{10}
    \bibitem{article1}文章 1 标题 1 作者 期刊 年代 页码
    \bibitem{article2}文章 2 标题 2 作者 期刊 年代 页码
    \end{thebibliography}
\end{document}
```

运行效果如图 6.11 所示。

参考文献

[1] 文章1 标题1 作者期刊年代页码

[2] 文章2 标题2 作者期刊年代页码

图 6.11　修改参考文献字体及大小

使用关键字 bibnumfmt 可以修改文献序号。把文献序号加粗，关键字 bibnumfmt 的使

用方法及效果如下。

LaTeX 源码 6.9　修改参考文献序号

```
\documentclass{article}
\usepackage{ctex}
\usepackage[numbers]{natbib}
\begin{document}
    灵活地分层分块绘制复杂的图像\cite{article1}联合使用图层、辖域和剪裁功能，有助
于\cite{article2}灵活地分层分块绘制复杂的图像。
    \renewcommand\refname{参考文献}
    \renewcommand{\bibfont}{\heiti\small}
    \renewcommand{\bibnumfmt}[1]{\textbf{[#1]}}
    \begin{thebibliography}{10}
    \bibitem{article1}文章 1 标题 1 作者 期刊 年代 页码
    \bibitem{article2}文章 2 标题 2 作者 期刊 年代 页码
    \end{thebibliography}
\end{document}
```

运行效果如图 6.12 所示。

参考文献

[1]　文章1 标题1 作者期刊年代页码

[2]　文章2 标题2 作者期刊年代页码

图 6.12　参考文献序号加粗

如图 6.12 可以看出，文献序号加粗了，如果要把文献序号的中括号去掉，则只需要把"textbf{[#1]}"修改为"textbf{#1}"即可。

如果希望在文献条目之前、参考文献标题之后添加内容，需要用到关键字 bibpreamble，具体用法如下。

LaTeX 源码 6.10　参考文献标题后添加内容

```
\documentclass{article}
\usepackage{ctex}
\usepackage[numbers]{natbib}
\begin{document}
    灵活地分层分块绘制复杂的图像\cite{article1}联合使用图层、辖域和剪裁功能，有助
于\cite{article2}灵活地分层分块绘制复杂的图像。
    \renewcommand\refname{参考文献}
    \renewcommand{\bibpreamble}{需要说明的内容}
    \begin{thebibliography}{10}
    \bibitem{article1}文章 1 标题 1 作者 期刊 年代 页码
    \bibitem{article2}文章 2 标题 2 作者 期刊 年代 页码
    \end{thebibliography}
\end{document}
```

运行效果如图 6.13 所示。

参考文献

需要说明的内容

[1] 文章1 标题1 作者期刊年代页码

[2] 文章2 标题2 作者期刊年代页码

图 6.13　参考文献标题后补充内容

基于 BibTex 格式参考文献库的设置样式在源码 6.4 中已经使用，其关键字是 bibliographystyle，使用的标准选项以及样式共有 8 种，如表 6.2 所示。

表 6.2　BibTeX 格式参考文献库

样式	说明
plain	引用的文献以字母的顺序排列，比较次序为作者、出版年份和题目
unsrt	不排序，按照正文引用的先后顺序排序
alpha	以作者名字母+年份后两位作标号按照字母顺序进行排序
abbrv	排序方法与 plain 一样，将作者名与月份名全拼改为缩写
ieeetr	国际电气与电子工程师学会期刊样式
acm	美国计算机学会期刊样式
siam	美国工业和应用数学学会期刊样式
apalike	美国心理学学会期刊样式

6.4　附　录　样　式

附录具有重要的补充意义，可以帮助读者更深入地了解正文内容。它提供了比正文更为详细的信息，包括研究方法和技术等。由于附录的内容通常较为烦琐冗长，因此将其放在正文后面是比较合适的。对于 LaTeX 用户来说，可以使用 appendix 等关键字来设置附录。

附录样式

6.4.1　附录宏命令的设置

在 LaTeX 中，在正文中添加关键字 appendix，可以将其后的内容设定为附录部分。还有一种设定附录的方式是先导入宏包 appendix，然后使用 appendix 环境。具体两种方法的用法如下。

> ↗ **LaTeX 源码 6.11**　　**附录宏命令的使用**

```latex
\documentclass{book}
\usepackage{ctex}
\usepackage{appendix}
\begin{document}
    \appendix                        %第一种使用方法
    \chapter{附录样式的编排}
    \section{附录样式}
    \subsection{附录宏命令的设置}
```

```
%\begin{appendix}                    %第二种使用方法
%\chapter{附录样式的编排}
%\section{附录样式}
%\subsection{附录宏命令的设置}
%\end{appendix}
\end{document}
```

运行效果如图 6.14 所示。

在正文中添加关键字 appendixpage 可以添加一个专门的附录页。利用关键字 addappheadtotoc 可以将附录添加到目录当中；利用关键字 tableofcontents 可以将该目录名字显示出来。

Appendix A

附录样式的编排

A.1　附录样式

A.1.1　附录宏命令的设置

图 6.14　基本附录样式

6.4.2　附录中抄录环境和代码打印等的设置

在书写附录内容时，可能会展示大量的符号。如果一直使用转义符号来输入这些符号，不仅麻烦，而且还会令编译页面变得混乱。为了解决这些问题，可以使用抄录环境。抄录环境可以将输入的符号原样展示在页面上，并且 LaTeX 不会对其进行编译，从而使得编译页面更加清晰明了，编写也更为方便。

LaTeX 源码 6.12　附录中抄录环境的使用

```
\documentclass{book}
\usepackage{ctex}
\usepackage{appendix}
\begin{document}
  \appendix \chapter{附录示例} \section{抄录环境的使用}
  \begin{verbatim}
    #!\&*^*(){}~$$
    \\  \quad
    \newline
    \newpage
  \end{verbatim }
\end{docume}
```

```
#! \&*^*(){}~$$
\\  \quad
\newline
\newpage
```

图 6.15　附录中抄录的使用

效果如图 6.15 所示。

在 LaTeX 中，抄录环境除了使用关键字 verbatim，也可以使用关键字 verbatim*。与 verbatim 不同的是，在 verbatim*环境下，空格处会以"␣"符号填充。

在编写与计算机相关的书籍或文献时，可能需要在附录中展示大段的代码。如果使用 verbatim 环境来展示代码，很难得到良好的展示效果。在 LaTeX 中，提供了更加专业的程序代码环境 lstlisting，该环境可以根据使用计算机语言的不同而设置不同的格式。例如，如果要展示使用 Java 语言编写的一个排序算法，可以使用 lstlisting 环境，并在环境中添加"language=java"的设置。

Java 语言实现冒泡排序：

```java
public class InsertSort{
    public static void sort (int [] arr) {
        if (arr.length>=2) {
            for(int i=1;i<arr.length;i++) {
                int x=arr[i];
                int j=i-1;
                while(j>=0&&arr[j]>x) {
                arr[j+1]=arr[j];
                    j--;
                }
            arr[j+1]=x;
            }
        }
    }
}
```

此外，LaTeX 提供关键字 lstset 样式设置集，可以设置关键字的格式、标识符格式、字符串的格式、注释的格式等，使打印出来的效果与日常编辑计算机语言相仿。接下来先讲解用法，然后举例说明。

命令 6.2　程序环境设置

\lstset{样式的设置} basicstyle：设置程序环境的整体风格，放在 lstset 括号内，下同

language：设置程序语言

keywordstyle：设定关键字颜色

sensitive：关键字是否区别大小写，默认是不区分（false），可选是（true）

stringstyle：设定字符串格式

showstringspaces：显示字符串中的空格

commentstyle：设置代码注释的样式

breaklines：自动将长的代码行换行排版

frame：设置代码框

frameground：设置代码框为直角或圆角

framerule：设置代码框的线宽

backgroundcolor：代码块背景颜色

aboveskip：代码框上端到正文的距离

belowskip：代码框下端到正文的距离

numberstyle：行号样式

columns：行内代码间距的处理方式，其中 fixed 表示按列对齐

以 Python 语言进行冒泡排序举例：

```python
# coding=utf-8
def bubble_sort(array):
    for i in range(1, len(array)):
        for j in range(0, len(array)-i):
            if array[j] > array[j+1]:
            array[j], array[j+1] = array[j+1],array[j]
```

```
   return array

if___name___== '___main___':
   array = [17, 19, 51, 5, 35, 29, 23, 35, 16, 3, 36, 20]
   print(bubble_sort(array))
```

要实现上面的效果，LaTeX 设置如下。

LaTeX 源码 6.13 **Python代码环境的设置**

```
\documentclass{article}
\usepackage{listings}
\usepackage{xcolor}
\definecolor{color1}{rgb}{0,2,0}
\definecolor{color2}{rgb}{1.5,1.5,0.5}
\definecolor{color3}{rgb}{1.5,0,0.5}
\lstset{frame=tb, language=Python, aboveskip=2.5mm,
    belowskip=2.5mm,showstringspaces=false,columns=flexible,
    basicstyle={\small\ttfamily},numbers=none,
    commentstyle=\color{color1},numberstyle=\tiny\color{color2},
    stringstyle=\color{color3},keywordstyle=\color{blue},
    breaklines=true,breakatwhitespace=true,tabsize=3
   }
\begin{document}
\begin{lstlisting}
# coding=utf-8
def bubble_sort(array):
   for i in range(1, len(array)):
      for j in range(0, len(array)-i):
         if array[j] > array[j+1]:
         array[j], array[j+1] = array[j+1], array[j]
   return array
if _name_== '_main_':
  array = [17, 19, 51, 5, 35, 29, 23, 35, 16, 3, 36, 20]
  print(bubble_sort(array))
\end{lstlisting}
\end{document}
```

6.4.3 附录中算法的使用

在附录中，可能还需要写一些算法去佐证结论，具体示例如下。

算法 递归地删除和收缩加权图 G 的除 x 外的叶子

1: **while** G 存在非 x 的叶子 **do**
2:   随机选择一个悬挂顶点 $p \neq x$ 并记 $e = (p, v)$ 为对应的悬挂边;
3:   更新 $f(v)$ 为 $f(v)(1+g(e)f(p))$;
4:   删除顶点 p 和边 e.
5: **end while**
6: **if** G 是一棵树 **then**

7:      **return** $F(G; f, g; x) = f(x)$.

8: **end if**

要实现上面的效果，LaTeX 设置如下。

LaTeX 源码 6.14   附录中算法样式

```
\documentclass{article}
\usepackage{ctex}
\usepackage{algorithm,algorithmic}  %显示算法需要引入的宏包
\begin{document}
    \appendix
    \section{算法的使用}
    \begin{algorithm}
    \caption{递归的删除和收缩加权图 $G$ 的除 $x$外的叶子}
        \begin{algorithmic}[1]
            \WHILE{$G$ 存在非 $x$的叶子}
            \STATE 随机选择一个悬挂顶点 $p\neq x$ 并记$e=(p,v)$为对应的悬挂边；
            \STATE 更新 $f(v)$为 $f(v)(1+g(e)f(p))$;
            \STATE 删除顶点 $p$和边 $e$.
            \ENDWHILE
            \IF{$G$是一棵树}
            \RETURN $F(G; f, g;x)=f(x)$.
            \ENDIF
        \end{algorithmic}
    \end{algorithm}
\end{document}
```

6.5　本 章 小 结

本章主要介绍 LaTeX 中参考文献和附录的编排，首先介绍了参考文献的基本命令与使用，以及参考文献的引入方式，然后介绍了参考文献样式的设置等，最后介绍了附录的设置、在附录环境下进行抄录，以及算法引入等。

■■■■■■■■■■■■■■■■■■■■■■■■■ 习题 6 ■■■■■■■■■■■■■■■■■■■■■■■■■

1. 编写一个参考文献，效果如图 6.16 所示。

参考文献

[1] Hochreiter S, Schmidhuber J. Long short-term memory[J]. Neural computation, 1997, 9(8): 1735-1780.

[2] Scarselli F , Gori M , Tsoi A C , et al. The graph neural network model[J]. IEEE Transactions on Neural Networks, 2009, 20(1):61-80.

图 6.16　题 1 图

2. 使用 BibTeX 格式参考文献库引入文献，在编译生成 PDF 时，步骤是什么？

3. \bibliographystyle{alpha}和\bibliography{ref}分别代表什么意思？

4. 在一条参考文献末尾添加注释信息，如添加信息"(SCI 检索)"。
5. 编写一个附录，效果如图 6.17 所示。

附录A

数学符号含义

A.1　离散数学符号及其含义

⊢：断定符（公式在L中可证）

⊨：满足符（公式在E上有效，公式在E上可满足）

¬：命题的"非"运算

∧：命题的"合取"（"与"）运算

∨：命题的"析取"（"或"，"可兼或"）运算

A.2　排列组合符号

C：组合数

A：排列数

N：元素的总个数

R：参与选择的元素个数

图 6.17　题 5 图

第 7 章　常见问题及解决方案

学习目标 ☞ | 1. 掌握一些基础错误的解决方案。
2. 掌握一些排除错误的技巧。

　　LaTeX 代码与其他计算机编程语言一样，在编译过程中如果遇到错误，会导致编译无法继续进行，最终也无法生成相应的 PDF 文件。因此，为了更好地使用 LaTeX，需要掌握一些常见错误的解决方法。

7.1　命令输入错误

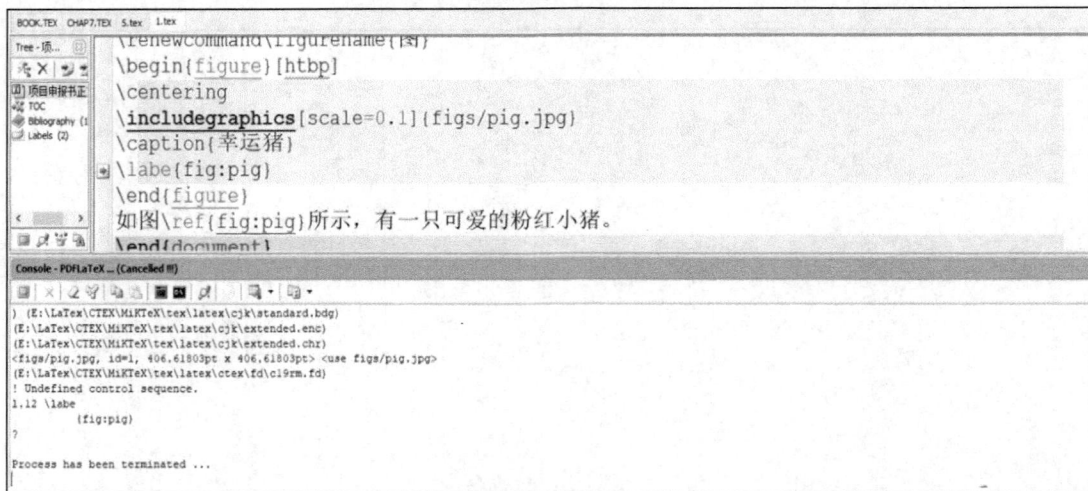

　　在编写 LaTeX 代码时，系统错误最常见的提示为"！Undefined control sequence"，如图 7.1 所示，表示系统不认识某些命令，有可能是输入错误或者是没有导入相对应的宏包，因此会停止运行，等待处理。

命令输入错误

图 7.1　LaTeX 运行出错

　　当在 TeX 控制台中输入"E"时，LaTeX 会自动跳转到出现错误的代码位置，如图 7.2 所示。在此时，编译者可以检查标记为红色的部分并进行调试。如果编译器知道如何修改错误，也可以输入"X"来退出编译。在这种情况下，LaTeX 会将在命令出现错误前编译好的文件输出。另外，如果编译者想要跳过错误继续编译，可以按照错误强度从低到高依次输入回车、字母"S""R""Q"等，这将使 LaTeX 忽略错误并继续编译。

　　还有一些因为输入引发的错误，比如说："！Missing number,treated as zero"，表示缺少数字，假定为 0；"！Illegal unit of measure (pt inserted)"，表示数量单位错误；更多错误及调

试技巧可见 7.5 节中的汇总表 7.1。

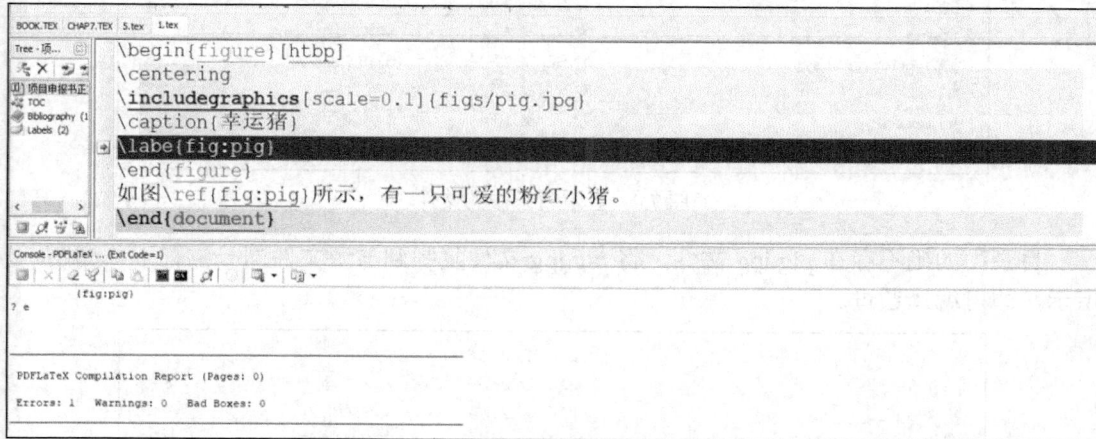

图 7.2 跳转到出错的地方

7.2 缺少必要文件引发的错误

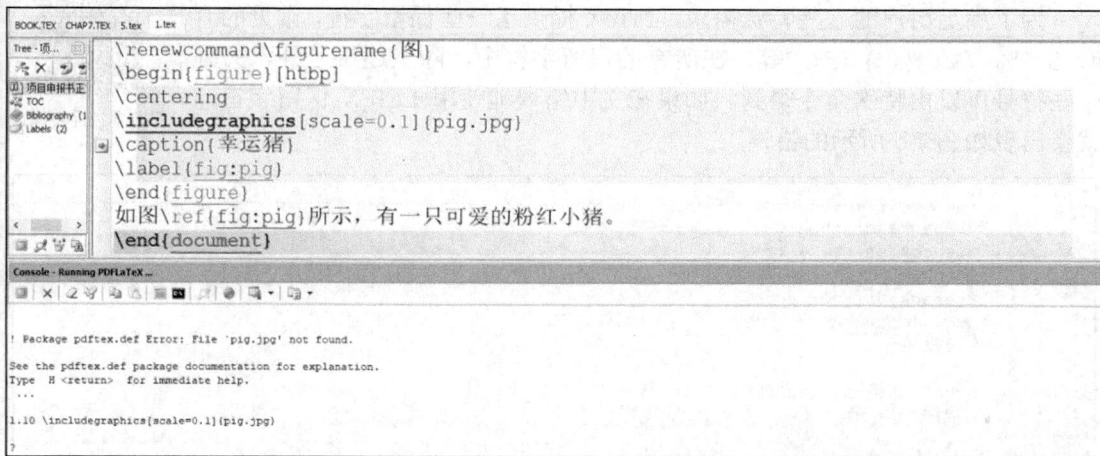

在 LaTeX 中，另一种常见的错误是由于引入的外部文件和源文件不在同一目录下，因此在引用时导致路径错误或者文件缺失所引发的错误，比如说："File XX not found"，如图 7.3 所示。对于引入的外部文件和源文件不在同一目录下的情况，相应的解决方案有两种：第一种是修改引用文件的路径；第二种是将文件复制到所写的路径下。

缺少必要文件引
发的错误

图 7.3 缺少源文件的提示

对于文件缺失，如"No file XX 文件"，需将缺失的文件复制到源文件所在的路径下。

通过输出的日志信息可以看到，无法找到 pig.jpg 文件，此时查看目录中的文件如图 7.4 所示。

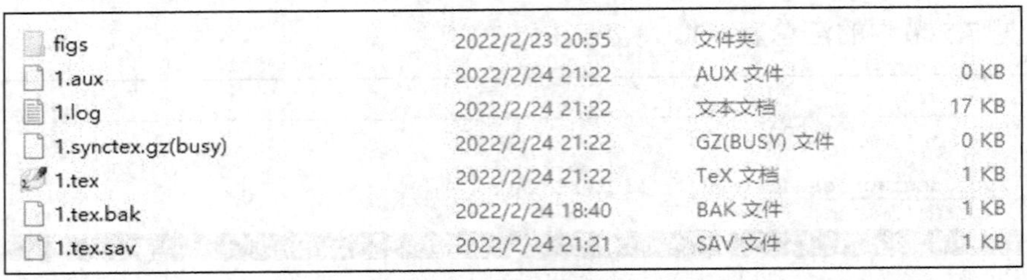

图 7.4　查看目录中的文件

　　目录中的确不存在 pig.jpg 文件，将 pig.jpg 文件复制到与源文件同一位置下，如图 7.5 所示，即可编译通过。

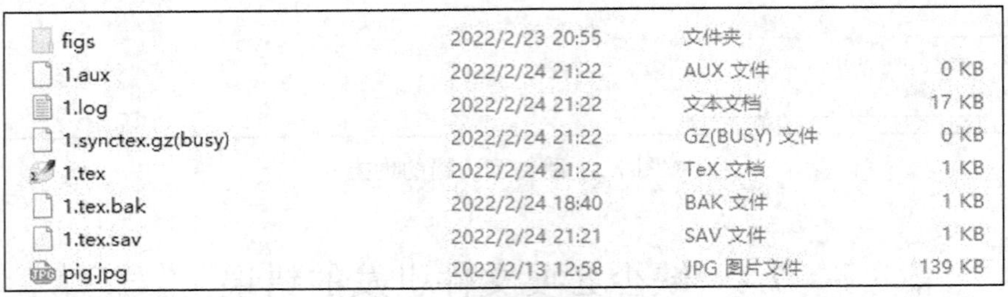

图 7.5　补充缺失的源文件

　　除了上述格式的文件缺失在编译时会导致错误出现，其他诸如.cls、.sty、.eps 等格式的文件缺失也会出现上述类似的错误提示，解决方案和上述步骤相同。

7.3　保留字符冲突错误

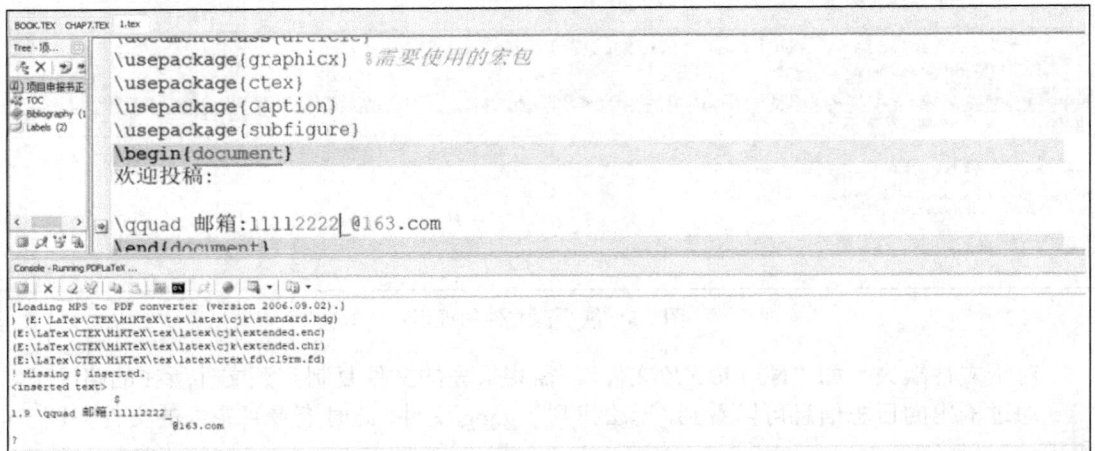

　　为了满足用户的一些特殊需求，LaTeX 提供了一些保留字符，常见的有 #、$、%、&、{、}、^、~等，在所有的保留字符中，除上述符号外，另外一些符号可以由特殊命令得到。如果在文中错误地使用 LaTeX 保留字符，就会出现如图 7.6 所示的错误。

保留字符冲突错误

图 7.6　保留字符引起的冲突

　　这里报错的原因在于系统把 "-" 看成数学符号，因此在编译时出现 "Missing $ inserted" 错误。根据错误提示，在 "-" 前添加 "\"。再次编译，即可编译通过，如图 7.7 所示。

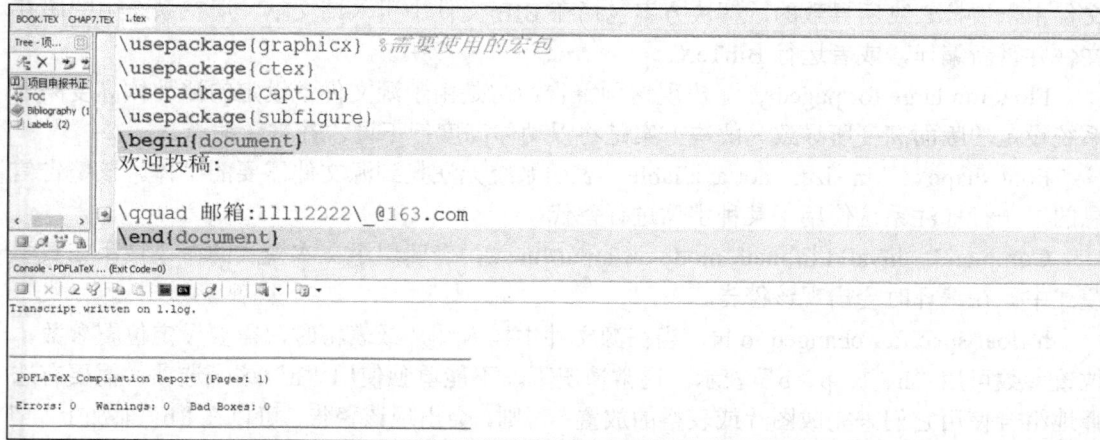

图 7.7　添加符号解决字符冲突问题

7.4　常见的警告及排除

　　LaTeX 中的警告分为两种，TeX 系统警告和 LaTeX 系统警告。

常见的警告及排除

7.4.1　TeX 系统警告

　　TeX 系统的警告信息通常不会输出类似 "？" "！" 等符号标记。其中，盒子溢出是较常见的警告，包括 Overfull 和 Underfull 两种情况。具体介绍如下。

　　Overfull \hbox(...too wide) in...是指在编译 LaTeX 源文件时，可能会出现打印错误信息的情况，此时输出的内容超出了 PDF 文件的原边界，但并不影响编译结果。为了解决这种问题，需要打开源文件，找到超出边界的行，将最后几个单词截断，并另起一行，重新编译文件即可。

　　Overfull \vbox(...too high) has occurred...是指 LaTeX 源文件中可能存在过高的公式或表格，导致无法进行分页并无法生成 PDF 文件。解决方案包括将图表放进浮动体，对于一些较长的公式可以设定为允许分页或者考虑放在浮动环境，也可以使用\newpage 命令进行分页，将过高的公式或表格单独放置在一页。

　　Underfull \hbox(badness...) in paragraph...是指在 LaTeX 源文件中出现了排版内容较稀疏的部分，在编译时控制台会打印出以上警告信息。这种情况通常是由于使用了多余的分段或分页符，需要找到出现警告的地方，删除多余的符号，并重新编译文件。

　　Underfull \vbox(badness...) while...和 Underfull \hbox(badness...) in paragraph...类似，也是源文件排版问题导致的警告信息。解决方法也类似。

7.4.2　LaTeX 系统警告

　　LaTeX 警告提供了比 TeX 警告更加丰富的内容。通常情况下，在输出的日志中会出现带有 LaTeX Warning 或者 LaTeX Font Warning 字样的警告信息。

Citation '...' on page... undefined，这种警告通常是由于在\cite 命令中引用的文献在 BIB 文件中未被检索到所导致的。解决方案包括在 BIB 文件中引入该文献，清空系统中的缓存文件并重新编译，或者运行 BibTeX。

Float too large for page by...，出现这种警告通常是由于源文件中设定的浮动体高度高于系统设定的版面高度所导致。解决方案是将浮动体高度行下调，并重新编译。

Font shape '...' in size... not available，表明系统无法找到源文件需要的字体。该警告信息的下一行标注系统使用了某种字体进行替代。

Command... invalid in math mode on input line...，表明用于文本模式的命令被用在数学模式中。在编译时会出现该警告。

h float specifier changed to ht，当在源文件中插入图片或表格时，需要设定位置参数。位置参数可用"h、t、p、b"表示。通常情况下，不能单独使用"h"这一选项，需要有选择地组合使用它们来完成图片或表格的放置；否则，会出现该警告。可以在"h"前加上"!"来消除该警告。

Label '...' multiply defined，为了引用表格、图片或公式等，在 LaTeX 源文件中通常需要使用\label 为它们赋予一个标签。如果在赋予标签的过程中出现了两个或多个标签相同的情况，编译时就会出现该警告。因此，在写源文件时要尽量避免重复使用标签。

There were undefined references or citations，该警告表明所引用的标签未被定义。解决该问题的方法是确认该标签是否已被定义，或者确认所引用的参考文献是否已被引入 BIB 文件中。如果确认标签已定义，可以尝试清除系统缓存文件并重新结合 BibTeX 进行编译。

No file 文件，在源文件中使用\include 引入外部文件时，如果该文件不存在，将会出现该警告信息。解决该问题的方法是将引入的外部文件复制到源文件所在的路径位置，然后重新编译。

7.5 常见错误及调试技巧

为了方便读者查询和排除常见的错误，本节汇总一些常见的错误及其解决方法，如表 7.1 所示。

常见错误及调试技巧

表 7.1 常见错误及调试技巧

序号	错误提示信息	错误原因及调试技巧
1	!Undefined control sequence	通常情况下是由于使用的命令未定义或者命令拼写错误造成的，可添加相应的宏包或者改用正确的命令
2	!Missing { inserted. 或者 !Missing } inserted.	LaTeX 源文件中的花括号无法正确匹配，需要仔细排查出现该错误信息的前后位置，正确匹配花括号
3	!Too many }'s	括号不匹配，多写了花括号，也可能少写了花括号，仔细排查，将括号正确匹配
4	!Missing $ inserted	数学命令没有在数学环境中使用，也可能是想插入"$"，但是未进行转义，可以将相应的数学命令放置在数学环境中，对于"$"特殊字符进行转义

序号	错误提示信息	错误原因及调试技巧
5	!Misplaced alignment tab character &	"&" 一般用在表格和矩阵中，如果在文中需要该保留符号，需要使用转义符进行转义
6	!You can't use 'macro parameter character#' in...mode	"#" 只用于表示命令定义的参数，如果在文中要输出 "#"，则需要对该字符进行转义
7	Illegal unit of measure (pt inserted)	在进行图形排版时，为了实现想要的效果，有时需要对引用的文件进行大小设置，如果在设置文件大小时给出了无效的长度单位，会出现该错误，改用正确的长度单位即可
8	!Extra},or forgotten $	出现此种错误的原因在于多了括号或者是在前面漏掉了括号
9	Extra alignment tab has been changed to \cr	在 LaTeX 中经常会使用表格及矩阵，在使用表格或者矩阵时，列数根据自身需要进行设置，列数超过设定值会出现该错误，此时需要删除内容或者使用 "\\" 进行换行
10	!Double subscript	在科技论文的一些数学公式中需要使用双下标时，不能使用 x_{a}_{b}，而应该改为 x_{a_{b}}
11	!Double superscript	在科技论文的一些数学公式中需要使用双上标时，不能使用 x^{a}^{b}，而应该改为 x^{a^{b}}
12	!Missing control sequence inserted	在使用 LaTeX 中内置的一些定义命令时，如\newcommand、\newlength 等，没有使用反斜线开头
13	Environment...undefined	源文件中使用的 LaTeX 环境未被定义，可能是由于环境名拼写错误造成的，需要仔细检查发现错误位置的命令拼写是否正确
14	File...not found	文件找不到，可能是由于引入的外部文件或者引入外部宏包不存在，需要仔细检查引入的文件是否存在，源文件编写的文件路径是否正确
15	Illegal character in array arg	由于 array 或者 tabular 中使用了错误的列格式说明符造成的
16	Missing \begin{document}	当源文件中缺少\begin{document}环境，或是导言中存在错误，需要仔细检查源文件导言区的内容
17	Lonely \item-perhaps a missing list environment	在 LaTeX 的列表环境之外使用\item 条目命令便会出现该错误
18	\include cannot be nested	LaTeX 中的\include 命令不能进行嵌套使用
19	Unknown option...for...	在使用\usepackage 命令时，使用了当前宏包未定义的选项
20	\verb ended by end of line	LaTeX 中的\verb 命令后面需要有成对的符号，如果写错或者遗忘会出现该错误，匹配正确的符号即可
21	\verb illegal in command argument	错误地将\verb 用在 LaTeX 其他命令的参数中
22	\ <in mid line	使用 LaTeX 时，\< 不在中间使用，只能在一行的开头使用
23	There's no line here to end	在 LaTeX 中有时需要两个段落之间留出一片空白，应该使用\vspace 命令，而不是在两个段落之间无意义地使用换行命令
24	This file needs format ' 需版本'but this is '当前版本'	当前 LaTeX 版本使用了不兼容版本的某个宏包，根据提示将当前版本换成所需版本
25	Undefined color model '...'	在 LaTeX 中使用 color 或者 xcolor 宏包时，使用的颜色模型未被定义
26	Unknown graphics extention...	在进行插入时，需要使用常见的图形扩展名,LaTeX 插入的图形格式有要求，如果插入的图形不能被系统支持，就会出现该错误
27	No \title given	LaTeX 源文件缺少\title 定义标题，题目生成命令\maketitle 在编译时无法工作
28	Tab overflow	LaTeX 源文件中 Tabbing 环境使用的\=命令太多
29	Not a letter	LaTeX 中集成了断词命令\hyphenation，在使用参数时，不能包含有非字母的符号

续表

序号	错误提示信息	错误原因及调试技巧
30	Undefined color '...'	LaTeX 进行颜色渲染，需要使用 color 或者 xcolor 宏包，如果颜色未定义或者拼写错误以及忘记定义颜色，会出现该错误。因此，在使用时需要检查颜色类型是否被定义，以及拼写是否正确
31	!Illegal parameter number definition of...	LaTeX 中可自定义命令，如果在定义命令时使用参数的数量超出了所设定的数量就会出现该错误，常见于\newcommand 或\renewcommand 等命令的定义
32	Command...invalid in math mode	使用的命令不能用于数学模式中
33	Dimension too large	由于设置的长度太大，超出了系统能处理的最大值，需要重新设置合适的长度
34	Encoding scheme '编码'unknown	LaTeX 源文件中使用了未知编码，如果编码不存在，可以使用 \DeclareFontEncoding 进行定义
35	Something's wrong-perhaps a missing \item	若后台日志出现这种错误，一般是由于在列表环境中遗漏了\item
36	Command...already defined	LaTeX 支持自定义命令，当某个命令被重复定义，在编译时便会出现该错误
37	Can be used only in preamble	在 LaTeX 源文件中使用了只能在导言区中使用的命令
38	\Caption outside float	LaTeX 中通常情况下需要使用\caption 命令对图或表格定义标题，但不能在浮动环境之外使用该命令
39	\begin{...}on line...ended by \end{...}	LaTeX 源文件中的开始命令与结束命令中的环境名不匹配，或者只写了开始命令而没有写结束命令，便会出现该错误
40	! Use of...doesn't match its definition	LaTeX 源文件中的语法错误，需要定位到报错的地方仔细检查使用的命令语法是否正确
41	\pushtabs and \poptabs don't match	在 LaTeX 中的 tabbing 无线框表格环境中，堆栈命令与弹出命令没有成对地使用
42	Too deeply nested	LaTeX 中的列表环境嵌套一般不能超过四层，如果需要特别深的层次，可以考虑使用分章节相关的命令
43	Option clash for package...	在 LaTeX 源文件中为了实现某种效果，通常情况下会引入一些宏包以实现这种效果，如果一个宏包被调用了两次，就会出现该错误，此时需要删去重复的宏包
44	! No room for a new \count	LaTeX 中使用的计数器变量太多
45	!Tex capacity exceeded,sorry[...]	LaTeX 源文件中的内容超出 TeX 内部设置的某一空间或者限定值，如浮动体过大、分组嵌套层次过深、字体加载过多等
46	No counter '...'defined	LaTeX 源文件中的计数器名拼写错误或者使用的计数器未被定义
47	Missing p-ary in array arg	LaTeX 源文件中使用的 array 或 tabular 环境的列格式说明符 p 缺少宽度参数
48	Missing @-exp in array arg	LaTeX 源文件中使用的 array 或 tabular 环境的@column 元素缺少参数
49	Counter too large	LaTeX 源文件中使用的计数器值过大

7.6　本　章　小　结

　　本章主要介绍 LaTeX 在编译运行过程中常见的问题及解决方案。常见的错误包括命令输入错误、缺少必要文件和 LaTeX 中保留字符引发的错误。此外，还介绍了常见的系统警告并提供了相应的排除方法。最后，附上了一些常见错误的调试方法。

习题 7

1. LaTeX 出现错误提示信息 "Runaway argument?"，可能原因是（　　）。

    A. 缺少括号   B. 在一个命令范围内使用另一个命令

    C. 没有 end{document}   D. 缺少\begin{table}声明

2. LaTeX 出现错误提示信息 "! LaTeX Error: Counter too large"，可能原因是（　　）。

    A. 使用了未知命令   B. 计数器过大

    C. 使用符号脚注，脚注超过 9 个   D. 使用了错误的宏包

3. LaTeX 编译出现错误提示信息不够清晰，这时需要手动去寻找错误所在，有哪些命令方法？

4. 使用 LaTeX 时会遇到运行错误，自己有哪些解决方法和心得体会？

第 8 章　LaTeX 文档模板

学习目标 ☞	1. 了解常见文档类及版面基本参数。
	2. 掌握文档的章节结构及相关命令。
	3. 掌握章节标题和目录标题格式的设置方法。
	4. 掌握中文字体在文档中的使用方法。

不同的工作任务对应不同的文档模板，这些已有的文档模板中有很多默认设置，包括页面设置、文档结构组成、文档各部分的样式、变量设置、缺省参数设置等，应用文档模板可以提高工作效率。

8.1　常用的文档类

文档类规定了 LaTeX 源码编译之后生成文档的类别，如学术文章、书籍、学术报告、演示文稿等。使用 LaTeX 文档类模板，可以不必考虑太多关于样式的设计，能够将注意力集中在文档内容质量提升上。常用的文档类名称及其说明如表 8.1 所示。

常用的文档类

表8.1　常用的文档类名称及其说明

文档类名称	含义	说明
article	论文	主要用于排版学术论文、学术报告等
ctexart	中文论文	主要用于排版包含中文的学术论文、学术报告等
report	报告	主要用于排版综述类、长篇论文、报告等
ctexrep	中文报告	主要用于排版中文综述类、长篇论文、报告等
book	书籍	主要用于排版书籍
ctexbook	中文书籍	主要用于排版中文书籍
beamer	幻灯片	主要用于制作幻灯片

article 文档类的缺省设置包含标题、摘要、正文（篇、节、小节……）、参考文献等部分，不区分奇偶页，其正文部分没有章这一结构。

book 文档类的缺省设置包含标题页，目录、正文（篇、章、节、小节……）、参考文献、索引等部分，区分奇偶页。其中，标题页包含书名等内容，独占一页。book 文档类的奇数页永远出现在书籍的右侧，也称右页；偶数页永远出现在书籍的左侧，也称左页。

8.2　相关基本版面参数的设置

各类文档中相关的基本版面参数有字号、纸张大小、标题、排版方向等，

相关基本版面参数的设置

具体如下。

字号可以指定文档中正文的字号大小。英文文档的字号默认大小为 10pt（与中文小五号接近），可选值有 11pt 和 12pt，CTeX 中文文档的默认字号为五号。

纸张大小指定文档所使用的纸张，默认纸张大小为 letterpaper。letterpaper 是北美常用的纸张大小，其宽为 8.5 英寸，高为 11 英寸（215.9mm×279.4mm），与我国常用的 A4 纸稍有区别，要注意指定纸张大小。如需要使用 A4 纸，则需指定纸张大小为 a4paper，其大小为 210mm×297mm。同理，可指定 a5paper（148mm×210mm）、b5paper（176mm×250mm）等。

不同的文档类，标题是否独占一页，默认情况下不同。article 和 ctexart 默认为 notitlepage，表明默认的标题和正文在同一页，不单独占一页。report、book、ctexrep 和 ctexbook 默认为 titlepage，表明标题在单独的封面页。

排版方向指定文档使用纵向排版还是横向排版。默认为纵向排版，可使用 landscape 参数设置为横向排版。

分栏布局是文献中经常出现的排版布局方式，例如在同一页面中分左右两栏展示内容。可以在基本版面参数中设置文档的分栏，也可以在正文中进行更有针对性的设置。在基本版面参数中设置分栏使用 onecolumn 和 twocolumn，其中 onecolumn 是默认值，表示不分栏；twocolumn 表示文档将采用两栏布局。

起始奇偶页指定新的一章是否从奇数页开始。因为奇数页永远出现在书籍的右侧，所以用 openright 指定新的一章从奇数页开始。如果不限定从奇数页开始，即从奇数页或偶数页开始均可，则用 openany 指定。book 和 ctexbook 默认使用 openright，article 和 ctexart 默认使用 openany。

文稿模式指定终稿模式还是草稿模式。在草稿模式下，断行不规则会在行尾添加黑色方块。单双面模式指定论文的印刷模式是单面还是双面，参数值 oneside 表示单面，twoside 表示双面。

常用的基本版面参数及其说明如表 8.2 所示。

表8.2　常用的基本版面参数及其说明

参数	说明
字号	默认为 10pt，可选为 10pt、11pt、12pt
纸张大小	默认为 letterpaper，可选为 a4paper、a5paper、b5paper 等
标题是否独占一页	article 默认为 notitlepage，report 和 book 默认为 titlepage
排版方向	默认为纵向排版，可选为 landscape 实现横向排版
分栏	指定单栏排版还是双栏排版，默认 onecolumn 是单栏
起始奇偶页	指定新的一章是否从奇数页开始，可选为 openright、openany
公式对齐方式	指定行间公式对齐方式，默认为居中对齐，可选 fleqn（左对齐）或者利用命令 \begin{flalign} 环境配合 & 实现公式的左、右对齐
公式编号位置	指定公式编号位置，默认靠右，可选 leqno（靠左）
文稿模式	默认为终稿模式，可选 draft（草稿）、final（终稿）
单双面模式	指定论文的单双面模式，默认是单面印刷，可选为 oneside、twoside

命令 \documentclass[a4paper,12pt,onecolumn,twoside,final]{ctexart}，表明使用 A4 纸张、12 磅字号、纵向单栏排版、双面印刷和终稿模式的论文类型文档。

8.3 章节命令设置

章节命令用于设置文档的正文部分。章节是文章的组成部分，通常一本书或论文分为若干部分或章（一章相当于一篇文章），一章又分为若干节（一节是几个自然段或几个小节），一节又可以分为若干小节（一个或几个自然段）。通过章、节、小节等部分组成符合特定逻辑结构的文档正文。

章节命令设置

8.3.1 章节命令的类型

文档正文内容是文档的主体，可以使用章节命令将正文内容划分为不同部分，通过这些部分的划分，使文档更有层次性。在 LaTeX 文档中，章节标题由章节命令控制，好处是临时插入章节标题及其正文内容时，不必理会标题编号及目录的问题，也不必理会其字体字号的问题，LaTeX 会自动计算处理，文档作者只需要专心地构思和写作即可。

LaTeX 中的章节结构包括篇、章、节、段等几类，这些章节结构和章节命令的对应关系如表 8.3 所示。其中，节和段下有更小的子类。节、小节和更小的节分别对应一级内容块、二级内容块和三级内容块。命令\paragraph{}用于定义段落标题，命令\subparagraph{}用于定义子段落标题。段落标题和子段落标题内的文字会呈现加粗效果，但不会换行。

表8.3 常用的章节命令及其说明

类型	相关命令	说明
篇	\part	论文和书籍中正文的主要组成部分
章	\chapter	比节小、比节大的一种正文结构，书籍和报告有此结构，论文无此结构
节	\section、\subsection、\subsubsection	节、小节和更小的节
段	\paragraph、\subparagraph	用于定义段落和子段落标题

一个完整的章节结构示例代码如下所示。

LaTeX 源码 8.1   章节示例代码

```
\documentclass[12pt,a4paper,titlepage]{ctexart}
\title{这是章节结构示例文档}
\author{张三}
\date{2024 年 2 月 26 日}
\begin{document}
    \maketitle                %生成标题
    \tableofcontents          %生成目录
    \newpage
    \part{引言}
这是引言部分。
    \part{核心知识}
    \section{知识点：LaTeX 是什么}
        \subsection{LaTeX 的诞生} \subsubsection{TeX 的诞生}
        \subsubsection{TeX 的发展与 LaTeX}\subsection{LaTeX 的特点}
    \section{知识点：如何使用 LaTeX}
    \part{实践练习}
```

```
\section{安装 LaTeX}
    这是没有标题的段落。
\section{第一个 LaTeX 文档}
    \paragraph{段落标题}这是带段落标题的段落。
    \subparagraph{子段落标题}这是带子段落标题的段落。这是段落的正文内容。
本段落用于演示子段落标题效果。子段落标题位于段落内。
\end{document}
```

上述代码对应的章节结构包含一个独立的标题页、一个目录页和一个正文页，分别如图 8.1～图 8.3 所示。

这是章节结构示例文档

张三

2024年2月26日

图 8.1　标题页

目录 1

目录

第一部分　引言 2

第二部分　核心知识 2

1　知识点：LaTeX是什么 2
　1.1　LaTeX的诞生 2
　　1.1.1　TeX的诞生 2
　　1.1.2　TeX的发展与LaTeX 2
　1.2　LaTeX的特点 2

2　知识点：如何使用LaTeX 2

第三部分　实践练习 2

3　安装LaTeX 2

4　第一个 LaTeX 文档 2

图 8.2　目录页

第一部分　引言

这是引言部分。

第二部分　核心知识

1　知识点：LaTeX是什么

1.1　LaTeX的诞生

1.1.1　TeX的诞生

1.1.2　TeX的发展与LaTeX

1.2　LaTeX的特点

2　知识点：如何使用LaTeX

第三部分　实践练习

3　安装LaTeX

这是没有标题的段落。

4　第一个 LaTeX 文档

段落标题　这是带段落标题的段落。

子段落标题　这是带子段落标题的段落。这是段落的正文内容。本段落用于演示子段落标题效果。子段落标题位于段落内。

图 8.3　正文页

8.3.2　章节编号的自定义设置

每类章节都被赋予一个层次号，层次号越小，级别越高。章节和层次号的具体对应关系如表 8.4 所示。

表8.4　章节和层次号的具体对应关系

章节	层次号	章节	层次号
part	−1（书籍、报告），0（论文）	subsubsection	3
chapter	0（书籍、报告），论文无此层	paragraph	4
section	1	subparagraph	5
subsection	2		

在不同类型的文档中，篇（part）、章（chapter）、节（section）、小节（subsection）、小小节（subsubsection）等结构的编号特点不同。在默认情况下，在 book 类文档中，篇、章、节、小节都会自动编号。其中，篇和章是独立编号，默认都是从 1 开始。属于不同篇的各章将连续编号，也就是说，不同篇下的各章，其编号是从 1 开始连续编号。节和小节是关联编号，节在显示编号时会加上章的编号前缀（如 2.1 节表示这是第 2 章的第 1 节），小节在显示编号时会加上节的编号前缀（如 2.2.1 小节表示这是 2.2 节的第 1 小节）。

article 类自动编号情况与 book 类似，但 article 类没有章（chapter）这一结构，因此自动编号会有区别。在默认情况下，article 类文档中篇和节独立编号，都是从 1 开始。属于不同篇的各节将连续编号，也就是说，不同篇中的各节，其编号是从 1 开始连续编号（见源码 8.1，其中 1、2 节属于篇 1，3、4 节属于篇 2）。小节和小小节是关联编号，小节在显示编号时会加上节的编号前缀（如 2.1 小节表示这是第 2 节的第 1 小节），小小节在显示编号时会加上小节的编号前缀（如 2.2.1 小小节表示这是 2.2 小节的第 1 小小节）。

如果某些章节的标题不需要出现在目录中，可以通过在命令后加"*"号实现。

如果需要修改文档默认的编号初始值，则需要使用命令\setcounter。例如，在 article 类中，希望不同篇章下的小节每次都从 1 开始，则可以通过命令\ setcounter{section}{0}实现。

如果需要修改文档正文中编号的层次，可以使用命令\setcounter{secnumdepth}{数值}。其中，secnumdepth 表示修改正文中显示编号的层次，数值为能够显示编号的最低层次。在 book 类文档中，该数的取值范围为-2～5；在 tarticle 类文档中，该数的取值范围为-1～5。book 类的 secnumdepth 默认值为 2，表示显示到小节级别（因为 subsection 的层次数为 2）；article 类的 secnumdepth 默认值为 3，表示显示到小小节级别（因为 subsubsection 的层次数为 3）。若 book 类的 secnumdepth 值设为-2，则表示正文中所有标题都不显示编号；同理，若 article 类的 secnumdepth 值设为-1，则表示正文中所有标题都不显示编号。

tocdepth 计数器能够控制目录中显示目录项的级别，如果章节的层级大于 tocdepth，那么章节将不会自动写入目录项。如果需要修改文档目录显示编号的层次，可以使用命令\setcounter{tocdepth}{数值}进行修改。其中，tocdepth 表示修改目录中显示编号的层次，数值为能够显示编号的最低层次（其中 article 类，设置数值为-1 和 0 都会显示到 part 这一层）。

8.4　标题和摘要的设置

标题和摘要是论文必不可少的重要组成部分。本节内容将展示标题和摘要相关命令。

和标题相关的命令如源码 8.1 所示。其中，命令\title 指定标题名，命令\author 指定作者，命令\date 指定日期。命令\maketitle 根据前面三个命令提供的信息生成标题，并将标题显示在文档中。如果论文有多位作者，可以在相邻作者之间加入命令\and，从而使多名作者显示在同一行，也可以用"\\"将作者显示在不同行中。

标题和摘要的设置

article 类文档的摘要位于正文区中，使用 abstract 摘要环境来进行显示。book 类文档默认没有摘要。

```
┌─────────────────────────────────────────────────────┐
│ 🔲 LaTeX 源码 8.2　摘要示例                            │
├─────────────────────────────────────────────────────┤
\documentclass[12pt,a4paper]{ctexart}
\begin{document}
    \begin{abstract}
        这是一篇关于 LaTeX 文档章节结构示例的小短文。
    \end{abstract}
\end{document}
└─────────────────────────────────────────────────────┘
```

8.5　章节标题格式的设置和 titlesec 宏包的使用

第三部分

LaTeX提高

图 8.4　ctexbook 类默认的篇标题格式

章节标题是文档呈现内容结构的框架，通过章节标题可以更容易地了解文档的整体结构和内容的逻辑关系。ctexbook 类默认的篇标题格式如图 8.4 所示。

ctexbook 类默认的篇、章、节标题格式如图 8.5 所示。

章节标题格式的设置和 titlesec 宏包的使用

ctexart 类默认的篇、节标题格式如图 8.6 所示。

第六章　基于LaTeX的应用开发

6.1　安装LaTeX

6.1.1　下载LaTeX

这是没有标题的段落。

6.2　第一个LaTeX文档

段落标题　这是带段落标题的段落。

子段落标题　这是带子段落标题的段落。这是段落的正文内容。本段落用于演示子段落标题效果。子段落标题位于段落内。

子段落标题　当遇到子段落标题时，LaTeX将新起一段显示，因此每段只能有一个子段落标题。

图 8.5　ctexbook 类默认的篇、章、节标题格式

第二部分　核心知识

1　知识点：LaTeX是什么

LaTeX是一款自动化程度很高的排版系统，是以TeX为基础开发的。

1.1　LaTeX的诞生

1.1.1　TeX的诞生

TeX　TeX诞生于1978年，由著名的计算机科学家高德纳开发。

开发背景1　当时计算机排版发展时间不长，字形和版面都不美观。高德纳教授认为值得为自己的著作开发一套高质量的计算机排版系统。

1.1.2　TeX的发展与LaTeX

1.2　LaTeX的特点

2　知识点：如何使用LaTeX

图 8.6　ctexart 类默认的篇、节标题格式

titlesec 宏包用来改变 LaTeX 中默认的章节标题样式，可以结合自动生成的编号，按照自己的需要修改成不同的展示形式。可以利用命令\usepackage[标题位置]{titlesec}来设置标题位置，可选项有 center（居中，默认）、raggedleft（右对齐）、raggedright（左对齐）。

宏包引入后，可通过命令 titleformat 设定标题格式。

```
┌─────────────────────────────────────────────────────┐
│ 命令 8.1　titleformat 命令用法                        │
├─────────────────────────────────────────────────────┤
```
格式：\titleformat{command}[shape]{format}{label}{sep}{before}[after]

含义：

command：需要重新定义的各种标题，设定的值有\part、\chapter、\section、

\subsection 等

　　　　shape：可选参数（值有 hang、block、display、runin、leftmargin、rightmargin），用来设定段落形状。其中，hang 是默认值，称为悬挂式，标题左边是顶格的；block 将整个标题显示在一个块或段落里，里面可以包括图形；display 将标题的编号放在单独一行，标题名称另起一行；runin 将标题放置在内容的第一行开头处；leftmargin 将标题放置在页面的左空白处；rightmargin 将标题放置在页面的右空白处

　　　　format：定义标题外观，如使标题居中、字体加粗等

　　　　label：定义标题的编号

　　　　sep：定义标题的编号与标题名称的间距

　　　　before：在标题内容前补充内容

　　　　after：在标题内容后补充内容

　　命令示例：\titleformat{\part}[hang]{\Huge\ bfseries}{第\,\arabic{part}\,篇}{lem}{}。

　　command 参数为"\part"，shape 设置为"hang"，format 参数将篇标题设置为大字号（"\Huge"）加粗（"\bfseries"）显示，before 参数设置为" "字符，after 参数被省略掉了。label 参数将标题的标签设置为"第 1 篇"格式，其中"\,"用于显示空白间距，"\arabic"用于将编号设置为阿拉伯数学形式。sep 参数设置编号与标题名称之间的间隔为一个字符（1em）的宽度。以上设置的篇标题效果如图 8.7 所示。

第 1 篇　　引言

图 8.7　修改后的篇标题展示效果

　　命令\titleformat 可以满足大多数标题格式调整的需要，从而使章节标题更加符合文档要求。此外，可以通过 titlesec 文档了解其中更多命令的详细用法。

8.6　文档相关计数器与显示格式的设置

　　系统内置 23 个计数器，常用计数器及其用途对应关系如表 8.5 所示。章节结构的相关计数器能够记录并显示相应结构的序号，其值在文档正文和目录中被使用和显示。插图、表格和公式计数器能够分别记录和显示整个文档中的插图、表格和公式编号。页码计数器能够记录和显示文档的页码。目录深度计数器（tocdepth）控制章节目录的目录深度，文类 book 和 report 默认深度为 2，而 article 默认深度为 3。

文档相关计数器与显示格式的设置

表8.5　常用计数器及其用途

计数器名	用途	计数器名	用途
part	篇序号计数器	subparagraph	小段序号计数器
chapter	章序号计数器	figure	插图序号计数器
section	节序号计数器	table	表格序号计数器
subsection	小节序号计数器	equation	公式序号计数器

续表

计数器名	用途	计数器名	用途
subsubsection	小小节序号计数器	page	页码计数器
paragraph	段序号计数器	tocdepth	目录深度计数器

可以在文档中定义和使用新的计数器，也可以手动修改计数器的值以满足特定的排版要求。命令\newcounter 可以定义一个新的计数器。例如命令\newcounter{counterA}{0}，定义一个名为 counterA 的计数器并将其值初始化为 0。

命令\newcounter 还可以定义关联计数器。所谓关联计数器，是指将计数器 A 和计数器 B 关联在一起，当计数器 B 的数值改变时，计数器 A 的值将重新从 0 开始计数，命令为\newcounter{A}[B]。例如，设置系统中小节是章节的关联计数器，命令是\newcounter{subsection}[section]。

当遇到新的一节后，小节计数清零，再次显示时将从 1 开始显示。注意：每次显示之前会先将计数器值加 1，然后显示数值。因此，计数器值为 0，显示是 1。

除了上面介绍的命令\setcounter{counter}{value}可以直接将计数器 counter 的值设置为 value，也可以使用命令\addtocounter、\stepcounter 修改计数器的值。命令\addtocounter{counter}{value}是将计数器 counter 的值增加 value 大小，value 可以为负数；\stepcounter{counter}是将计数器 counter 的值加 1，同时复位所有的关联计数器。

序号计数器的默认样式是阿拉伯数字，当希望修改显示样式时，可以使用 renewcommand 命令进行修改。常用的样式命令、样式说明和样式示例如表 8.6 所示。此外，还可以使用命令\fnsymbol（脚注符号）来使用特定的符号显示计数器的值。

表8.6 常用的样式命令、样式说明和样式示例

样式命令	样式说明	样式示例
\arabic	阿拉伯数字样式	1,2,3,…
\alph	小写英文字母	a,b,c,…
\Alph	大写英文字母	A,B,C,…
\roman	小写罗马数字	i , ii ,iii,…
\Roman	大写罗马数字	I , II ,III,…

将节序号计数器改为大写罗马数字计数形式，参考代码如下：

```
renewcommand{\thesection}{\Roman{section}}
```

效果如图 8.8 所示，修改前的默认显示效果如图 8.8（a）所示，修改后的显示效果如图 8.8（b）所示。

第一部分　核心知识

1　知识点：LaTeX是什么

第一部分　核心知识

I　知识点：LaTeX是什么

（a）section 的默认显示效果（阿拉伯数字计数）　　　　（b）修改后的 section 显示效果（罗马数字计数）

图 8.8　section 使用大写罗马数字计数形式前后对比

8.7 文档模板的中文化

TeX 和 LaTeX 对中文的支持不够好，为了在文档中使用中文，需要引入与中文相关的宏包和字体。

8.7.1 字体的属性设置

当使用 ctexbook、ctexart 和 ctexrep 时，文档自动使用了 CJK 宏包，从而能够在文档中使用中文。中文字体有很多种，如宋体、仿宋、黑体、楷书、隶书等。中文文档类中默认支持宋体、仿宋、黑体和楷书，分别用命令\songti、\fangsong、\heiti 和\kaishu 指定。若没有显式指定，则默认使用宋体。

字体支持不同字号大小，使用数字命令\zihao 进行设置，数字表示字号大小，可选用的字号值如表 8.7 所示。

表8.7 中文字号大小对应表

命令	字号大小	对应的磅数	命令	字号大小	对应的磅数
\zihao{0}	初号	42 磅	\zihao{4}	四号	14 磅
\zihao{-0}	小初	36 磅	\zihao{-4}	小四	12 磅
\zihao{1}	一号	26 磅	\zihao{5}	五号	10.5 磅
\zihao{-1}	小一	24 磅	\zihao{-5}	小五	9 磅
\zihao{2}	二号	22 磅	\zihao{6}	六号	7.5 磅

如下代码段展示了在文档正文中使用中文字体的效果，其中命令\zihao{1}用于将文字大小设为一号，命令\begin{flushleft}和\end{flushleft}用于指定左对齐环境，使 4 行文字左对齐。

LaTeX 源码 8.3 **字体设置**

```
\documentclass{ctexart}
\begin{document}
    \zihao{1}
    \begin{flushleft}
        \songti 中文字体示例：宋体\\ \fangsong 中文字体示例：仿宋\\
        \heiti  中文字体示例：黑体\\ \kaishu    中文字体示例：楷书\\
    \end{abstract}
\end{document}
```

效果如图 8.9 所示。

若要使用其他中文字体，则需要进行设置，包含以下四个步骤。

1）首先需要查看自身计算机支持哪些中文字体，打开命令提示符窗口（cmd 窗口），输入命令 "fc-list :lang=zh-cn > d:\zhfonts.txt"，把系统中支持的中文字体保存到 d 盘根目录下的 zhfonts.txt 文件中，读者可根据情况改变输出目录。运行成功后，zhfonts.txt 的内容如图 8.10 所示。

中文字体示例：宋体
中文字体示例：仿宋
中文字体示例：黑体
中文字体示例：楷书

zhfonts.txt

```
STCaiyun,华文彩云:style=Regular
YouYuan,幼圆:style=Regular
HGZY_CNKI,华光综艺_CNKI:style=Regular
STHupo,华文琥珀:style=Regular
HGDBS_CNKI,华光大标宋_CNKI:style=Regular
FZYaoTi,方正姚体:style=Regular
HGBS2_CNKI,华光报宋二_CNKI:style=Regular
HGMH_CNKI,华光美黑_CNKI:style=Regular
```

图 8.9　系统默认支持的中文字体　　　　　　　图 8.10　系统中已安装的中文字体

2）新建 UTF-8 编码的 LaTeX 文档，保存时选择编码为 UTF-8，具体如图 8.11 所示。

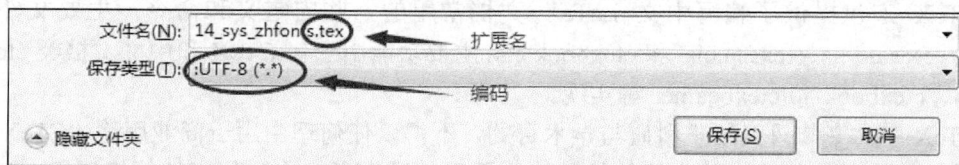

文件名(N)：14_sys_zhfonts.tex　　　扩展名
保存类型(T)：:UTF-8 (*.*)　　　编码
隐藏文件夹　　　　　　　保存(S)　取消

图 8.11　使用 UTF-8 编码保存 LaTeX 文档

3）在导言区引入字体，并在正文区使用系统自带中文字体，源码如下所示。

LaTeX 源码 8.4　使用系统支持的中文字体

```
\documentclass[UTF8]{ctexart}%文档保存为 UTF-8 编码，然后用 XeLaTeX 进行编译
\setCJKfamilyfont{cy}{STCaiyun}
\setCJKfamilyfont{yy}{YouYuan}
\setCJKfamilyfont{ls}{LiSu}
\setCJKfamilyfont{my}{Microsoft YaHei}
\begin{document}
    \zihao{1}
    \begin{flushleft}
        \CJKfamily{cy} 中文字体示例：华文彩云\\
        \CJKfamily{yy} 中文字体示例：幼园\\
        \CJKfamily{ls} 中文字体示例：隶书\\
        \CJKfamily{my} 中文字体示例：微软雅黑\\
    \end{flushleft}
\end{document}
```

4）编译时要使用 XeLaTeX。效果如图 8.12 所示。

中文字体示例：华文彩云
中文字体示例：幼园
中文字体示例：隶书
中文字体示例：微软雅黑

图 8.12　系统支持中文的展示效果

8.7.2　CTeX 宏包的使用

CTeX 宏包是面向中文排版的通用 LaTeX 排版框架，为中文 LaTeX 文档提供了汉字输出支持、标点压缩、字体字号命令、标题文字汉化、中文版式调整、数字日期转换等功能，可适应论文、报告、书籍、幻灯片等不同类型的中文文档，降低了初学者使用中文 LaTeX 的难度。

CTeX 中文套装基于 Windows 的 MiKTeX 系统，随着 MiKTeX 以及相关软件的升级而不断升级，同时集成了编辑器 WinEdt 和 PostScript 处理软件。CTeX 中文套装在 MiKTeX 的基础上增加了对中文的完整支持。CTeX 中文套装支持 CJK、xeCJK、CCT、TY 等多种中文 TeX 处理方式。

CTeX 宏包提供了编写中文 LaTeX 文档常用的一些宏定义和命令，主要文件包括 ctex.sty、ctexart.cls、ctexrep.cls 和 ctexbook.cls，主要功能由宏包 CTeX 和中文文档类 ctexart、ctexrep、ctexbook 和 ctexbeamer 等实现。

CTeX 中文套装只能用于科研与学术目的，不得以任何理由用于商业用途。CTeX 中文套装中包含的所有免费、共享软件的版权均属于其原作者。安装程序的版权属于 CTeX。CTeX 宏包由 ctex.org 制作并负责维护。

8.8　本 章 小 结

本章主要介绍 LaTeX 关于文档版面、章节、标题等的设置。首先介绍了常见的文档类型；然后介绍了版面的基本参数，有纸张大小、标题、排版方向、分栏布局等；紧接着介绍了章节的类型、章节的编号以及章节格式的设置等；最后介绍了文档的计数器、标签的交叉引用以及中文字体等的设置。

■■■■■■■■■■■■■■■■■■■■■■■■■■■■ 习题 8 ■■■■■■■■■■■■■■■■■■■■■■■■■■■

1. 设置文档字体大小为 12pt，纸张大小为标准信纸大小，双面打印。

2. 设置一个简单的书本类框架模板，包括书名、作者、章节，其中共两章，每章三个小节，并生成目录。

3. 在题 2 的基础上，添加摘要和关键字，并从正文的第一页进行页码计数。

4. 在导言区使用\lstset 设置代码背景色、关键字样式、数字样式、左侧显示行号等。

5. titlesec 宏包是用来改变 LaTeX 中默认标题样式的，设置标题为居中显示，字号为 \Huge，字体加粗显示\bfscries，将标题的标签设置为 "第 X 章" 格式，设置标签与标题内容之间一个字（1em）间隔。

第 9 章　LaTeX 其他常用功能

<table>
<tr><td>学习目标 ☞</td><td>1. 掌握使用 LaTeX 制作幻灯片的方法。
2. 理解并能运用模板制作海报、简历、实验报告、试卷等。</td></tr>
</table>

　　LaTeX 除了可以编排文章之外，还可以制作类型丰富的文档，如幻灯片、简历、书籍等，目前 LaTeX 爱好者也发布了相关文档类型的模板。本章主要介绍如何使用 LaTeX 制作幻灯片、海报、简历、实验报告和试卷。

9.1　LaTeX 制作幻灯片

　　本节主要介绍如何使用 LaTeX 设计并制作幻灯片。

9.1.1　幻灯片内容

　　LaTeX 中有很多种宏包可以用来制作 PDF 格式的演示文稿，beamer 文档类就是其中一种，它是由 Till Tantau 开发的专门用于幻灯片演示的文档类。

LaTeX 制作幻灯片

　　beamer 设置标题信息的命令如下。

命令 9.1　beamer 标题信息命令

　　\title：该命令用于设置题目，可带一个可选参数进行简称，格式：\title[题目简称]{题目}，题目简称根据帧的设置可以在顶部、左侧、底部等位置

　　\subtitle：设置小标题，小标题一般会在标题下方以较小的字号显示，可以带一个可选参数选项[]，用来设置小标题的简称

　　\author：设置作者，可以带一个可选参数选项[]，用来简写作者姓名信息

　　\institute：设置作者所在的机构，可以带一个可选参数选项[]，用来简写机构信息

　　\date：设置日期，可以带一个可选参数，用来设置形式，默认使用编译时的日期

　　\titlegraphic：设置标题图形，可以使用命令\includegraphics 插入图片，一般为单位 Logo

　　\keywords：设置关键字

　　一个演示文稿可以分解成多个帧（frame），一个帧由若干幅幻灯片组合而成，下面来使用 frame 环境来创建一个帧，如图 9.1 所示。其源码如下。

↗ LaTeX 源码 9.1　frame环境创建帧

```
\documentclass{beamer}  %源文件保存为 ANSI 格式，或者 UTF8 格式，则文档类型后面必须加
[UTF8]格式，才能用 pdfLaTeX 编译通过
\usetheme{Antibes}  %beamer 主题样式
\usepackage{ctex}
```

```
\begin{document}
    \title{图的多叶距粒度正则子树结构理论研究} \subtitle{软件学院系列讲座}
    \institute{软件学院} \author{XX} \date{2024 年 02 月 26 日}
    \begin{frame}
      \titlepage
    \end{frame}
\end{document}
```

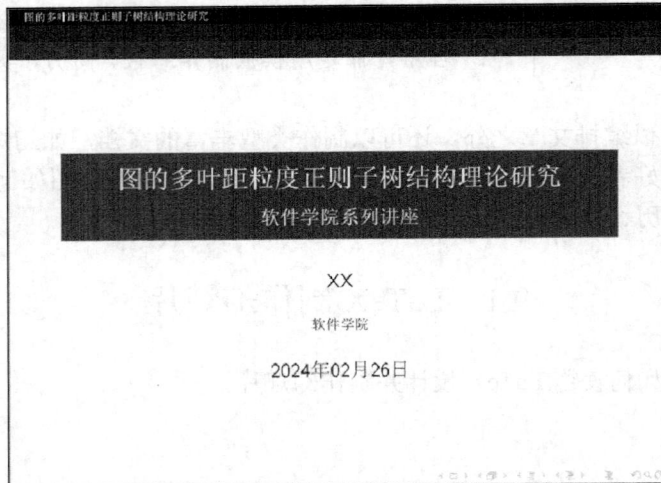

图 9.1　frame 环境创建一个帧

9.1.2　目录

在创建幻灯片时，可以使用命令\section、\subsection、\subsubsection 等建立节、小节与小小节，同时使用命令\tableofcontents 产生目录。

LaTeX 源码 9.2　目录环境

```
\documentclass[UTF8]{beamer} %源文件保存为 UTF8 格式，且文档类型后面必须加[UTF8]格
式，才能用 pdfLaTeX 编译通过
\usetheme{Antibes}
\usepackage{ctex}
\begin{document}
  \begin{frame}
      \tableofcontents
  \end{frame}
  \section{基因工程}              \begin{frame} content \end{frame}
      \subsection{基因拼接技术}    \begin{frame} content \end{frame}
      \subsection{DNA 重组技术}    \begin{frame} content \end{frame}
  \section{细胞工程}              \begin{frame} content \end{frame}
      \subsection{细胞融合}        \begin{frame} content \end{frame}
      \subsection{染色体工程}      \begin{frame} content \end{frame}
\end{document}
```

运行效果如图 9.2 所示。

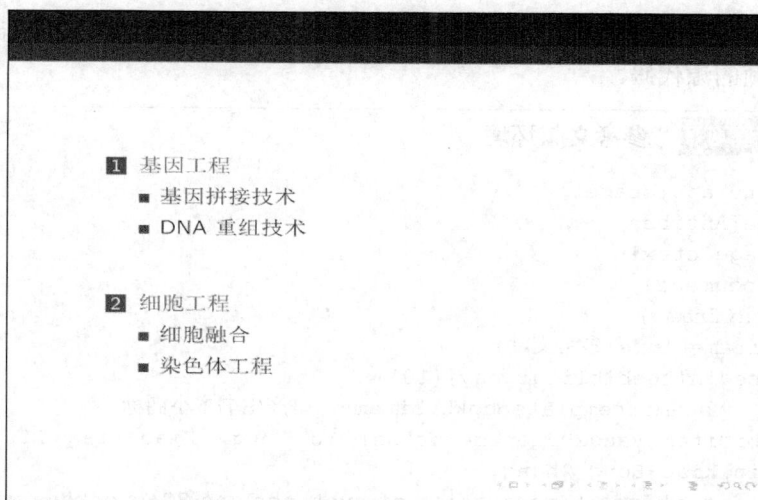

图 9.2　frame 环境生成目录

　　其中，\tableofcontents[可选参数]，在可选参数中可以使用参数控制显示格式，如在开始新的一节前使用 currentsection 参数显示当前节目录，将源码 9.2 第 8 行 frame 环境修改为"\section{基因工程} \begin{frame} \tableofcontents[currentsection] \end{frame}"，运行效果如图 9.3 所示，currentsubsection 选项则控制只显示当前一小节的目录。

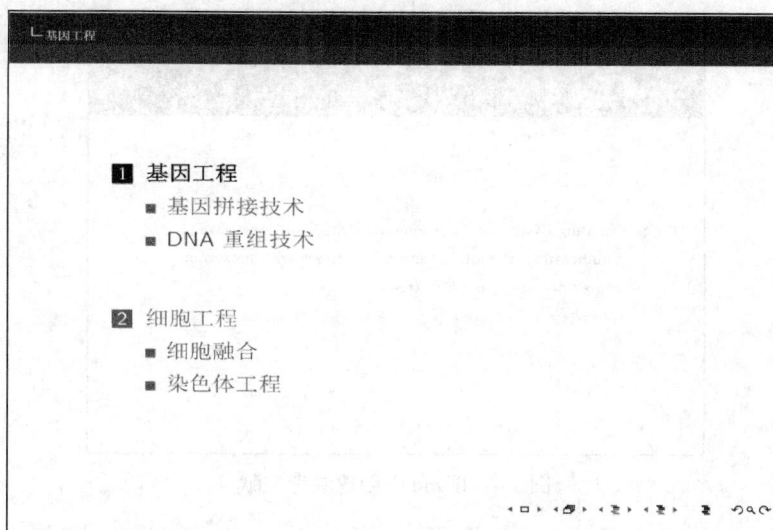

图 9.3　显示当前节目录

9.1.3　文献

　　在 beamer 中，参考文献录入使用的是 thebibliography 环境，环境内部使用命令\bibitem 引入每条文献，每个环境只作用于当前帧内，当超出当前帧时，应再建立一个 thebibliography 环境。在每个命令\bibitem 引导的条目中，不同性质的内容（如作者、书名、期刊名等）应该用命令\newblock 分隔开，beamer 会根据用户选定的主题，对用命令\newblock 分隔的部分采取不同的显示方式。例如，分行显示或者使用不同的颜色。下面举例写出带有参考文献的幻灯片一帧的源代码。

LaTeX 源码 9.3 　参考文献环境

```
\documentclass{beamer}
\usetheme{Antibes}
\usepackage{ctex}
\begin{document}
  \begin{frame}
    \frametitle{参考文献}
    \begin{thebibliography}{10}
      \beamertemplatebookbibitems    %产生书本小图标
    \bibitem{yang2021enumeration} Yu Yang, Xiao-xiao Li, Meng-yuan
    Jin,Xiao-Dong Zhang.
      \newblock {Enumeration of subtrees and BC-subtrees with maximum
    degree no more than k in trees}.
      \newblock{\em Theoretical Computer Science},892:258-278,2021.
    \end{thebibliography}
  \end{frame}
\end{document}
```

运行效果如图 9.4 所示。

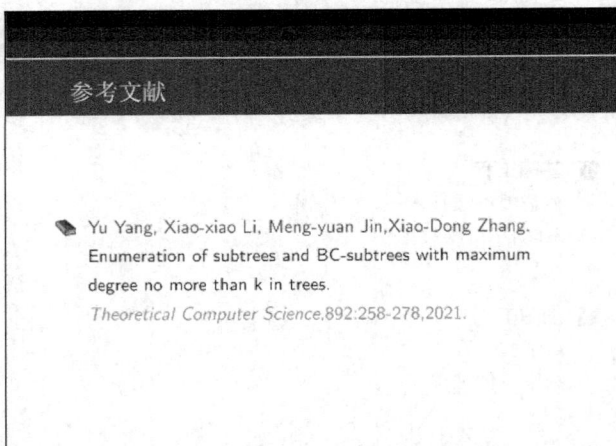

图 9.4　frame 中创建参考文献

9.1.4　定理与区块

在 beamer 中，已经预定义了很多定理类环境，如 theorem、corollary、definition、example、fact、proof 等，可以使用\newtheorem 来定义中文定理，示例如下。

LaTeX 源码 9.4 　定理环境

```
\documentclass{beamer}
\usetheme{Antibes}
\usepackage{ctex}
```

```
\begin{document}
    \newtheorem{THeorem}{定理}
    \begin{frame}{系列讲座之一}
        \begin{THeorem}
            如果..., 那么...
        \end{THeorem}
        \end{frame}
\end{document}
```

运行效果如图 9.5 所示。

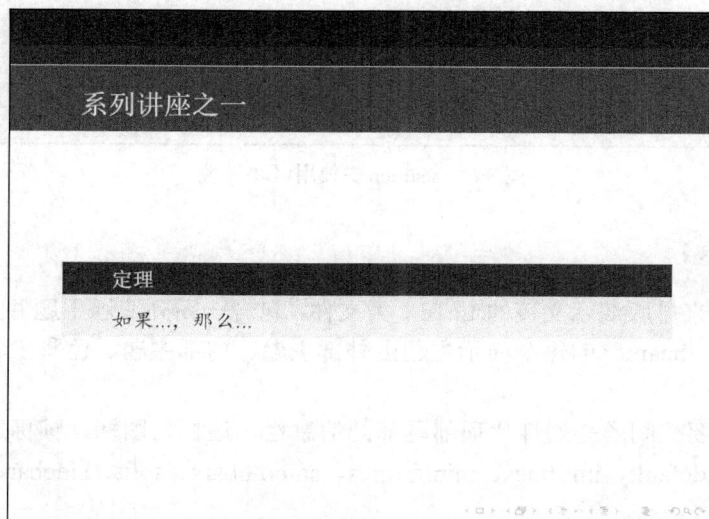

图 9.5　beamer 中使用定理环境

为了强调幻灯片中的某些内容，在 beamer 中还有其他的区块环境可以使用。可以使用命令 block、alertblock 和 example block 来定义这三种区块环境。这些区块环境的颜色是不同的。

LaTeX 源码 9.5　区块环境

```
\documentclass{beamer}
\usetheme{Antibes}
\usepackage{ctex}
\begin{document}
    \begin{frame}
        \begin{block}{标题一}        区块一   \end{block}
        \begin{alertblock}{标题二}    区块二   \end{alertblock}
        \begin{exampleblock}{标题三}  区块三   \end{exampleblock}
    \end{frame}
\end{document}
```

运行效果如图 9.6 所示。

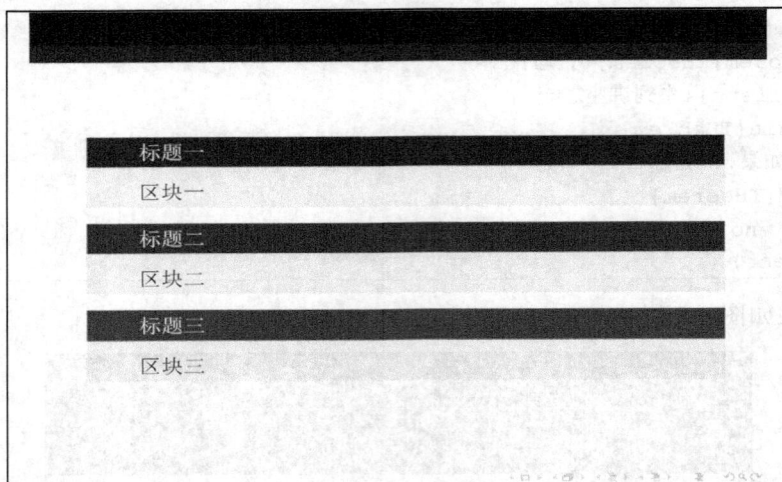

图 9.6　beamer 中使用区块环境

9.1.5　幻灯片风格

beamer 是用来排版演示文稿的 LaTeX 类文件，包含一系列演示主题并规定了版面、色彩、字体等要素。beamer 的每个演示主题由外部主题、内部主题、色彩主题和字体主题四部分组成。

外部主题主要控制的是幻灯片顶部尾部的信息栏、边栏、图标、帧标题等格式。预定义的外部主题有 default、infolines、miniframes、smoothbars、split、sidebar、shadow、tree、smoothtree 等。

内部主题主要控制的是标题页、列表项目、定理环境、图标环境、脚注等在一帧之内的内容格式。预定义的内部主题有 default、circles、rectangles、rounded、inmargin 等。

色彩主题控制各个部分的色彩。预定义的色彩主题包括 default、beaver、beetle、crane、dolphin、dove、fly、lily、orchid、rose、seagull、seahorse、sidebartab、structure、whale 等。

字体主题则是控制幻灯片的整体字体风格。预定义的字体主题包括 default、professionalfonts、serif、structurebold、structureitalicserif 等。default 主题的效果是整个幻灯片使用无衬线字体，serif 主题则是改用衬线字体。

用户可以根据自己的爱好选择喜欢的主题，default 是默认主题。要改变 beamer 文稿的演示主题，可以用\usetheme{主题名}，其中主题名有如下选择，大部分是以城市命名的。

命令 9.2　主题要素

无导航栏：Default、Boxes、Bergen、Pittsburge 和 Rochester

带顶栏：Antibes、Darmstadt、Frankfurt、JuanLesPins、Montpellier 和 Singapore

带底栏：Boadilla 和 Madrid

带顶栏和底栏：AnnArbor、Berlin、CambridgeUS、Copenhagen、Dresden、Ilmenau、Luebeck、Malmore 和 Warsaw

---

将源码 9.5 的主题修改为 Boadilla，使用色彩 crane，字体主题使用 structureitalicserif，源码如下。

┌───┐

LaTeX 源码 9.6 幻灯片主题与风格

```
\documentclass{beamer}
\usetheme{Boadilla}                         %幻灯片主题
\usecolortheme{crane}                       %幻灯片色彩
\usefonttheme{structureitalicserif}         %幻灯片字体主题
\usepackage{ctex}
\begin{document}
    \begin{frame}
        \begin{block}{标题一}    字体主题应用范例    \end{block}
        \begin{alertblock}{标题二}    区块二    \end{alertblock}
        \begin{exampleblock}{标题三}    区块三    \end{exampleblock}
    \end{frame}
\end{document}
```

└───┘

运行效果如图 9.7 所示。

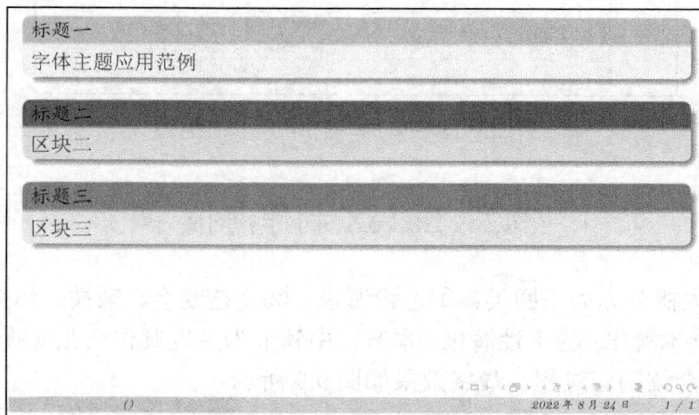

彩图 9.7

图 9.7 beamer 中主题与风格

┌───┐

LaTeX 源码 9.7 幻灯片中插入图片与表格

```
\documentclass{beamer}
\usetheme{Boadilla}        %幻灯片主题
\usecolortheme{crane}      %幻灯片色彩
\usefonttheme{structureitalicserif}%幻灯片字体主题
\usepackage{ctex}
\begin{document}
    \begin{frame} \begin{figure} \centering %插入图片
        \includegraphics[height=0.5\textheight]{images/dragon.jpg}
        \caption{龙门石窟}
    \end{figure}
    \renewcommand\arraystretch{0.8}
    \begin{table}    \begin{center} \caption{简介}    %插入表格
        \begin{tabular}{|r|r|r|r|}   \hline
            风景区 & 地理位置 & 开凿时间& 结束时间\\ \hline
            龙门石窟 & 洛阳市 & 公元 1781 年& 公元 1853 年\\ \hline
        \end{tabular} \end{center}
```

└───┘

```
    \end{table}
    \end{frame}
\end{document}
```

运行效果如图 9.8 所示。

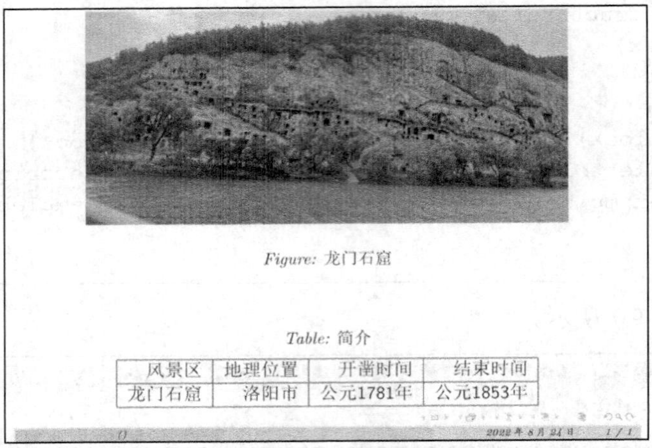

Figure: 龙门石窟

Table: 简介

风景区	地理位置	开凿时间	结束时间
龙门石窟	洛阳市	公元1781年	公元1853年

图 9.8　beamer 中插入图片和表格

9.2　LaTeX 制作海报

海报按类别大概分为如下四类：①电影海报；②文艺晚会、杂技、体育比赛类海报；③学术海报；④个性海报。本节以中秋节为主题制作一张海报，并结合 LaTeX 来介绍制作过程。最终效果如图 9.9 所示。

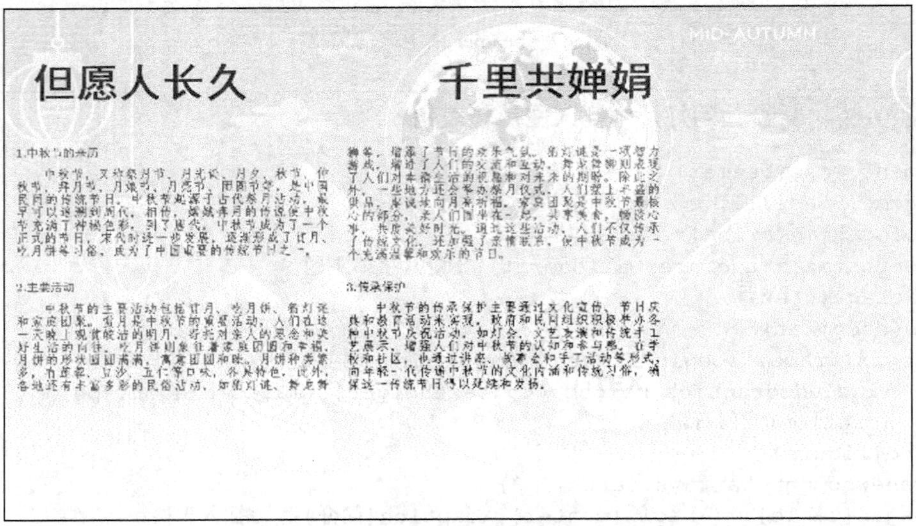

LaTeX 制作海报

图 9.9　海报

该海报设计思路分为三步：第一步编写海报内容；第二步单独设计背景，将背景图设计成逐渐透明；第三步将内容填充覆盖在背景图上。此次用到了 TikZ 画图宏包，关于 TikZ

具体用法请参考第 13 章。

源码如下所示，保留其设计框架，省略部分海报文字内容。

LaTeX 源码 9.8   海报内容源码

```
\documentclass{article}
\paperheight=950pt \paperwidth=600pt %读者可根据自己实际需求设计宽和高
\usepackage[left=0.05\paperwidth,right=0.25\paperwidth,top=0.02\paperheight,
bottom=0.01\paperheight, landscape]{geometry}%对页面左右上下做微调
\usepackage{multicol}
\columnsep=20pt                    %两栏分割间距
%\columnseprule=3pt                %是否有分割线
\usepackage[svgnames]{xcolor}   \usepackage{ctex}
\begin{document}
    \begin{minipage}[b]{1\paperwidth}
        \vspace{1cm}
        \fontsize{50pt}{123}\textbf{\heiti 但愿人长久\qquad \qquad 千里共婵娟}
    \end{minipage}                 %海报大标题
    \vspace{1cm}
    \begin{multicols}{2} %分为两栏
        \color{SaddleBrown}
\section*{1.中秋节的来历}  {\fontsize{16pt}{17pt}\selectfont
\textbf{\fangsong 中秋节,...}
\section*{2.主要活动}
        {\fontsize{16pt}{17pt}\selectfont \textbf{\fangsong 中秋节的主要活动包
    括赏月...}
        \color{blue}
        \section*{3.传承保护}
        {\fontsize{16pt}{17pt}\selectfont \textbf{\fangsong 中秋节的传承...}
\end{multicols}
\end{document}
```

运行效果如图 9.10 所示。

图 9.10 海报内容

将生成的海报内容以 PDF 格式保存，供第三步使用。第二、三步源码如下所示。

↗ **LaTeX 源码 9.9** 设计背景图和填充内容

```
\documentclass{article}
\paperheight=980pt  \paperwidth=600pt
\usepackage{overpic}              %覆盖背景图宏包
\usepackage{tikz}
\usepackage[left=-0.05\paperwidth,right=0.25\paperwidth,top=0.02\paperheight,
    bottom=0.01\paperheight, landscape]{geometry}
\usetikzlibrary{shadings}
\newsavebox{\picBox}              %定义一个盒子
\savebox{\picBox}{\includegraphics[width=1.3\textwidth]
                {MidAutumnFestival.jpg}}%盒子保存背景图片，并设置大小
\pgfdeclarefading{fading2}{\tikz\shade
    [top color=pgftransparent!60, bottom color=pgftransparent!100] (0,0)rectangle
    (\wd\picBox, \ht\picBox+\dp\picBox);}
                        %设置渐进透明度
\begin{document}
    \begin{overpic}[width=1\textwidth]{postlast.pdf} %引入海报内容
        \begin{tikzpicture}  %引入背景图片
            \pgfsetfading{fading2} {{\pgftransformshift
            {\pgfpoint{\wd\picBox}{\ht\picBox+\dp\picBox}}}}
            \node[inner sep=0pt] {\usebox{\picBox }};
        \end{tikzpicture}
    \end{overpic}
\end{document}
```

9.3　LaTeX 制作简历及实验报告

　　制作简历需要用到表格，表格与其他的版面元素相比有更多更复杂的要求：有行列之分，每一列有对齐方式的选择；单元格的尺寸要控制，有时需要合并单元格，有时要在单元格中画对角线，表格很长时还要设置跨页方式等。在之前的章节中已经介绍过表格制作的基础操作命令，本节将制作个人简历、实验手册模板供读者参考。个人简历源码及效果如下。

LaTeX 制作简历
及实验报告

↗ **LaTeX 源码 9.10** 个人简历源码

```
\documentclass{article}
\usepackage{graphicx,ctex,caption}
\usepackage{subfigure,float,tabularx,multirow}
\usepackage[top=2.2cm, bottom=2.2cm, left=2.91cm,
        right=1.91cm]{geometry}\begin{document}
    \begin{table}[t]
    \renewcommand{\arraystretch}{1.6}
        \begin{tabularx}{16cm}{|X|X|X|X|X|X|X|}  \hline
        姓名 & & 性别 & &出生年月 & &\multirow{4}{*}{ \quad    照片}\\
                                            \cline{1-6}
        民族 &     & 政治面貌& &身高 &&\\     \cline{1-6}
        学制 &     & 学历& & 户籍 &&\\        \cline{1-6}
```

```
      专业 &    & 毕业学校& \multicolumn{3}{c|}{}&\\     \hline
      \multicolumn{7}{|c|}{个人履历} \\                   \hline
      {时间}& \multicolumn{3}{c|}{单位}&\multicolumn{3}{c|}{经历}\\
                                                          \hline
      &\multicolumn{3}{X|}{}&\multicolumn{3}{c|}{}\\   \hline
      &\multicolumn{3}{X|}{}&\multicolumn{3}{c|}{}\\   \hline
      &\multicolumn{3}{X|}{}&\multicolumn{3}{c|}{}\\   \hline
      \multicolumn{7}{|c|}{联系方式} \\                   \hline
      {通信地址}& \multicolumn{3}{c|}{}&{联系电话}&
      \multicolumn{2}{c|}{}\\                             \hline
      {E-mail}& \multicolumn{3}{c|}{}&{邮编}&\multicolumn{2}{c|}{}\\
                                                          \hline
      \multicolumn{7}{|c|}{自我评价} \\                   \hline
      \multicolumn{7}{|c|}{}\\ %根据自身需要设置空白高度
      \multicolumn{7}{|c|}{}\\
      \multicolumn{7}{|c|}{}\\
       ...                                                \hline
   \end{tabularx}
\end{table}
\end{document}
```

运行效果如图 9.11 所示。

姓名		性别		出生年月		照片
民族		政治面貌		身高		
学制		学历		户籍		
专业		毕业学校				
个人履历						
时间	单位			经历		
联系方式						
通信地址				联系电话		
E-mail				邮编		
自我评价						

图 9.11　个人简历 1

如果觉得上述简历效果比较朴素，可以在 GitHub 等网站寻找 LaTeX 简历模板，然后根据自己的需求修改即可。从网站下载模板，查看命令，弄懂命令，然后修改内容，是读者学习 LaTeX 向高手进阶的一项必备技能，它能够提升效率，事半功倍。如图 9.12 所示是作者编辑从网站下载的模板内容后的样式。

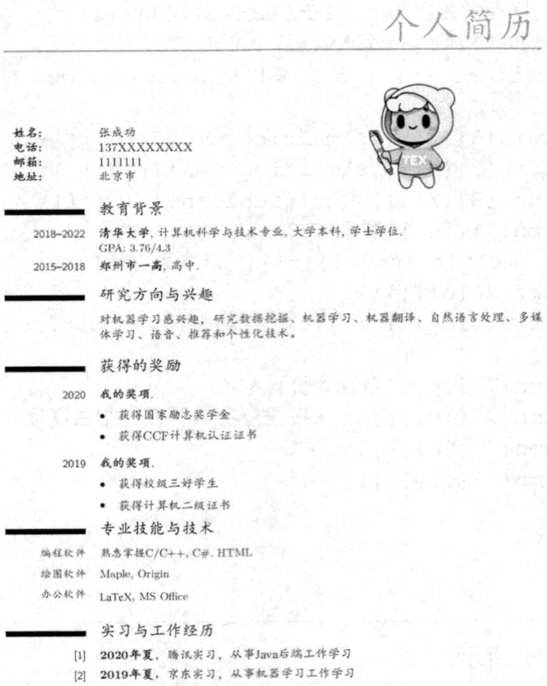

图 9.12　个人简历 2

实验报告也是一种常见的文档类型，如图 9.13 所示。

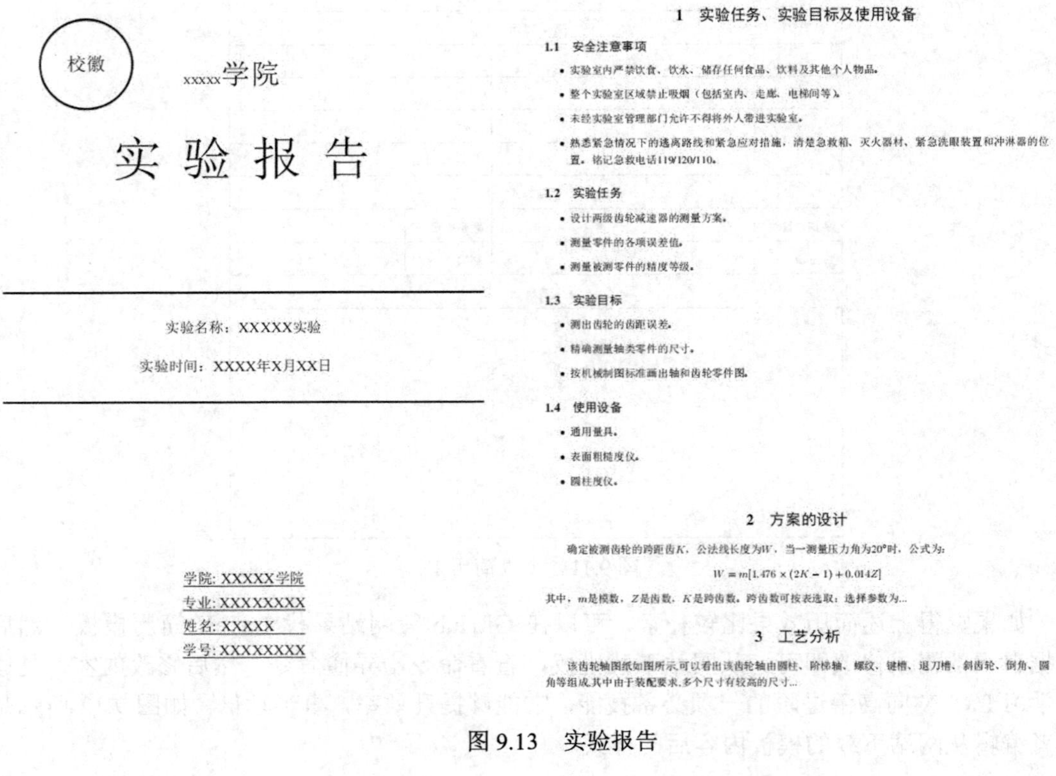

图 9.13　实验报告

LaTeX 源码 9.11　　**实验报告源码**

```
\documentclass[c5size,a4paper,twoside]{ctexart}
\usepackage{CJK,CJKspace,times}
\usepackage{graphics,booktabs,epsfig,enumerate}
\usepackage{amsfonts,amssymb,amsbsy,bm,paralist,theorem,cite,ifthen, color}
\usepackage[top=2.2cm,bottom=2.2cm,left=1.91cm, right=1.91cm]{geometry}
\usepackage{hyperref} \usepackage{amsmath} \usepackage{longtable}
\usepackage{rotating} \usepackage{multirow}\usepackage{graphicx}
\pagestyle{plain}        \hypersetup{unicode,CJKbookmarks=true}
\begin{document}
\thispagestyle{empty}
    \begin{center}
        \begin{minipage}[b]{0.3\linewidth}  %图片位置
            \includegraphics[width=5cm]{校徽.jpg}
            \vspace{-1cm}
        \end{minipage}
        \begin{minipage}[b]{0.55\linewidth} %文字位置
        \fontsize{30pt}{30pt}XXXXX 学院   %\fontsize{字体尺寸}{行距}，调节字体大小
        \end{minipage}
        \begin{minipage}[b]{1\linewidth}%文字位置
            \begin{center}
                \fontsize{50pt}{50pt}实\quad\quad 验\quad
                \quad 报\quad\quad 告
                \vspace{-3cm}
            \end{center}
        \end{minipage}

        \\[6cm]\rule{\linewidth}{0.5mm}  \\[6mm]  %双横线
        \begin{center}
            {\Large 实验名称：XXXXX 实验\quad\\[6mm]}
            {\Large 实验时间：XXXX 年 X 月 XX 日\quad\quad\quad
            \\[6mm] }
        \end{center}
        \rule{\linewidth}{0.5mm}\\[6cm]
        \underline{\Large 学 院：XXXXX 学院}\\[.3cm]
        \underline{\Large 专 业：XXXXXXXX}\\[.3cm]
        \underline{\Large 姓 名：XXXXX\quad\quad\quad}
        \\[.3cm]
        \underline{\Large 学 号：XXXXXXXX}\\[.3cm]
\end{center}
\newpage
    \section{实验任务、实验目标及使用设备}
        \subsection{安全注意事项}
            \begin{itemize}
        \item 实验室内严禁饮食、饮水、储存任何食品、饮料及其他个人物品。
        \item ...(省略部分文字)。
            \end{itemize}
            ...(省略部分 subsection 内容)
    \section{方案的设计}
        确定被测齿轮的跨锯齿$K$,公法线长度为$W$,当一测量压力角为 20$^\circ$时,公式为:
```

```
\begin{center}
    $W = m[1.476 \times (2K - 1) + 0.014Z]$
\end{center}
    其中，$m$是模数，$Z$是齿数，$K$是跨齿数。跨齿数可按下表选取：
选择参数为...
\section{工艺分析}
    该齿轮轴图纸如图所示，可以看出该齿轮轴由圆柱、阶梯轴、螺纹、键槽、退刀槽、斜齿轮、倒角、
圆角等组成，其中由于装配要求，多个尺寸有较高的尺寸...
\end{document}
```

9.4 LaTeX 制作试卷

LaTeX 制作试卷有着非常好的效果，尤其是数学公式的编排，制作效果如图 9.14 所示。

绝密★启用前

高等数学

考生注意事项

1.答题前，考生须在试题册指定位置上填写考生编号和考生姓名年级专业。
2.选择题的答案必须涂写在答题卡相对应题号的选项上，非选择题的答案必须书写在答题卡指定位置的边框区域内，超出答题区域书写的答案无效；在草稿纸、试题册上答题无效。
3.填（书）写必须使用黑色字迹签字笔书写，字迹工整，笔迹清晰；涂写部分必须使用2B铅笔填涂。
4.考试结束，将答题卡和试题册按规定交回。

（以下信息考生必须认真填写）

考生编号										
考生姓名										

一、 选择题（1～8小题，每小题4分，共32 分.下列每题给出的四个选项中，只有一个选项是符合题目要求的.）

1. 函数 $f(x) = x^2 - 4x + 3$ 的最大值是多少？ （ ）

(A) 2   (B) 1

(C) 0   (D) -1

2. 下列哪一个不是实数？ （ ）

(A) $\sqrt{2}$ (B) $\sqrt{2}$

(C) i (D) $-\frac{3}{4}$

...(省略部分选择题)

二、 填空题（9～14小题，每小题4 分，共24分.）

9. 设 $f(x) = 3x^2 - 2x + 1, f(2) =$ _____.

10. 求 $\lim\limits_{x \to 0} \frac{\sin x}{x}$...(省略部分填空题)

三、 解答题（15～23小题，共94分.解答应写出文字说明、证明过程或演算步骤.）

15. （本题满分10分）
求解方程 $2x^2 + 3x - 2 = 0$.

...(省略部分大题)

高等数学 第1页(共3页)

图 9.14 试卷

LaTeX 源码 9.12 **试卷源码**

```
\documentclass[10pt]{ctexart}
\usepackage[papersize={25cm,18.2cm},landscape]{geometry}
\usepackage{fancyhdr}    \usepackage{graphicx} \usepackage{caption}
\usepackage{subfigure} \usepackage{float}    \usepackage{tabularx}
\usepackage{multirow}    \pagestyle{fancy}    \columnsep=10mm
```

```
\newcommand{\kh}{(\rule[-2pt]{1cm}{0pt})}%\rule[内容垂直向下多少]{下划线长
度}{下划线粗细}
%设置选项一排两个，*{num}{cols}表示 cols 重复 num 次，@{}expressions 表示删除两边的以
%及列之间的空白，然后插入指定的文本
\newcommand{\twoch}[4]{\hfill\kh\par\noindent \\
\begin{tabular}{*{2}{@{}p{6.8cm}}} (A)~#1& (B)~#2
\end{tabular}\par\noindent

\begin{tabular}{*{2}{@{}p{6.8cm}}}
    (C)~#3& (D)~#4
\end{tabular}}

%设置页脚
\cfoot{\kaishu 数学    \quad 第 \thepage 页(共 3 页)}
\renewcommand{\headrulewidth}{0pt} %改为 0pt 即可去掉页眉下面的横线
\renewcommand{\footrulewidth}{0pt} %改为 0pt 即可去掉页脚上面的横线

\begin{document}

%试卷封面部分
绝密★启用前

\vspace{0.6cm}
\setlength{\columnseprule}{0.4pt}
\begin{center}
    \begin{minipage}[t]{12cm}
        \LARGE\centering
        \bf 高等数学
    \end{minipage}
    \vspace{0.6cm}
    \begin{center}
    \large\textbf{考生注意事项}  \quad\quad\quad \\
    \end{center}

\end{center}
1.答题前，考生须在试题册指定位置上填写考生编号和考生姓名年级专业。\\
...(省略部分文字内容)

\vspace{2.7cm}
\begin{table}[h]
    \begin{center}
        \caption*{(以下信息考生必须认真填写)}
        \vspace{-0.3cm}
        \arrayrulewidth=1.2pt
        \renewcommand{\arraystretch}{1.4}
            \begin{tabularx}{10cm}{|c|X|X|X|X|X|X|X|X|X|X
                |X|X|X|X|X|X|X|}
                \hline
                \multicolumn{4}{|c|}{考生编号} & & & & & & & & & & & & &\\
                \hline
                \multicolumn{4}{|c|}{考生姓名}&\multicolumn
```

```
            {15}{c|}{}\\
            \hline
        \end{tabularx}
    \end{center}
\end{table}
\thispagestyle{empty}
\newpage
\setcounter{page}{1}  %设置页码从 1 开始
\begin{enumerate}
%试卷选择题部分
\item[\textbf{一、}]{\textbf{选择题(1～8 小题，每小题 4 分，共 32 分.下列每题给出的四
个选项中，只有一个选项是符合题目要求的.)}}
\item 函数 $f(x) = x^2 - 4x + 3$ 的最大值是多少？ %选择题题干
\twoch                 %选择题选项
{$2$}
{$1$}
{$0$}
{$-1$}
\item 下列哪一个不是实数？
\twoch
{$\sqrt{2}$}          {$\sqrt{2}$}
{$i$ } {$-\frac{3}{4}$}\\
...(省略部分填空题)
%试卷填空题部分
\item[\textbf{二、}]{\textbf{填空题(9～14 小题，每小题 4 分，共 24 分.)}}
\item[9.] 设 $f(x) = 3x^2 - 2x + 1,f(2) =$     %题目
\rule[-2pt]{1.5cm}{0.3pt}.       %答题横线

\item[10.] 求$\mathop {\lim }\limits_{x \to 0 } \frac{\sin x}{x} =$
\rule[-2pt]{1.5cm}{0.3pt}
\\
...(省略部分填空题)
%试卷大题部分
\item[\textbf{三、}]{\textbf{解答题(15~23 小题，共 94 分.解答应写出文字说明、
证明过程或演算步骤.)}}
\item[15.](本题满分 10 分)
\\
求解方程 $2x^2 + 3x - 2 = 0$.
\vspace{3cm}
\\
...(省略部分大题)
\end{enumerate}
\end{document}
```

9.5　本　章　小　结

本章介绍了如何使用 LaTeX 制作幻灯片、海报、简历、实验报告、试卷，以及相关基本参数的设置；同时，提供了海报、简历、实验报告以及试卷的制作效果和源码供读者学习参考。

■■■■■■■■■■■■■■■■■■■■ 习题 9 ■■■■■■■■■■■■■■■■■■■■

1. LaTeX 的一个文档类是 beamer，可以用来制作幻灯片，用命令 frame 生成单页幻灯片，每一页幻灯片是一个 frame，对应的代码是什么？

2. 本节在制作中秋节主题的海报时使用了渐进透明的背景图，如果想改变渐进变化为从下往上渐进透明，对应关键源码是什么？

3. 本节在制作实验报告封面时，学院、专业、姓名、学号用到了命令\underline，也可以使用表格的方式达到类似的效果，如何改造（附关键源码）？

4. 在制作试卷时，有时可能需要制作四面、六面试卷，与模板例子长宽不同，应如何进行改造（附关键源码）？

第 10 章　个性化排版

学习目标 ☞
1. 掌握文档的个性化设置。
2. 掌握颜色、超链接以及计数器的使用。
3. 掌握盒子的设计使用。

本章主要介绍个性化排版，读者可以按照自己喜好以及相关格式要求自由排版文字、页眉页脚、公式、颜色等，以达到美观、整洁的效果。

10.1　版面个性化设置

个性化版面设计包括文档的方方面面，包括多栏排版，单双面设置，个性化页面宽高、页边距设置，个性化公式显示，个性化页眉、页脚和页码设置等。

版面个性化设置

10.1.1　多栏排版设置

有些文章为了阅读方便，对文章栏数有要求，需要将其设置为多栏显示，下面对多栏排版进行介绍。

在导言区使用命令\documentclass[twocolumn]{article}即可生成两栏排版文字，效果如图 10.1 所示。

晋太元中，武陵人捕鱼为业。缘溪行，忘路之远近。忽逢桃花林，夹岸数百步，中无杂树，芳草鲜美，落英缤纷，渔人甚异之。复前行，欲穷其林。

林尽水源，便得一山，山有小口，仿佛若有光。

便舍船，从口入。初极狭，才通人。复行数十步，豁然开朗。土地平旷，屋舍俨然，有良田、美池、桑竹之属。阡陌交通，鸡犬相闻。其中往来种作，男女衣着，悉如外人。黄发垂髫，并怡然自乐。

图 10.1　两栏排版

在导言区通过命令\setlength\columnsep{距离的数值}就可以改变两栏之间的距离，两距离为 15pt 的范例如图 10.2 所示。

晋太元中，武陵人捕鱼为业。缘溪行，忘路之远近。忽逢桃花林，夹岸数百步，中无杂树，芳草鲜美，落英缤纷，渔人甚异之。复前行，欲穷其林。

林尽水源，便得一山，山有小口，仿佛若有光。

便舍船，从口入。初极狭，才通人。复行数十步，豁然开朗。土地平旷，屋舍俨然，有良田、美池、桑竹之属。阡陌交通，鸡犬相闻。其中往来种作，男女衣着，悉如外人。黄发垂髫，并怡然自乐。

图 10.2　两栏距离为 15pt

如果想在两栏之间用实线来划分，可以在导言区使用命令\setlength\columnseprule{实线的粗细}来设置，将实线粗细设为 1pt，效果如图 10.3 所示。

晋太元中，武陵人捕鱼为业。缘溪行，忘路之远近。忽逢桃花林，夹岸数百步，中无杂树，芳草鲜美，落英缤纷，渔人甚异之。复前行，欲穷其林。

林尽水源，便得一山，山有小口，仿佛若有光。

便舍船，从口入。初极狭，才通人。复行数十步，豁然开朗。土地平旷，屋舍俨然，有良田、美池、桑竹之属。阡陌交通，鸡犬相闻。其中往来种作，男女衣着，悉如外人。黄发垂髫，并怡然自乐。

图 10.3　两栏之间用实线划分

在日常编排文字时，有时既需要两栏排版，又需要在两栏之间插入单栏内容，可以通过引入 flushend、cuted 宏包，然后使用 strip 环境来实现。

LaTeX 源码 10.1　两栏之间插入单栏内容

```
\documentclass[twocolumn]{article}
\usepackage{flushend,cuted}
\begin{document}
    \begin{strip}
    需要划分为单栏的内容
    \end{strip}
\end{document}
```

运行效果如图 10.4 所示。

晋太元中，武陵人捕鱼为业。缘溪行，忘路之远近。忽逢桃花林，夹岸数百步，中无杂树，芳草鲜美，落英缤纷，渔人甚异之。复前行，欲穷其林。

林尽水源，便得一山，山有小口，仿佛若有光。

见渔人，乃大惊，问所从来。具答之。便要还家，设酒杀鸡作食。村中闻有此人，咸来问讯。自云先世避秦时乱，率妻子邑人来此绝境，不复出焉，遂与外人间隔。问今是何世，乃不知有汉，无论魏晋。此人一一为具言所闻，皆叹惋。余人各复延至其家，皆出酒食。停数日，辞去。此中人语云："不足为外人道也。"

既出，得其船，便扶向路，处处志之。及郡下，诣太守，说如此。太守即遣人随其往，寻向所志，遂迷，不复得路。南阳刘子骥，高尚士也，闻之，欣然规往。未果，寻病终，后遂无问津者。

陶渊明（约365年－427年），字元亮，又字潜，号五柳先生，谥号靖节先生，东晋著名诗人、文学家，是中国文学史上杰出的田园诗人，被誉为"田园诗派"的开创者。

便舍船，从口入。初极狭，才通人。复行数十步，豁然开朗。土地平旷，屋舍俨然，有良田、美池、桑竹之属。阡陌交通，鸡犬相闻。其中往来种作，男女衣着，悉如外人。黄发垂髫，并怡然自乐。

他的作品以其朴实自然的语言和深刻的思想内涵，对后世产生了深远的影响。他的隐逸生活和田园诗歌不仅是他个人生活的真实写照，也是那个时代文人对自由、宁静生活的一种理想追求。

图 10.4　两栏之间插入单栏内容

如果在两栏排版中间插入了单栏排版，那么在最后一页的文档中，文字不会先将左栏占满，再占右栏，而是会两栏排列，这显然不符合日常排版习惯，这时只要在左栏到右栏的文字中间添加\raggedend 关键字，就能先把左栏排满，再排右栏。

此外，还可以通过引入 multicol 宏包来设置两栏、三栏以及多栏排版，示例如下。

LaTeX 源码 10.2　设置三栏内容

```
\documentclass[a4paper]{article}
\usepackage{ctex}    \usepackage{multicol}
\title{出师表}    \author{诸葛亮}  \date{}
\begin{document}
    \maketitle
```

```
    \begin{multicols}{3}      %三栏排版
    先帝创业未半而中道崩殂，今天下三分，益州疲弊，此诚危急存亡之秋也。然侍卫之臣不懈于内，
忠志之士忘身于外者，盖追先帝之殊遇，欲报之于陛下也。诚宜开张圣听，以光先帝遗德，恢弘志士
之气，不宜妄自菲薄，引喻失义，以塞忠谏之路也。
    \end{multicols}
\end{document}
```

运行效果如图 10.5 所示。

出师表

诸葛亮

先帝创业未半而中　　懈于内，忠志之士忘身　　遗德，恢弘志士之气，不
道崩殂，今天下三分，益　　于外者，盖追先帝之殊　　宜妄自菲薄，引喻失义，
州疲弊，此诚危急存亡　　遇，欲报之于陛下也。诚　　以塞忠谏之路也。
之秋也。然侍卫之臣不　　宜开张圣听，以光先帝

图 10.5　三栏排版

10.1.2　个性化页面宽高、页边距设置

LaTeX 可以改变页面宽高，本节说明的页面宽高如图 10.6 所示。

可以在导言区通过命令\usepackage[total={页面宽，页面高}]{geometry}设置页面宽高，也可以在导言区通过命令\textheight=数字（页面高）、\textwidth=数字（页面宽）设置页面宽高。

如果想改变纸张页面的大小，可以在导言区定义：\paperheight=数字（纸张长）、\paperwidth=数字（纸张宽）。

LaTeX 也可以改变页边距，页边距如图 10.7 所示。

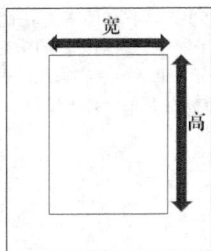

图 10.6　页面宽高示意图　　　　图 10.7　页边距示意图

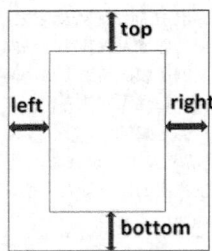

改变页边距的命令为\geometry{left=数字 1, right=数字 2, top=数字 3, bottom=数字 4}。

10.1.3　个性化公式显示

在"第 5 章　数学公式与特殊符号"中已经介绍过数学符号的使用以及公式的编辑，LaTeX 提供了强大的宏包及命令，可以实现一些公式字符大小、位置的灵活变动，如下所示。

1）使用常规命令得到的公式排版效果如下：

$$f = \sum_{x=1}^{10} \int_0^x \sqrt[3]{a_j^2} \sqrt{a}\,\mathrm{d}u$$

调整算符大小、积分符数字位置、根指数位置以及两个根号的大小后效果如下：

$$f = \sum_{x=1}^{10} \int_0^x \sqrt[3]{a_j^2} \sqrt{a} \mathrm{d}u$$

调整对应的命令如表 10.1 所示。

表 10.1　命令以及相对应的符号

命令	符号
\scalebox{2}{$\sum$}{\sum\limits_1^{10}}	$\sum\sum\limits_1^{10}$
\sum\mathlarger{\sum}	$\sum\sum$
\int_0^x{\int\limits_0^x}	$\int_0^x\int\limits_0^x$
\intop_0^x{\int_0^x}	$\int\limits_0^x\int_0^x$
\sqrt[3]{{a_j^2}}\sqrt[\leftroot{-2}\uproot{8}3]{{a_j^2}}	$\sqrt[3]{a_j^2}\sqrt[3]{a_j^2}$
\sqrt[3]{{a_j^2}}\sqrt{a}\sqrt{a\vphantom{a_j^2}}	$\sqrt[3]{a_j^2}\sqrt{a}\sqrt{a}$

2）使用常规命令生成的公式排版格式如下：

$$f(x) = y'^2 + y_m^n + (\frac{1}{x}\ln x)$$

调整导数平方位置，符号上标下标的大小，分数、括号的大小后效果如下：

$$f(x) = y'^2 + y_m^n + \left(\frac{1}{x}\ln x\right)$$

调整对应的命令，如表 10.2 所示。

3）LaTeX 中也有对整体公式大小进行缩放的命令，如表 10.3 所示。

表 10.2　命令以及相对应的符号

命令	符号
{y'^2}{y{'^2}}	$y'^2y'^2$
y_m^n y_{\displaystyle m}^{\displaystyle n}	$y_m^n y_m^n$
\tfrac{1}{x}\lnx	$\frac{1}{x}\ln x$
(\tfrac{1}{x}\lnx)\bigg(\tfrac{1}{x}\bigg)	$(\frac{1}{x}\ln x)\left(\frac{1}{x}\ln x\right)$
\bigg(\tfrac{1}{x}\lnx\bigg)\Bigg(\tfrac{1}{x}\Bigg)	$\left(\frac{1}{x}\ln x\right)\left(\frac{1}{x}\ln x\right)$

表 10.3　整体公式缩放的命令及相应的符号

命令	符号
f=\int_0^x{\sqrt[3]{8}\rm d \emph u}	$f = \int_0^x \sqrt[3]{8}\mathrm{d}u$
\displaystyle f=\int_0^x{\sqrt[3]{8}\rm d \emph u}	$f = \int_0^x \sqrt[3]{8}\mathrm{d}u$
\textstyle f=\int_0^x{\sqrt[3]{8}\rm d \emph u}	$f = \int_0^x \sqrt[3]{8}\mathrm{d}u$
\scriptstyle f=\int_0^x{\sqrt[3]{8}\rm d \emph u}	$f = \int_0^x \sqrt[3]{8}\mathrm{d}u$

10.1.4　个性化页眉、页脚和页码设置

LaTeX 提供个性化的页眉、页脚、页码设置，需要用到 fancyhdr 等宏包，由于需要用到的命令较多，故此节先对命令含义一一解释，然后再举实际例子供读者参考。

命令 10.1　符号及其含义

\usepackage{fancyhdr}：在导言区使用此宏包，用于编辑页眉页脚等

\pagestyle{fancy}：设置页面样式

\lhead{内容}：页眉左面内容，可以在内容中编辑

\thispage：显示当前页码

\chead{内容}：页眉中间内容

\rhead{内容}：页眉右面内容

\lfoot{内容}：页脚左面内容

\cfoot{内容}：页脚中间内容

\rfoot{内容}：页脚右面内容

\fancyhead[CO,CE]{内容}：在页眉的奇数页、偶数页的中间添加内容，其中[ ]内可填写 LO,LE,CO,CE,RO,RE

LO：偶数页的左侧

LE：奇数页的左侧

CO：偶数页的中间

CE：奇数页的中间

RO：偶数页的右侧

RE：奇数页的左侧

命令 10.2　符号及其含义

\fancyfoot[LO,RE]{内容}：在页脚的奇数页的左面，偶数页的右侧添加内容

\renewcommand{headrulewidth}{5pt}：添加页眉横线，大小为 5pt

\renewcommand{footrulewidth}{5pt}：添加页脚横线，大小为 5pt

\fancyhead[L]{parbox{长度 em}{hrule\vspace{高度 pt}\leftline}}：修改页眉横线长短

\fancyhead[L]：横线分布在左侧

\parbox{长度 em}：横线长短

\vspace{高度 pt}：垂直空白高度

\leftline：后面可跟页数，表示页数在横线左侧

\fancyfoot[L]{parbox{长度 em}{hrule\vspace{高度 pt}\leftline}}：修改页脚横线长短

下面是具体的示范例子，可以通过在导言区写入如下命令实现。

LaTeX 源码 10.3　页眉页脚设置1

```
\documentclass{article}
\usepackage{ctex}    \usepackage{fancyhdr}
\lhead{章节目录}      \chead{个性化排版}
\cfoot{}             \pagestyle{fancy}
\renewcommand{\headrulewidth}{0.5pt}
\fancyfoot[R]{parbox{15em}{hrule\vspace{5pt}\rightline\thepage}}
\begin{document}
......
\end{document}
```

运行效果如图 10.8 所示。

此外，可以设置页脚处的内容在奇数页的左侧显示，页眉处的内容在偶数页的右侧显示，源码如下。

章节目录　　　　　　　　　个性化排版

先帝创业未半而中道崩殂，今天下三分，益州疲弊，此诚危急存亡之秋也。然侍卫之臣不懈于内，忠志之士忘身于外者，盖追先帝之殊遇，欲报之于陛下也。诚宜开张圣听，以光先帝遗德，恢弘志士之气，不宜妄自菲薄，引喻失义，以塞忠谏之路也。

1

图 10.8　页眉页脚效果

> **LaTeX 源码 10.4　页眉页脚设置2**
>
> ```
> \documentclass[twoside]{article}
> \usepackage{ctex}    \usepackage{fancyhdr}
> \pagestyle{fancy}    \fancyhead[RE]{章节目录}
> \fancyfoot[LO]{LaTeX 排版} \fancyfoot[C]{\thepage}
> \renewcommand{\headrulewidth}{0.5pt}
> \renewcommand{\footrulewidth}{0.5pt}
> \begin{document}
>  ......
> \end{document}
> ```

运行效果如图 10.9 和图 10.10 所示。

先帝创业未半而中道崩殂，今天下三分，益州疲弊，此诚危急存亡之秋也。然侍卫之臣不懈于内，忠志之士忘身于外者，盖追先帝之殊遇，欲报之于陛下也。诚宜开张圣听，以光先帝遗德，恢弘志士之气，不宜妄自菲薄，引喻失义，以塞忠谏之路也。

LaTeX排版　　　　　　　　　1

图 10.9　页脚内容在奇数页的左侧显示

章节目录

先帝创业未半而中道崩殂，今天下三分，益州疲弊，此诚危急存亡之秋也。然侍卫之臣不懈于内，忠志之士忘身于外者，盖追先帝之殊遇，欲报之于陛下也。诚宜开张圣听，以光先帝遗德，恢弘志士之气，不宜妄自菲薄，引喻失义，以塞忠谏之路也。

2

图 10.10　页眉内容在偶数页的右侧显示

10.1.5　目录表和图表清单的引入和设置

LaTeX 提供了一些关键字来帮助生成目录表格和图表清单。其中，\tableofcontents 是用于生成目录的关键字，\listoftables 是用于生成表格清单的关键字，\listoffigures 是用于生成图片清单的关键字。在需要显示目录表格或图表清单的地方，只需要插入相应的关键字即可。需要注意的是，生成清单需要经过三次编译。

特别是，\tableofcontents 需要遍历全文，识别\section、\subsection 等关键字后，才能生成目录。\listoftables 和\listoffigures 需要遍历全文、识别\caption 关键字后，才能生成相应的清单。因此，在使用这些关键字生成清单时，一定要保证在插入目录、表格或图片时，已经为它们添加了相应的标题和标签。

10.1.6　索引的设置与打印

索引能够帮助读者快速定位到某些关键字以及符号，在技能类等文章中常见。LaTeX 提供了 imakeidx 等宏包生成索引，基础索引设置如下所示。

> **LaTeX 源码 10.5**　**基础索引设置**
>
> ```
> \documentclass{article}
> \usepackage{ctex,imakeidx}
> \makeindex
> \begin{document}
>     白云\index{白云} 车站\index{车站}
>     清澈\index{清澈} \newpage
>     蓝天\index{蓝天}  一目了然\index{一目了然}
>     交响曲\index{交响曲} \newpage 碧浪池\index{碧浪池}
> \printindex
> \end{document}
> ```

效果如图 10.11 所示，这是最基本的索引设置。

如果想要更改一行的索引数量、索引题目等，可以通过命令\makeindex[columns=3, title=乡间旅游]来实现。其中，makeindex 添加 columns 可以改变一行的索引数量；添加 tiltle 可以改变索引题目。运行效果如图 10.12 所示。

Index

白云, 1	蓝天, 2
碧浪池, 3	
	清澈, 1
车站, 1	
交响曲, 2	一目了然, 2

乡间旅游

白云, 1	交响曲, 2	一目了然, 2
碧浪池, 3		
车站, 1	蓝天, 2	
		清澈, 1

图 10.11　基本索引展示 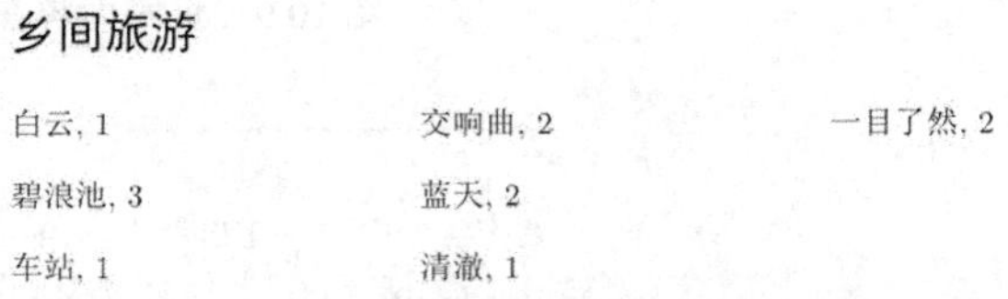　　　　图 10.12　一行索引数量为 3，题目为乡间旅游

在导言区导入宏包 idxlayout，可以改变上下索引之间的间距、字体大小以及是否按列展示等。其通用标准为：\usepackage[initsep=间距内容,font=字体大小,unbalanced=true/false]{idxlayout}。

例如，可以将间距设置为 15，在默认字体大小以及默认的列展示方式下，效果如图 10.13 所示。请注意，其中 unbalanced 参数用于设置索引项是否按照列来展示，设置为 true 表示按行来展示，设置为 false 则表示按列来展示。

把字体设为 small，索引按照列来展示，运行效果如图 10.14 所示。

索引素材

白云, 1

碧浪池, 3

车站, 1

交响曲, 2

蓝天, 2

清澈, 1

一目了然, 2

乡间旅游

白云, 1	蓝天, 2
碧浪池, 3	清澈, 1
车站, 1	一目了然, 2
交响曲, 2	

图 10.13　引入宏包 idxlayout 的效果 1　　　图 10.14　引入宏包 idxlayout 的效果 2

当然，索引也可以按照某些主题进行分类，比如在上述索引关键字中，可以按照风景以及风景区、歌曲、感官等来分类，只需要在 index 后添加分类词再加上感叹号即可，比如\index{歌曲！交响曲}，上述索引按照主题进行分类设置后，运行效果如图 10.15 所示。

索引素材

风景以及风景区	感官
白云, 1	清澈, 1
碧浪池, 3	一目了然, 2
车站, 1	歌曲
蓝天, 2	交响曲, 2

图 10.15　索引按照主题进行分类效果

还有一种分组方法是在 title 后添加 name 属性，注意 name 填写的是个标志位，是用来区别不同分组的。在文章 index 中添加 name 属性，就可以进行分组了，具体命令如下所示。

LaTeX 源码 10.6　分类索引设置

```
\documentclass{article}
\usepackage{ctex}
\usepackage{imakeidx}
\makeindex[title={风景以及风景区},name=landscape]
\makeindex[title={歌曲},name=music]
\makeindex[title={感官},name=feeling]
\begin{document}
    碧浪池\index[landscape]{碧浪池}    车站\index[landscape]{车站}
    蓝天\index[landscape]{蓝天}       一目了然\index[feeling]{一目了然}
    白云\index[landscape]{白云}       清澈\index[feeling]{清澈}
    交响曲\index[music]{交响曲}
    \printindex[landscape]
    \printindex[feeling]
    \printindex[music]
\end{document}
```

运行效果如图 10.16 所示。

风景以及风景区

白云, 1   车站, 1

碧浪池, 3   蓝天, 2

歌曲

交响曲, 2

感官

清澈, 1   一目了然, 2

图 10.16　分类索引效果

也可以使用字母字符作为索引关键字，需要注意!、1、@、"这四个符号如果写在关键字中，要添加双引号。

10.2　长文档分割

为了更好地撰写和修改一些文章和书籍,通常会按章节对文档进行分割编写，这样可以大大提高工作效率，方便合作编写和审阅修订。由于不同章节可能由不同的作者编写，因此如果文档没有进行分割，编辑整合时就会比较麻烦，而且章节较多时，在定位某些章节时也比较困难。

长文档分割

可以使用文档宏包对文档进行分割，并在主文档中插入相应的关键字，如\input{章节名字}或\include{章节名字}。两者的不同之处在于 input 可以放在导言区和正文区，包含的内容不另起一页，而 include 只能放在正文区，包含的内容另起一页。

LaTeX 源码 10.7　文档分割演示

```
\documentclass{article}
\begin{document}
\include{章节 1}
\include{章节 2}
...
\end{document}
```

10.3　颜色 Xcolor 宏包和自定义颜色

众所周知，颜色可以更加形象地表达文字意义，LaTeX 提供了 color、Xcolor 等宏包来表达颜色。

颜色 Xcolor 宏包和
自定义颜色

10.3.1　颜色 Xcolor 宏包

Xcolor 宏包提供了 19 种常用的颜色（见表 10.4），如果想要使用更多的颜色，可以使用 dvipsnames、svgnames、x11names 等宏包，本节主要介绍 xcolor 宏包的设置与使用。

表 10.4　19 种内置颜色

red	●	yellow	○	blue	●	green	◐	black	●
orange	●	cyan	◐	lightgray	○	lime	○	pink	○
gray	●	purple	●	teal	●	darkgray	●	olive	●
magenta	●	violet	●	brown	●	white	○		

彩表 10.4

LaTeX 源码 10.8　基本颜色设置

```
\documentclass{article}
\usepackage{ctex}
\usepackage{xcolor}
\begin{document}
    \textcolor{orange}{我是橘色} \\
    \color{blue!20!black}{最多的路矛盾，故假设不存在}\\ %颜色混合，蓝色20%
    {\color{red}{我爱你，中国！}} \\
    \colorbox{green}{\color{blue}概率论与数理统计}\\
    \fcolorbox{blue}{pink}{总有人要赢，为什么不能是我呢？}
\end{document}
```

运行效果如图 10.17 所示。

我是橘色
最多的路矛盾，故假设不存在
我爱你，中国！
概率论与数理统计
总有人要赢，为什么不能是我呢？

彩图 10.17

图 10.17　基本颜色设置

在日常使用过程中，公式中的一些符号或数字也需要添加颜色。

LaTeX 源码 10.9　自定义公式颜色设置

```
\documentclass{article}
\usepackage{ctex}
\usepackage{xcolor}
\usepackage{amsmath}
\begin{document}
    \textcolor{red}{\[\sqrt {{a^2} + {b^2}} \]}
    \begin{align}
       \sqrt {\textcolor{red}{{a^2}} + \textcolor{green}{b^2}}
    \end{align}
    \begin{align}
       \textcolor{red}{f} = \textcolor{blue}{\sum}{\int_0^x
```

```
        {\sqrt[\textcolor{red}{3}]{8}\textcolor{green}{\rm d \emph u}}}
    \end{align}
\end{document}
```

运行效果如图 10.18 所示。

$$\sqrt{a^2+b^2}$$

$$\sqrt{a^2+b^2}$$

彩图 10.18

$$f = \sum \int_0^x \sqrt[3]{8}\mathrm{d}u$$

图 10.18　自定义公式颜色设置

10.3.2　自定义颜色

LaTeX 也提供了用于自定义颜色的方法，可供选择的颜色模式有 RGB、rgb、HTML、cmyk、gray 等，接下来主要介绍前三个。

RGB 模式是由红、黄、蓝三种基色构成的，通过设置不同的取值来构成不同的颜色，取值范围是 0～255。

rgb 模式是由红、黄、蓝三种基色构成的，取值范围是 0～1。

HTML 模式是由编码格式构成的，其原理也是由三基色来组成不同的颜色，不过表达方法不同，取值范围是#000000～#FFFFFF。

LaTeX 源码 10.10　自定义混合颜色设置1

```
\documentclass{article}
\usepackage{ctex}
\usepackage{xcolor}
\definecolor{cred}{HTML}{FF0000}
\definecolor{cgreen}{RGB}{0,255,0}
\definecolor{cblue}{rgb}{0,0,1}
\begin{document}
    {\color[rgb]{1,0,0}寻龙传说}  \\
    \color{cgreen}{刺杀小说家}    \\
    \color{cred}{千与千寻}        \\
    \color{cblue}{最好的}
\end{document}
```

运行效果如图 10.19 所示。

寻龙传说

刺杀小说家

千与千寻

最好的

彩图 10.19

图 10.19　自定义混合颜色设置 1

有时为了强调某些文字或公式，需要设置背景颜色。

LaTeX 源码 10.11　**自定义混合颜色设置2**

```
\documentclass{article}
\usepackage{xcolor}
\usepackage{framed} %需要用到的宏包
\definecolor{shadecolor}{rgb}{1, 0.95, 0}
\begin{document}
    \begin{shaded}
      \[\sqrt {{a^2} + {b^2}} \]
      \end{shaded}
\end{document}
```

运行效果如图 10.20 所示。

$$\sqrt{a^2 + b^2}$$

图 10.20　自定义混合颜色设置 2

彩图 10.20

10.4　超链接宏包 hyperref 的设置

LaTeX 提供了 hyperref 宏包，可以方便地进行内容间的超链接设置。LaTeX 提供的超链接方式有目录、公式、图表、网页、参考文献、页码、文件等。

超链接宏包 hyperref 的设置

LaTeX 源码 10.12　**超链接设置**

```
\documentclass{article}
\usepackage{cite,graphicx}
\usepackage{hyperref}
\hypersetup{
    colorlinks=true,
    linkcolor=red,              %目录、公式、图表等内部链接的颜色
    filecolor=yellow,           %文件链接的颜色
    urlcolor=blue,              %网页链接的颜色
    citecolor=green,            %参考文献的引用颜色
}
\begin{document}
      \href{http://www.baidu.com}{百度}      %网页链接
      \begin{equation}\label{equ:equ1}
       x+y=1
      \end{equation}
      引用公式\ref{equ:equ1}        %该数字链接到标签名字为 equ:equ1 的公式
      \begin{figure}[htbp]
          \centering
```

```
        \includegraphics[scale=0.31]{images/palygroud.jpg}  %playground 为图
                                                             %片的名字
        \label{fig:figure1}              %引用标识符
      \end{figure}
      引用上述图片\ref{fig:figure1}         %该数字链接到标签名字为 fig:figure1 的图片
\end{document}
```

10.5　各类内嵌计数器和计算宏包 calc 的设置

　　LaTeX 中内嵌有各种计数器，只需要几行代码，就可以得到相应计数器的个数。

10.5.1　各类内嵌计数器宏包的设置

　　LaTeX 中内嵌的计数器中有章节数、页码数、图表序号、公式序号等，还有自定义计数器。在第 8 章中已经介绍了 12 个与文档相关的计数器，应用示例如下。

各类内嵌计数器和计算宏包 calc 的设置

LaTeX 源码 10.13　　**基础计数使用**

```
\documentclass{article}
\usepackage{ctex,graphicx}
\begin{document}
    \begin{equation}\label{H}        %公式环境
        y=x
    \end{equation}
    \begin{figure}                   %图片环境
        \centering   \includegraphics[scale=0.31]{picture1}
        \caption{校徽}
        \label{fig:anna1}
    \end{figure}
    本篇总共有\theequation 个公式       %公式计数器，本例个数为 1
    本篇总共有\thefigure 个图片         %图片计数器，本例个数为 1
    本篇总共有\thepage 页              %页码计数器，本例页码为 1
\end{document}
```

　　除了基本的计数器之外，还有脚注计数器\thefootnote、排序列表计数器\theenumi、排序列表第二层计数器\theenumii 等。如果对计数器的数字形式不满意，可以对其进行修改，示例如下。

LaTeX 源码 10.14　　**自定义计数器数值形式**

```
\documentclass{article}
\usepackage{ctex}
\renewcommand{\theequation}{\Roman{equation}}   %罗马数字
\begin{document}
    \begin{equation}\label{H}
        y=x
    \end{equation}
    本篇总共有\theequation 个公式                      %此处显示罗马数字 I
\end{document}
```

自定义计数器示例如下。

┌───┐
LaTeX 源码 10.15　　**自定义计数器应用示例**

```
\documentclass{article}
\usepackage{ctex}
\begin{document}
    \newcounter{countest}
    \newcommand{\coun}{\par{ \heiti 证明 }
    \refstepcounter{countest}}%\refstepcounter 命令除了完成\stepcounter 命令
                              %的功能外,还将\ref 的当前值作为\thecountest 的结果
    \coun  \coun  \coun \\
    共用\thecountest 个证明
\end{document}
```
└───┘

运行效果如图 10.21 所示。

证明

证明

证明

共用3个证明

图 10.21　自定义计数器及使用

10.5.2　计数宏包 calc 的设置和使用

calc 宏包的主要功能是让 LaTeX 中一些数值关键字能够与数字进行运算，示例如下。

┌───┐
LaTeX 源码 10.16　　**calc宏包的实际应用**

```
\documentclass[twocolumn]{article}
\usepackage{ctex}
\usepackage{calc}           %计算宏包
%设置栏的宽度等于行的宽度减去 10mm
\setlength{\columnwidth}{\linewidth-30mm}
\begin{document}
    内容
\end{document}
```
└───┘

10.6　个性化边框盒子 Box 的设置

边框盒子是用边框将文本的一部分圈起来，用来表达联系紧密的内容或者强调某些公式、图片、表格等。

个性化边框盒子 Box
的设置

10.6.1　盒子的属性设置

无框盒子主要用于强制拼接某些命令，任意调整字符之间上下左右间距等。无框盒子的命令是\mbox{内容}，或者是\makebox[width][location]{内容}。其中，width 是指盒子的宽

度；location 是指盒子里内容的对齐方式，可填 l（左边）、c（中间）、r（右边）。示例如下。

LaTeX 源码 10.17　行拼接盒子

```
\documentclass{article}
\usepackage{ctex}
\begin{document}
    先帝创业未半而中道崩殂，今天下三分，益州疲弊，此诚危急存亡之秋也。然侍卫之臣不懈于内，
忠志之士忘身于外者，盖追先帝之殊遇，欲报之于陛下也。
    \makebox[10cm][c]{诚宜开张圣听，以光先帝遗德，恢弘志士之气，不宜妄}自菲薄，引喻失
义，以塞忠谏之路也。     %声明一个长度为10cm，内容居中显示的盒子\end{document}
```

运行效果如图 10.22 所示，内容在盒子内居中显示，两侧方框代表余留空白。

先帝创业未半而中道崩殂，今天下三分，益州疲弊，此诚危急存亡之秋也。然侍卫之臣不懈于内，忠志之士忘身于外者，盖追先帝之殊遇，欲报之于陛下也。诚宜开张圣听，以光先帝遗德，恢弘志士之气，不宜妄自菲薄，引喻失义，以塞忠谏之路也。

图 10.22　行拼接盒子示例

在一行中，有时需要将字符上下左右浮动，字符上下移动的关键字 raisebox，左右移动的关键字是 hspace，示例如下。

LaTeX 源码 10.18　上下左右偏移盒子

```
\documentclass{article}
\usepackage{ctex}
\begin{document}
    E\raisebox{-1ex}{NG}\hspace{0.5em}LI\raisebox{1ex}SH
\end{document}
```

$\mathrm{E}_{\mathrm{NG}}\ \mathrm{LI}^{\mathrm{S}}\mathrm{H}$

图 10.23　字符上下左右位置移动示例

运行效果如图 10.23 所示。

有框盒子设置边框实线粗细的关键字为 fboxrule，设置框内内容与框的距离的关键字为 fboxsep，示例如下。

LaTeX 源码 10.19　有框盒子

```
\documentclass{article}
\usepackage{ctex}
\begin{document}
    \fbox{123456}                    %有框盒子1
    \setlength{\fboxsep}{9pt}        %内容与框的距离为9pt
    \setlength{\fboxrule}{0.8pt}     %设置边框实线的粗细为0.8pt
    \framebox[10em][l]{123456}       %有框盒子2，宽度为10em，左对齐
\end{document}
```

运行效果如图 10.24 所示。

123456　　123456

图 10.24　有框盒子示例

缩放盒子用于缩放文字与图片,命令是\scalebox{缩放宽度,默认 1}[缩放高度,默认 1]{内容},示例如下。

LaTeX 源码 10.20　　**缩放盒子**

```
\documentclass{article}
\usepackage{ctex}
\begin{document}
    LaTeX \scalebox{2}[1]{LaTeX}
\end{document}
```

缩放前后的运行效果如图 10.25 所示。

旋转盒子用于旋转字符,命令是\rotatebox[origin=c]{旋转角度}{内容},示例如下。

LaTeX LaTeX

图 10.25　缩放盒子示例

LaTeX 源码 10.21　　**旋转盒子**

```
\documentclass{article}
\usepackage{ctex}
\usepackage{graphicx}
\begin{document}
    \rotatebox[origin=c]{90}{三}        %origin 选项表示旋转原点
\end{document}
```

运行效果如图 10.26 所示。

川

图 10.26　旋转盒子示例

段落盒子主要作用为设定内容宽度,内容达到这个宽度后会自动换行,命令是\parbox[location]{width}{内容},示例如下。

LaTeX 源码 10.22　　**段落盒子**

```
\documentclass{article}
\usepackage{ctex}
\begin{document}        %b 表示框内内容与框外内容在底部对齐
    \parbox[b]{8em}{使用图层、辖域和剪裁功能,有助于分层分块绘制复杂的图像。}
\end{document}
```

运行效果如图 10.27 所示。

10.6.2　自定义盒子

使用图层、辖域和
剪裁功能,有助于
分层分块绘制复杂
的图像。

图 10.27　段落盒子示例

自定义盒子的设置包括如下三步:

1)声明盒子名称,命令是\newsavebox{盒子名称}。

2)设置盒子样式,命令是\sbox{盒子名称}{盒子类型及内容},或者是\savebox{盒子名称}[width][location]{盒子类型及内容}。

3)在正文区引用盒子,命令是\usebox{盒子名称},示例如下。

LaTeX 源码 10.23　个性化盒子

```
\documentclass{article}
\usepackage{ctex}
\newsavebox{\mybox} %定义盒子名字，名字为"mybox"
\sbox{\mybox}{\fboxrule=1pt\framebox{123}} %设置盒子样式与内容
\begin{document}
   \usebox{\mybox}          %调用盒子
   \usebox{\mybox}
\end{document}
```

运行效果如图 10.28 所示。

图 10.28　自定义盒子示例

10.7　自定义环境、脚注和边注

自定义环境、脚注和边注能够使我们在创作中更加得心应手，其中自定义环境命令为 \newenvironment {环境名称}[可选参数数量][参数值]{正文开始前的固定格式}{正文结束时的固定格式}，示例如下。

LaTeX 源码 10.24　自定义环境

```
\documentclass{article}
\usepackage{ctex}
\begin{document}
\newcounter{ca} \newcounter{cac}
\newenvironment{cas}{Case \stepcounter{ca}\theca }
{\hfill(\stepcounter{cac}\thecac)\par}
\begin{cas}    联合使用图层、辖域和剪裁功能。        \end{cas}
\begin{cas}    有助于灵活地分层分块绘制复杂的图像。  \end{cas}
\end{document}
```

运行效果如图 10.29 所示。

Case 1 联合使用图层、辖域和剪裁功能。 (1)

Case 2 有助于灵活地分层分块绘制复杂的图像。 (2)

图 10.29　自定义环境示例

接下来介绍脚注的使用。

命令 10.3　脚注使用介绍

\footnote[序号]{内容}：脚注的常规形式

\renewcommand{\thefootnote}{序号形式{footnote}}：序号显示样式，默认为阿拉伯数字

\renewcommand{\footnotesize}{\字体大小\英文字体\中文字体}：修改脚注字体、字体

大小

　　\footnotesep：调整脚注之间的距离，默认值为 6.65pt

　　\skip\footins：调整正文区与脚注之间的距离，为弹性长度，默认值为 9pt plus 4pt minus 2pt

　　\dimen\footins：调整脚注的总高度，默认值为 203mm

LaTeX 源码 10.25　**脚注使用1**

```
\documentclass{article}
\usepackage{ctex}
\begin{document}
    \renewcommand{\thefootnote}{\alph{footnote}}
    \renewcommand{\footnotesize}{\small}
    先帝创业未半而中道崩殂，今天下三分，益州疲弊，此诚\footnote[1]{诚：确实}危急存亡之秋也。
    然侍卫之臣不懈于内，忠志之士忘身于外者，盖\footnote[2]{盖：原来}追先帝之殊遇，欲报
    之于陛下也。
\end{document}
```

　　运行效果如图 10.30 所示，从图中可以看出，序号样式用的是小写字母，LaTeX 还提供了其他样式，如表 10.5 所示。

　　　　先帝创业未半而中道崩殂，今天下三分，益州疲弊，此诚 危急存亡之秋
　　　也。然侍卫之臣不懈于内，忠志之士忘身于外者，盖 追先帝之殊遇，欲报之于
　　　陛下也。

　　　　ᵃ诚：确实
　　　　ᵇ盖：原来

图 10.30　脚注示例 1

表 10.5　脚注序号样式

命令	序号样式
\arabic(默认)	1、2……
\alph	a、b……
\Alph	A、B……
\roman	i、ii……
\Roman	I、II……

　　如果只想在文章正文进行标记，而不对标记信息进行解释，使用命令\footnote 系统会报错，LaTeX 提供了专门的关键字\footnotemark 实现此功能，如果想要改变序号，可使用命令\footnotemark[数字]，具体用法如下。

LaTeX 源码 10.26　**脚注使用2**

```
\documentclass{article}
\usepackage{ctex}
\begin{document}
    先帝创业未半而中道崩殂\footnotemark，今天下三分，益州疲弊，此诚\footnote{诚：确实}
    危急存亡之秋也。
    然侍卫之臣不懈于内，忠\footnotemark[10]志之士忘身于外者，盖\footnote{盖原来}追先
```

帝之殊遇，欲报之于陛下也。
```
\end{document}
```

运行效果如图 10.31 所示。

> 先帝创业未半而中道崩殂[1]，今天下三分，益州疲弊，此诚[2]危急存亡之秋
> 也。然侍卫之臣不懈于内，忠[10]志之士忘身于外者，盖[3]追先帝之殊遇，欲报之
> 于陛下也。

---

[2]诚：确实
[3]盖：原来

图 10.31　脚注示例 2

关于脚注的关键字还有\footnotetext，该命令不会在正文区进行序号标记，会在脚注区进行信息解释，序号为上一个序号，可与\footnotemark 关键字结合使用，具体示例如下。

LaTeX 源码 10.27　脚注使用3

```
\documentclass{article}
\usepackage{ctex}
\begin{document}
    先帝创业未半而中道崩殂，今天下三分，益州疲弊，此诚\footnotemark
    \footnotetext{诚：确实}危急存亡之秋也。
    然侍卫之臣不懈于内\footnotetext{对内部不松懈，与忘身于外的"外"相对}，忠志之士忘
    身于外者，盖\footnotemark \footnotetext{盖：原来}追先帝之殊遇，欲报之于陛下也。
\end{document}
```

运行效果如图 10.32 所示。

> 先帝创业未半而中道崩殂，今天下三分，益州疲弊，此诚[1]危急存亡之秋
> 也。然侍卫之臣不懈于内，忠志之士忘身于外者，盖[2]追先帝之殊遇，欲报之于
> 陛下也。

---

[1]诚：确实
[1]对内部不松懈，与忘身于外的"外"相对
[2]盖：原来

图 10.32　脚注示例 3

如果想对其表格信息进行脚注解释，使用命令\footnote 不会显示脚注信息，需要导入宏包 tablefootnote，对应的关键字为\tablefootnote，示例如下。

LaTeX 源码 10.28　脚注使用4

```
\documentclass{article}
\usepackage{ctex}
\usepackage{tablefootnote}
\begin{document}
    \begin{table}[h]
```

```
        \begin{tabular}{|r|r|}
        \hline
        出师表&名言名句 \\
        \hline
        先帝创业未半而中道崩殂\footnote{中道崩殂：中途去世}&
        益州疲弊\footnote{益州疲弊：国力薄弱,处境艰难}\\
        \hline
        此诚\tablefootnote{诚：确实}危急存亡之秋也&
        盖\tablefootnote{盖：原来}追先帝之殊遇\\
        \hline
        \end{tabular}
    \end{table}
\end{document}
```

运行效果如图 10.33 所示。

出师表	名言名句
先帝创业未半而中道崩殂[1]	益州疲弊[2]
此诚[3] 危急存亡之秋也	盖[4]追先帝之殊遇

[3]诚：确实
[4]盖：原来

图 10.33　脚注示例 4

接下来介绍边注的使用。

命令 10.4　边注使用介绍

\marginpar[左边注]{右边注}：其中左边注为可选参数，不选则默认为右边注

\marginparwidth：边注的宽度，默认为 106pt

\marginparsep：边注与正文之间的水平距离，默认值为 7pt

\reversemarginpar：边注一般放在页面右边，该命令将边注显示在左侧

LaTeX 源码 10.29　边注使用

```
\documentclass{article}
\usepackage{ctex}
\begin{document}
    先帝创业未半而中道崩殂，今天下三分，益州疲弊\marginpar{*}，此诚危急存亡之秋也。然
侍卫之臣不懈于内，忠志之士忘身于外者，盖追先帝之殊遇，欲报之于陛下也。
\end{document}
```

运行效果如图 10.34 所示。

先帝创业未半而中道崩殂，今天下三分，益州疲弊，此诚危急存亡之秋也。　★
然侍卫之臣不懈于内，忠志之士忘身于外者，盖追先帝之殊遇，欲报之于陛下
也。

图 10.34　边注示例

注意：如果使用了双页或双栏排版，LaTeX 会将边注写在左页（栏）的左空白位置或
右页（栏）的右空白位置。示例如下。

LaTeX 源码 10.30 双栏边注

```
\documentclass[twocolumn]{article}
\usepackage{ctex}
\begin{document}
    先帝创业未半而中道崩殂，今天下三分，益州疲弊\marginpar{*}，此诚危急存亡之秋也。然
侍卫之臣不懈于内，忠志之士忘身于外者，盖追先帝之殊遇，欲报之于陛下也。
    ......
    先帝知臣谨慎，故临崩寄臣以大事也。受命以来，夙夜忧叹\marginpar{*}，恐托付不效，以
伤先帝之明，故五月渡泸，深入不毛。今南方已定，兵甲已足，当奖率三军，北定中原，庶竭驽钝，
攘除奸凶，兴复汉室，还于旧都。此臣所以报先帝而忠陛下之职分也。至于斟酌损益，进尽忠言，则
攸之、祎、允之任也。

\end{document}
```

运行效果如图 10.35 所示。

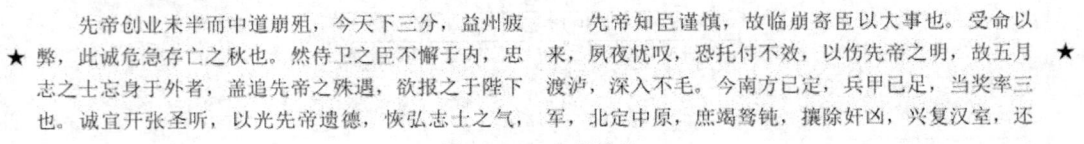

★   先帝创业未半而中道崩殂，今天下三分，益州疲弊，此诚危急存亡之秋也。然侍卫之臣不懈于内，忠志之士忘身于外者，盖追先帝之殊遇，欲报之于陛下也。诚宜开张圣听，以光先帝遗德，恢弘志士之气。

  先帝知臣谨慎，故临崩寄臣以大事也。受命以来，夙夜忧叹，恐托付不效，以伤先帝之明，故五月渡泸，深入不毛。今南方已定，兵甲已足，当奖率三军，北定中原，庶竭驽钝，攘除奸凶，兴复汉室，还 ★

图 10.35   双栏边注

10.8 本 章 小 结

本章主要介绍 LaTeX 的个性化排版，涉及的内容包括多栏排版，页眉页脚的设置，目录以及图表目录的生成，索引设置和使用，颜色 Xcolor 宏包和自定义颜色，超链接 hyperref 宏包的应用，计数器的使用，盒子的各种应用场景以及边注脚注的使用。

■■■■■■■■■■■■■■■■■■■■■■■■■■ 习题 10 ■■■■■■■■■■■■■■■■■■■■■■■■■

1. 通过设置 documentclass，可以使用 twocolumn 来实现两栏排版。如果需要设置多栏排版，可以使用 multicol 宏包。请使用 multicol 宏包来编写一个四栏排版。

2. 请使用 geometry 宏包来设置纸张大小和页边距：纸张大小设置为标准的 A3 大小（即 297mm×420mm），左右页边距设置为 2cm，上下页边距设置为 1cm。

3. 如何将生成目录、图标名字设置为中文？如何将某一章或小节不生成在目录中？

4. 如何给一段文字添加灰色背景，并设置颜色深度为 0.5？

5. 使用段落盒子对内容"LaTeX 已经成为国际上""数学、物理、计算机等科技领域专业排版""的实际标准，""其他领域也有大量用户，受到广大用户的欢迎。"分别进行排版，效果如图 10.36 所示。

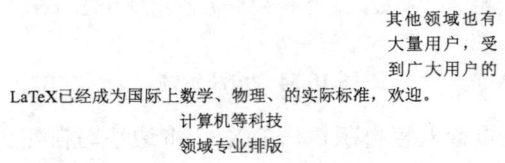

其他领域也有
大量用户，受
到广大用户的

LaTeX已经成为国际上数学、物理、的实际标准，欢迎。
计算机等科技
领域专业排版

图 10.36   排版效果

第 11 章　LaTeX 排版技巧

学习目标 ☞　1. 掌握 LaTeX 排版辅助软件的使用。
2. 掌握 LaTeX 排版小技巧。

掌握一些 LaTeX 排版辅助软件的使用以及排版小技巧，会大大减少排版工作量，加快论文的排版。

11.1　MathType 公式与 LaTeX 公式的快速转换

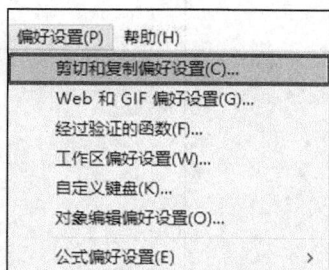

MathType 作为编排数学符号常用的软件，能够与 LaTeX 相互转化，完美契合，设置步骤如下：

1）打开 MathType 软件，选择"偏好设置"菜单中的"剪切和复制偏好设置"选项，如图 11.1 所示。

MathType 公式与 LaTeX
公式的快速转换

2）在打开的"剪切和复制偏好设置"对话框中，选中"MathML 或 TeX"单选按钮，选择 LaTeX 2.09 and later，如图 11.2 所示。

图 11.1　"剪切和复制偏好设置"选项　　　图 11.2　"剪切和复制偏好设置"对话框

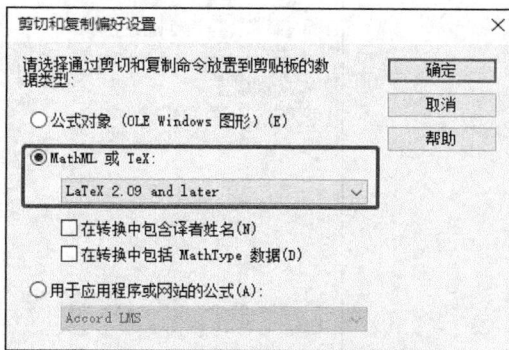

选择确定完剪切和复制偏好设置后，在 MathType 软件下输入想要表达的数学公式符号，然后粘贴到 LaTeX 中就会变成相对应的命令；同理，LaTeX 数学符号命令粘贴到 MathType 中就会变成对应的数学符号，从而完成 MathType 公式与 LaTeX 公式的转换。导出 MathType 公式的时候，需要把剪切和复制偏好设置改成公式对象。

11.2　用 Excel 快速实现表格的录入

Excel 是常用的办公软件，可以把 Excel 中的表格信息转化为对应的

用 Excel 快速实现
表格的录入

LaTeX 代码，实现表格的快速录入。

1）本示例采用微软 2016 版本的 Excel，需要借助 Excel2LaTeX 这个工具，其可以在 https://ctan.org/tex-archive/support/excel2latex 网站下载，解压后文件如图 11.3 所示。

2）将如图 11.3 中画框的文件拖入 Excel 表格工作区域内，会显示如图 11.4 所示的提示。

图 11.3　解压后的文件　　　　　　图 11.4　Excel 安全警告

3）单击启用宏，在 Excel 菜单栏中单击"加载项"，会看到有两个工具，即 Convert Table to LaTeX 和 Convert All Stored Tables to LaTeX。

4）在 Excel 工作区域内输入信息，全部选中，然后单击"加载项"菜单中的"Convert Table to LaTeX"，会出现如图 11.5 所示的信息。

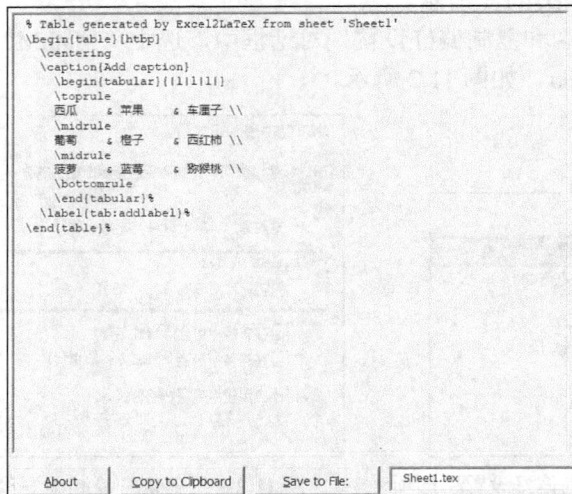

图 11.5　Excel 表格转化为 LaTeX 语言

5）单击如图 11.5 中的 Copy to Clipboard 按钮，然后复制到 LaTeX 工作区域即可，针对不同类型的表格引入对应的宏包，同时对于不合适的地方进行微调，即可得到满意的表格。

WPS 也可以实现将表格信息转化为对应的 LaTeX 代码，操作类似，首先需要将工具菜单下的宏安全性设置为低，然后单击右侧的加载项菜单，单击浏览选中 Excel2LaTeX，这样菜单栏中就会出现"加载项"，如图 11.6 所示，然后执行上述步骤 4）和 5）即可，在此省略相关描述。

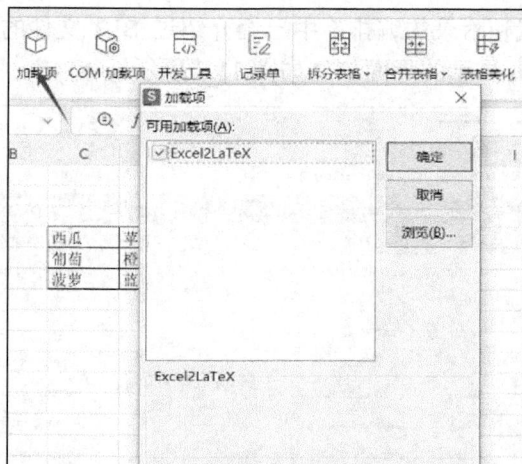

图 11.6　WPS 中加载 Excel2LaTeX

11.3　JabRef 文献管理器

　　JabRef 是一个可视化的文献管理器，可以方便快捷地管理文献。下面将介绍 JabRef 的使用方法：首先可以从 https://www.fosshub.com/ JabRef.html 下载 JabRef，JabRef 支持 Windows、macOS、Linux 等版本。本次使用的是 Windows 5.11 版本。需要注意的是，在运行 JabRef 之前，需要确保计算机配置了 JDK（Java Development Kit）环境。

JabRef 文献管理器

　　选择菜单 File 下的 Preferences 来设置中文界面，如图 11.7 所示。

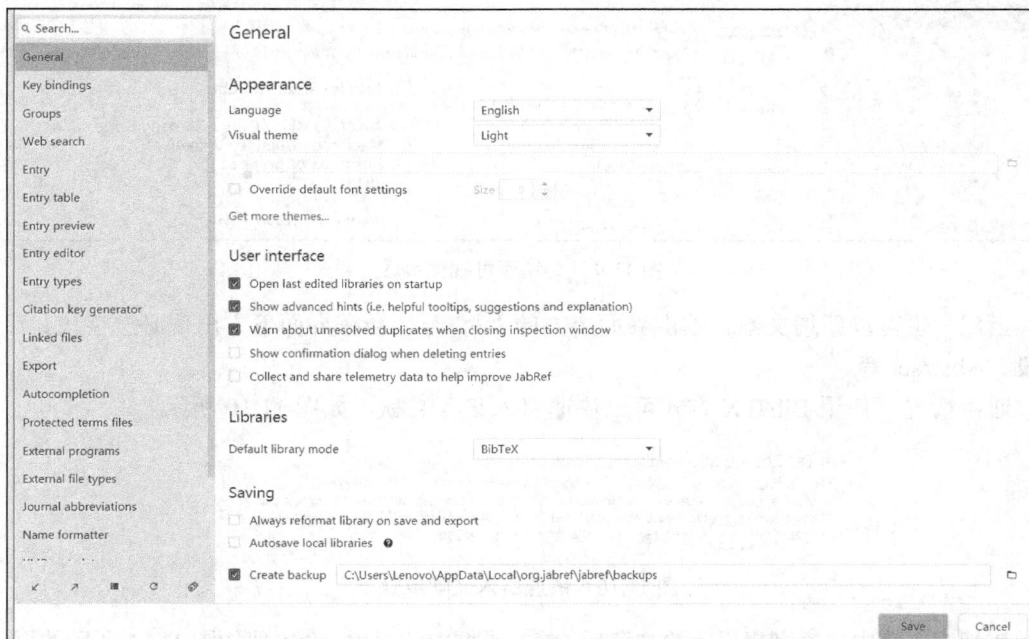

图 11.7　JabRef 设置中文界面与编码格式

"第 6 章　参考文献和附录的编排"中已经介绍过 BIB 文件的文献库，把之前建立的 BIB 文件拖入 JabRef 中，显示的界面信息如图 11.8 所示。

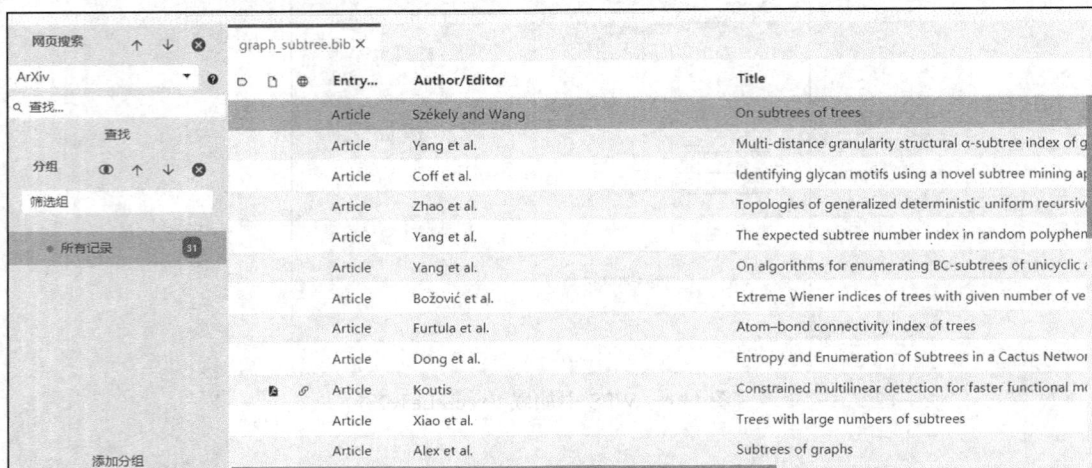

图 11.8　文献库可视化管理

双击一条信息，可以进行修改，如图 11.9 所示。

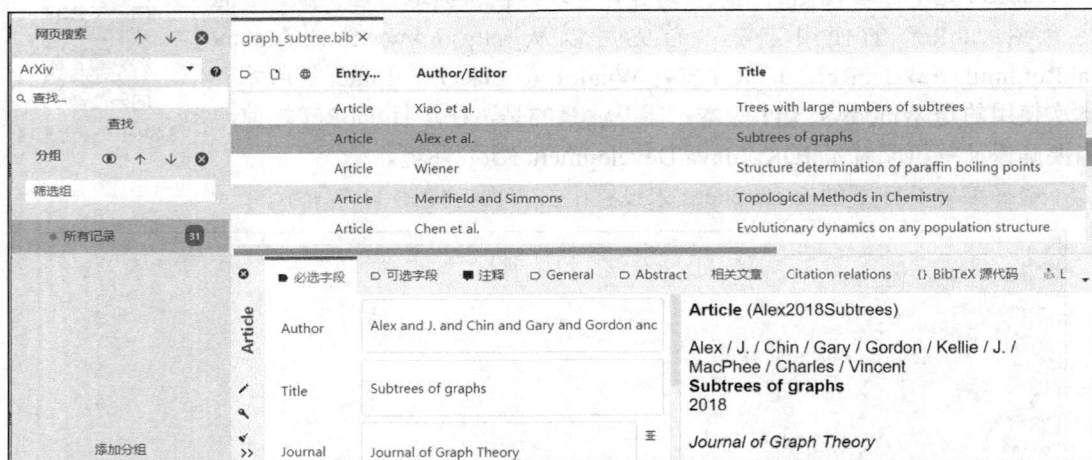

图 11.9　文献库可视化修改

当然，也可以新增文献，单击界面上方的"+"号，会在界面下方出现必选字段、可选字段、Abstract 等。

通常情况下使用 BibTeX 方式可以快速引入参考文献，如图 11.10 所示。

图 11.10　快速引入文献步骤 1

在搜索引擎中搜索到想引用的文章后，单击画框中的引用，会出现如图 11.11 所示的页面。

推荐网站[谷歌搜图]、[网页搜索]、[学术网站集合]

BibTeX　EndNote　RefMan　RefWorks

图 11.11　快速引入文献步骤 2

单击 BibTeX，会出现如图 11.12 所示的页面，复制到 JabRef 中或 BIB 文献库中，可以对其进行方便的引用。

```
@article{yang2015enumeration,
  title={Enumeration of BC-subtrees of trees},
  author={Yang, Yu and Liu, Hongbo and Wang, Hua and Makeig, Scott},
  journal={Theoretical Computer Science},
  volume={580},
  pages={59--74},
  year={2015},
  publisher={Elsevier}
}
```

图 11.12　快速引入文献步骤 3

还可以在 JabRef 的网页搜索栏中搜索文献，然后将其添加进参考文献库，如图 11.13 所示。

```
@article{yang2015enumeration,
  title={Enumeration of BC-subtrees of trees},
  author={Yang, Yu and Liu, Hongbo and Wang, Hua and Makeig, Scott},
  journal={Theoretical Computer Science},
  volume={580},
  pages={59--74},
  year={2015},
  publisher={Elsevier}
}
```

图 11.13　在 JabRef 的网页搜索栏中搜索文献并添加到参考文献库

还可以将 JabRef 中的参考文献推送到 LaTeX 文档中，首先单击菜单文件→首选项→外部程序，选择右边的推送程序为 WinEdt，然后单击下拉框后侧的齿轮，在打开的对话框中选择 WinEdt 的路径，如图 11.14 所示。接着定位到要插入参考文献的地方，在 JabRef 中选中要插入的参考文献，单击将选中记录推送到 WinEdt 按钮，就可以将该参考文献插入正文中，如图 11.15 所示。正文中连续交替编译源文件和参考文献库三次，就可以显示该参考文献了。

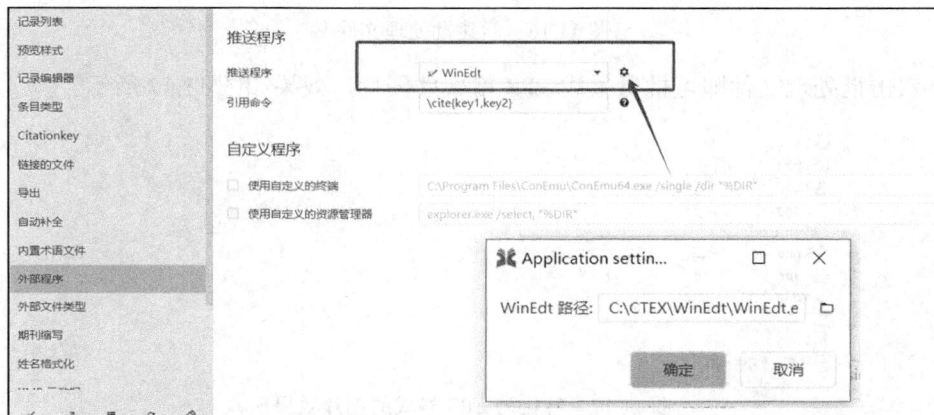

图 11.14　设置参考文献推送程序为 WinEdt

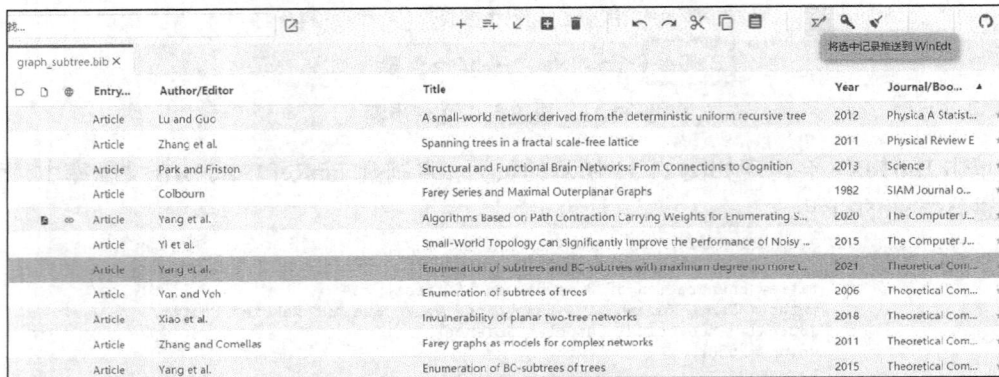

图 11.15 在 JabRef 中将选定的参考文献插入正文中

11.4 多个图转为 EPS 格式的批处理

LaTeX 提供的 bmeps 工具可以将多个图批量地转为 EPS 格式, 具体操作如下:

1) 首先在需要处理的图片文件夹下创建一个以 bat 为后缀的 Windows 批处理文件, 代码如下:

```
for %%f in (*.png *.jpg *.tiff) do bmeps -c -leps1 "%%f" "%%~nf.eps"
```

多个图转为 EPS 格式
的批处理

其中, %%f 是用于循环的变量, 每次循环代表一个符合条件的文件; bmeps 是 png/jpg/tiff 等转换 EPS 的命令行工具; -c 表示保留颜色; -leps1 表示输出 EPS1 格式的文件; %%~nf 是去掉文件扩展名后的文件名, 再加上 .eps 扩展名。

新建批处理文件如图 11.16 所示。

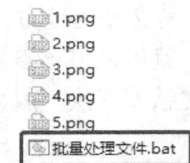

图 11.16 新建批处理文件

2) 双击批处理文件即可批量生成 EPS 格式的图片, 效果如图 11.17 所示。

图 11.17 转化为 EPS 格式的图片效果

11.5　如何智能换行

LaTeX 中通常用命令 "\\"、\newline 来实现换行。其中，\newline 只能用于段落模式；此外，还有一种利用关键字\linebreak[级别]的智能换行方法，此处级别共有 0～4 个等级，级别越高，表示对换行的迫切程度越高，默认为 4 级。

如何智能换行

LaTeX 源码 11.1　智能换行

```
\documentclass{ctexart}
\usepackage{amsmath}
\begin{document}
懵懂的岁月已悄然逝去，纯真无邪已定格在过去，我们的青春如霓虹灯般绚烂，却逃不过那繁华背后
的落寞，从懂得什么是微笑背后的忧伤那一刻起，便踏上那条名叫"青春"的未知路。

懵懂的岁月已悄然逝去，纯真无邪已定格在过去，我们的\linebreak[3]青春如霓虹灯般绚烂，却逃
不过那繁华背后的落寞，从懂得什么是微笑背后的忧伤那一刻起，便踏上那条名叫"青春"的未知路。

懵懂的岁月已悄然逝去，纯真无邪已定格在过去，我们的\linebreak[4]青春如霓虹灯般绚烂，却逃
不过那繁华背后的落寞，从懂得什么是微笑背后的忧伤那一刻起，便踏上那条名叫"青春"的未知路。
\end{document}
```

运行效果如图 11.18 所示。

　　懵懂的岁月已悄然逝去，纯真无邪已定格在过去，我们的青春如霓虹灯般绚烂，却逃不过那繁华背后的落寞，从懂得什么是微笑背后的忧伤那一刻起，我们便踏上那条名叫"青春"的未知路。
　　懵懂的岁月已悄然逝去，纯真无邪已定格在过去，我们的青春如霓虹灯般绚烂，却逃不过那繁华背后的落寞，从懂得什么是微笑背后的忧伤那一刻起，我们便踏上那条名叫"青春"的未知路。
　　懵懂的岁月已悄然逝去，纯真无邪已定格在过去，我们的青春如霓虹灯般绚烂，却逃不过那繁华背后的落寞，从懂得什么是微笑背后的忧伤那一刻起，我们便踏上那条名叫"青春"的未知路。

图 11.18　智能换行效果

11.6　WinEdt 编辑器的设置

WinEdt 编辑器的设置

在使用 WinEdt 编辑器编辑 LaTeX 文档时，可以根据个人需要调整源代码的字体、字形和大小，以提高编辑体验，操作步骤如下：

1）在菜单栏中选择 "Options" → "Preferences"。

2）在 "Preferences" 窗口中，选择 "Font" 选项卡，单击 "Change Font" 按钮。

3）在 "字体" 窗口中，调整字体、字形与大小等。

操作步骤如图 11.19～图 11.21 所示。

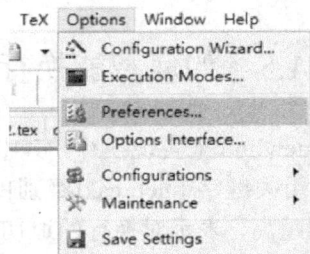

图 11.19　操作步骤 1

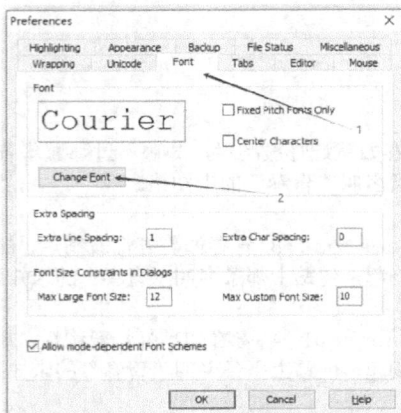

图 11.20　操作步骤 2

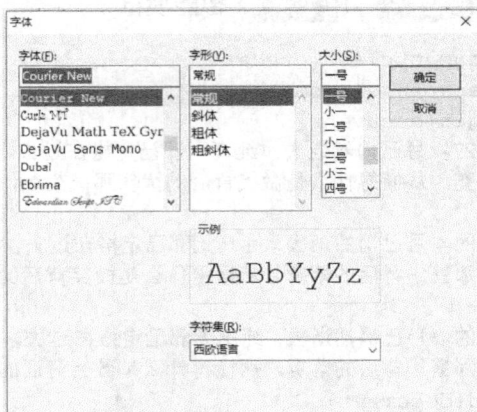

图 11.21　操作步骤 3

　　此外，还可以根据个人的编辑习惯和需求，对 WinEdt 编译器进行语法高亮、编码、备份、文件状态、鼠标、缩进、换行、鼠标等方面的设置，以提高编辑 LaTeX 文档的效率和舒适度。

11.7　本 章 小 结

　　本章介绍了 LaTeX 的一些实用技巧，如使用 MathType 软件编辑公式、用 Excel 编辑表格，并将其转化为对应的 LaTeX 公式和表格；同时，还介绍了 LaTeX 中参考文献库的可视化管理工具 JaRef，以及利用 bmeps 工具将 JPG 或者 PNG 格式的图片批量转化为 EPS 格式文件的方法；最后介绍了如何利用关键字 linebreak 对段落进行智能换行。

■■■■■■■■■■■■■■■■■■■■ 习题 11 ■■■■■■■■■■■■■■■■■■■■

1. 使用 MathType、Excel 辅助 LaTeX 数学公式和表格代码生成的心得有哪些？
2. 换行关键字 linebreak 与 newline 的区别是什么？

第 12 章　自定义宏

学习目标 ☞
1. 掌握宏的定义及使用方法。
2. 理解及使用老宏的重定义。
3. 自定义新环境命令宏。

宏定义是 LaTeX 中较为高级的知识，需要使用者熟练掌握 LaTeX 的排版命令，并对 LaTeX 代码的运行机制有一定了解才能定义出满足自己需求的宏。通过宏定义，可以让 LaTeX 文档变得更加简洁高效。

12.1　LaTeX 的宏定义

通过自定义的宏命令和环境可以实现想要的特效，LaTeX 本身也是运行基于 TeX 的宏。宏定义常用的关键字是\def，具体用法为\def\引用名称{功能}，示例如下。

LaTeX 的宏定义

LaTeX 源码 12.1　**自定义宏使用**

```
\documentclass{article}
\usepackage{ctex}
\def\dog{狗}      \def\cat{猫}
\def\pig#1{\textbf{#1}}                      %定义一个字体加粗的功能
\def\pet(#1,#2){\textbf{#1}和\color{red}{#2}} %定义两个功能，1#是字体加粗，2#
                                              %是字体改为红色

\begin{document}
   \dog 吃骨头        \\
   \cat 吃鱼          \\
   \pig{猪}爱睡觉      \\
   {\pet(\dog,\cat)}都是人们爱养的动物
\end{document}
```

运行效果如图 12.1 所示。

此外，含\if 等关键字的宏可以进行逻辑选择判断，比如\ifnum 用来判断数字，\ifodd 用来判断奇偶属性，\ifdim 用来判断 LaTeX 中的固有属性，如文本区域的宽度\textwidth，\ifcase 是条件分支，类似于 C 语言中的\switch 等。接下来通过例子使读者对宏定义有更清晰的理解。

狗吃骨头

猫吃鱼

猪爱睡觉

狗和猫都是人们爱养的动物

图 12.1　自定义宏及其应用

LaTeX 源码 12.2　ifnum、ifodd、ifdim用法

```
\documentclass{article}
\usepackage{ctex}
\begin{document}
  1.\ifnum 1=1 两数相等 \else 两数不相等 \fi \qquad
  2.\ifnum 0=1 两数相等 \else 两数不相等 \fi \\
  3.\ifodd 1 奇数 \else 偶数 \fi \qquad \qquad
  4.\ifodd 2 奇数 \else 偶数 \fi \\
  5.\ifdim \textwidth>15cm 太宽了\else 正常 \fi \qquad \qquad
  6.\ifdim \textwidth>10cm 太宽了\else 正常 \fi
\end{document}
```

运行效果如图 12.2 所示。

1. 两数相等　　2. 两数不相等

3. 奇数　　　　4. 偶数

5. 正常　　　　6. 太宽了

图 12.2　条件判断宏命令

LaTeX 源码 12.3　ifcase用法

```
\documentclass{article}
\usepackage{ctex}   %\ifcase 是一个条件语句, 用于检查表达式的值
\def\AnimalSpecies#1{\ifcase\value{#1}  %\value 命令用于访问计数器的数字值
\or 猫、老虎、狮子\or 狼、鹿、大象\else 其他 \fi}
\begin{document}
   \section{动物}
      \subsection{猫科动物}
          \AnimalSpecies{subsection}
      \subsection{哺乳类动物}
          \AnimalSpecies{subsection}
\end{document}
```

运行效果如图 12.3 所示。

1　动物

1.1　猫科动物

猫、老虎、狮子

1.2　哺乳类动物

狼、鹿、大象

图 12.3　ifcase 宏命令使用

通过以上例子让读者对这些命令有一个最基本的认识,有了这些宏定义,就可以进行很多灵活的操作。比如,根据生成文件的不同格式,引入不同的宏包来设置不同的格式;奇偶页打印时要求不同,可以单独设置奇数页、偶数页的格式;对一行的输入内容长短做判定,使文本效果更好;设置单栏、双栏的不同内容;设置生成目录的格式等。这些内容会在第 14 章再次应用,希望读者能够深刻理解这些命令,做到举一反三。

12.2 文本格式宏的定义

文本格式宏的定义有两种: 一种是类文件的形式; 另一种是自定义宏包的形式。文本格式宏类的定义需要设置引入的宏包、文本样式、文档前后插入的代码等; 设置文本格式宏, 可以使导言区更加简洁, 且可以重复引用。文本格式宏类涉及的关键字有 \ProvidesClass 、 \LoadClass 、 \RequirePackage 等。

文本格式宏的定义

命令 12.1　文本宏类的用法

\ProvidesClass{文档名称}[创建文档的日期与信息]: 注意, 创建文档的日期格式必须是 YYYY-MM-DD, 不然会出错

\LoadClass[文档样式]{文档类型}[加载文档时的日期]: 加载的文档类型、日期要求与 \ProvidesClass 相同

\RequirePackage{宏包名称}: 需要的宏包

\AtBeginDocument: 在文档前插入固定代码

\AtEndDocument: 在文档后插入固定代码

创建文本宏类时, 需要创建 cls 格式文件, 例如创建 MyFirstDemo.cls 的文件, 然后单击如图 12.4 和图 12.5 所示的图标, 更新文档宏包库即可。

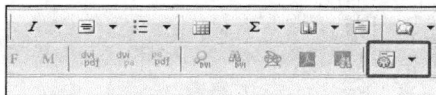

图 12.4　更新宏包库步骤 1

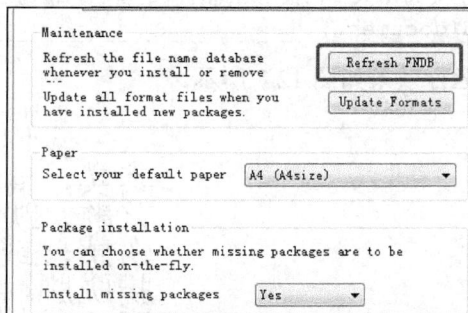

图 12.5　更新宏包库步骤 2

接下来介绍文本宏类的用法。

LaTeX 源码 12.4　文本宏类的用法

```
%MyFirstDemo 文件夹下的 MyFirstDemo.cls 文件内写入的代码:
\ProvidesClass{MyFirstDemo}[2024/02/23 v1.0]
\LoadClass[cs4size,a4paper,fancyhdr,fntef,UTF8]{article}
\RequirePackage{xcolor} \RequirePackage{ctex}
%在 TeX 文件内:
\documentclass{MyFirstDemo}
\begin{document}
    \textcolor{red}{我们歌唱青春。其实, 青春就是一首歌, 跌宕起伏, 或伤感, 或欢喜, 朦朦胧胧, 却回味无穷。我们每个人都在很用心地诠释这首歌, 谱写自己的淡淡青春。}
\end{document}
```

运行效果如图 12.6 所示。

> 我们歌唱青春。其实，青春就是一首歌，跌宕起伏，或伤感，或欢喜，朦
> 朦胧胧，却回味无穷。我们每个人都在很用心地诠释这首歌，谱写自己的淡淡
> 青春。

图 12.6　文本宏类简单用法示例

创建自定义宏包的关键字是 ProvidesPackage。创建宏包与创建文本宏类相似，只不过创建自定义宏包时，文件的后缀名是.sty，下面介绍自定义宏包的用法。

LaTeX 源码 12.5　自定义宏包的用法

```
%ChangeFontsize 文件夹下的 ChangeFontsize.sty 文件内写入的代码：
\ProvidesPackage{ChangeFontsize}[2022/02/23 v1.0]
\newcommand{\chuhao}{\fontsize{42.2pt}{\baselineskip}\selectfont}


%在 TeX 文件内：
\documentclass{article}
\usepackage{ctex}
\usepackage{ChangeFontsize}
\begin{document}
   \chuhao{我们歌唱青春。其实，青春就是一首歌，跌宕起伏，或伤感，或欢喜，朦朦胧胧，却回
味无穷。每个人都在很用心地诠释这首歌，谱写自己的淡淡青春。}
\end{document}
```

运行效果如图 12.7 所示。

> 我们歌唱青春。
> 其实，青春就是一
> 首歌，跌宕起伏，或
> 伤感，或欢喜，朦
> 朦胧胧，却回味无
> 穷。我们每个人都
> 在很用心地诠释这
> 首歌，谱写自己的
> 淡淡青春。

图 12.7　自定义宏包使用示例

12.3　老宏的重定义

老宏的重定义是重新定义已经存在的宏命令，使其具有新的功能，其关键字是 renewcommand。有时将老宏重新定义的同时，又想保存老宏的原功能，这时可用关键字\let，其定义用法如下。

老宏的重定义

> **命令 12.2 老宏重定义**
>
> \renewcommand{老命令}[参数数量][默认值]{新内容}

> **命令 12.3 let 用法**
>
> \let\老宏命令的新名字\老宏

LaTeX 源码 12.6 老宏重定义

```
\documentclass{article}
\usepackage{ctex}
\let\oldfigurename\figurename
\renewcommand\figurename{图片}
\begin{document}
    \oldfigurename \\
    \figurename
\end{document}
```

运行效果如图 12.8 所示。

利用老宏重定义的方法，可以将英文目录中文化，命令为\renewcommand\contentsname{目录}，将英文参考文献中文化，命令为\renewcommand\refname{参考文献}。此外，还可以改变表格的行高，命令为\renewcommand\array stretch{行高}；重命名字体，命令为\renewcommand{\heiti}{\CJKfamily{heiti}}等。读者可根据自己的需要灵活设计对应的命令。

Figure

图片

图 12.8 老宏重定义使用示例

12.4 自定义新环境命令宏的编写

自定义新环境如何定义以及使用，在 10.7 节已经进行了介绍，结合本节介绍的宏定义，下面给出一个自定义新环境命令宏的应用例子，以加深对它的理解和掌握。

自定义新环境命令
宏的编写

LaTeX 源码 12.7 自定义新环境命令宏

```
\documentclass{article}
\usepackage{ctex}%\newenvironment {环境名称}[可选参数数量][参数值]{正文开始前的固
%定格式}{正文结束时的固定格式}
\newenvironment{NewArticle}{
    \begin{center}\normalfont\bfseries 题目\end{center}%题目加粗
    \begin{quotation}
    \large    %字体加大
}{\end{quotation}}
    \begin{document}
\begin{NewArticle}
    懵懂的岁月已悄然逝去，纯真无邪已定格在过去，我们的青春如霓虹灯般绚烂，却逃不过那
繁华背后的落寞，从懂得什么是微笑背后的忧伤那一刻起，我们便踏上那条名叫"青春"的未知路。
    \end{NewArticle}
```

> 懵懂的岁月已悄然逝去，纯真无邪已定格在过去，我们的青春如霓虹灯般绚烂，却逃不过那繁华
> 背后的落寞，从懂得什么是微笑背后的忧伤那一刻起，我们便踏上那条名叫"青春"的未知路。
> \end{document}

运行效果如图 12.9 所示。

题目

懵懂的岁月已悄然逝去，纯真无邪已定格在过去，我
们的青春如霓虹灯般绚烂，却逃不过那繁华背后的落寞，
从懂得什么是微笑背后的忧伤那一刻起，我们便踏上那
条名叫"青春"的未知路。

懵懂的岁月已悄然逝去，纯真无邪已定格在过去，我们的青春如霓虹灯般绚烂，
却逃不过那繁华背后的落寞，从懂得什么是微笑背后的忧伤那一刻起，我们便
踏上那条名叫"青春"的未知路。

图 12.9　自定义新环境命令宏使用示例

12.5　本　章　小　结

本章介绍了 LaTeX 中宏的定义和使用，首先介绍了宏定义的核心关键字及基本使用，
然后介绍了如何制作宏类和宏包，最后介绍了老宏的重定义以及自定义新环境命令宏的
使用。

■■■■■■■■■■■■■■■■■■■■■■■ 习题 12 ■■■■■■■■■■■■■■■■■■■■■■■■

1. 定义一个楷书字体的宏命令。

2. 利用老宏重定义方法中文化 abstractname 为"摘要"。

3. 利用老宏重定义方法重新定义表格编号效果，格式为章节号.表格序号（如"1.1"，
表示第 1 章第 1 个表格）。

4. 编写宏文件时，使用了关键字 ProvideClass 和 LoadClass，其含义分别是什么？

第 13 章　TikZ 绘图

<table>
<tr><td rowspan="4">学习目标 ☞</td><td>1. 掌握 TikZ 基本的使用方法。</td></tr>
<tr><td>2. 掌握图层、辖域和剪裁的设置。</td></tr>
<tr><td>3. 掌握坐标的变换与使用。</td></tr>
<tr><td>4. 熟悉复杂图形的绘制。</td></tr>
</table>

　　TikZ 作为 LaTeX 中较为广泛使用的绘图宏包，内置了大量工具包可用于图形的精准控制，现已成为众多科研工作者的绘图利器。TikZ 宏包的发明者 Till Tantau 是德国吕贝克大学理论计算机科学学院的一名教授，最初为了在其博士论文中生成一个可以直接使用 pdfLaTeX 编译图形的 LaTeX 代码，现已将其发展成一套成熟的 TeX 图形语言，官方手册 *pgfmanual* 已超过 1000 页，至今作者仍在不遗余力地持续更新该手册，感兴趣的读者可至 https://github.com/pgf-tikz/pgf 阅读。

　　本章仅对常用的 TikZ 命令作入门介绍，包含绘图文档类及绘图方式的设置，基础元素的绘制，图层、辖域和裁剪、节点、循环的使用，坐标变换及复杂图形的绘制，旨在抛砖引玉，吸引读者对该宏包进行深入研究。

13.1　绘图文档类及绘图方式的设置

　　推荐使用 standalone 类绘制 TikZ 图片，导言区需引入 tikz 宏包。TikZ 有两种使用方法：一种是 inline 的命令式方法，直接调用命令\tikz；另外一种是环境式方法，加载 {tikzpicture} 绘图环境命令，本章所有示例均使用环境式方法。一个简单的 TikZ 代码示例如下。

绘图文档类及绘图
方式的设置

> **LaTeX 源码 13.1**　**基础TikZ代码示例**

```
\documentclass{standalone}
\usepackage{tikz}
\begin{document}
\begin{tikzpicture}
  \node at (0,0) {Hello TikZ};
\end{tikzpicture}
\end{document}
```

在 WinEdt 编辑器中运行步骤如下：

1）进行 LaTeX 编译。

2）进行 dvi ps 格式转换，将.dvi 文件转换为 PostScript 文件。

3）使用 GSView 进行图片查看，如图 13.1 所示。

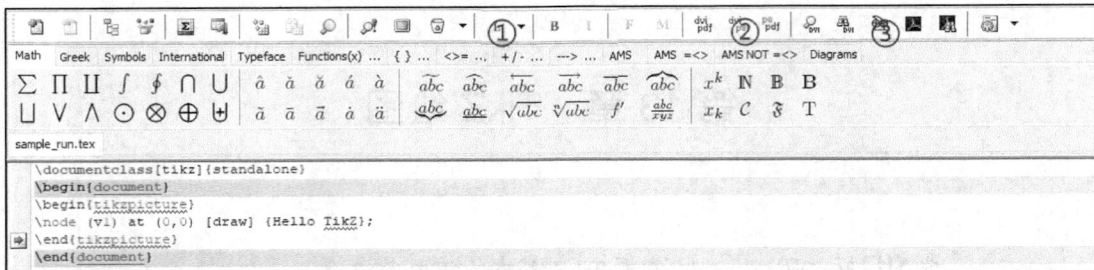

图 13.1　查看 TikZ 图片操作步骤

在 GSView 中使用 PS to EPS 功能并选择"Automatically calculate Bounding Box"选项，将.ps 文件转换为去除白边的.eps 文件。若要生成 PDF 格式文件，单击 pspdf 按钮即可。

导言区亦可使用\documentclass [dvisvgm] {minimal}或\documentclass [tikz] {standalone}等方法设置绘图类别。

13.2　基 础 元 素

任何复杂图形的基础元素无非是由简单的点、线构成，实现这些基础功能对于 TikZ 来说相当简单。下面是基础元素的介绍，对应的源码提供在配套资料中。

命令 13.1　基础元素介绍

\node at (0,0) {Hello TikZ}：在坐标(0,0) 处生成一个显示"Hello TikZ"的节点

\coordinate [label=Hi] (a) at (0,0)：使用坐标命令生成节点，名字为 a，默认 label 后面的符号显示在该坐标的上方 above，还可以填写 above、left、right、below 或者它们四个的组合，参考命令为 label=above right:Hi

\node (v1) at (1,1) {New};\node (v2) at (2,2) {World};\draw (v1) -- (v2)：节点的连接，其中 v1、v2 为定义的节点标号

命令 13.2　矩形、圆形、圆弧介绍

\draw (0,0) rectangle (1,1)：生成对角坐标为(0,0)、(1,1)的方形

\draw (0,0) .. controls (1,1) ..(2,0)：生成始点(0,0)、终点(2,0)、控制点(1,1)的曲线

\draw (0,0) circle [radius=1]：生成以原点为中心、半径为 1 的圆形

\draw (0,0) arc [start angle=0,end angle=30,radius=1]：生成以(0,0)为起点、始角为 0°、终角为 30°、半径为 1 的圆弧

现在已经可以绘制简单的图形了，如果想要控制节点的大小，线条的粗细、颜色等，在 TikZ 中通常以[option]定义一些控制选项。

命令 13.3　线段颜色粗细介绍

\draw [line width=0.8,color=red] (0,0) --(0,1)：画一条线宽为 0.8 的红色线段

上述命令省略了默认宽度单位 pt（点），也可以指定单位：mm（毫米），bp（大点），

cm（厘米），in（英寸），ex（当前字体尺寸中 x 的高度），em（当前字体尺寸中 M 的宽度）等。还可以使用内置线宽选项，包括 ultra thin、very thin、thin、semithick、thick、very thick、ultra thick 等。

颜色可用内置颜色选项如 black、blue、cyan、gray、green、magenta、orange、pink、purple、yellow 等，也可以自定义颜色，如 red20!blue 为 20%红色和 80%蓝色混合，yellow!30 为透明度为 30%的黄色。还可以自定义 RGB 颜色，如{RGB }{255,0,0}为红色。

[...]被称作候选控制框，包含图形的多种控制选项，每条选项以"，"分隔，可根据需要自行添加选项，如线条端点 line cap、线条的连接方式 line join、线型 dash patterm、边框透明度 draw opacity 等。

关于更多图形的绘制，如抛物线、函数图形、特殊图形的绘制方法，建议读者查阅 *Visual TikZ*（https://ctan.org/pkg/visualtikz），该书中包含大量 TikZ 图形命令。

13.3　图层、辖域和剪裁

在科技排版中，有时需要对一些图片进行处理。因此，本节主要介绍如何进行图片的图层、辖域和剪裁操作。

图层、辖域和剪裁

13.3.1　图层

通常 TikZ 按代码顺序绘制图形，后绘制的图形会覆盖前绘制的图形。为了处理图形之间的遮挡，TikZ 提供了图层绘制方式，可将不同的内容分层处理，通过规定层级顺序叠放图层，前景图层会覆盖在背景图层之上。

绘图环境中的所有代码都默认存放在名为 main 的图层中，若添加图层，需要在导言区加入图层声明，图层名称可自由定义，例如设置为\pgfdeclarelayer{background}，并规定层级顺序\pgfsetlayers{background,main,foreground}，最后在绘图环境中添加图层环境命令即可。

main 层为默认图层，必须规定在层级顺序中，而在绘图代码中无须额外添加 main 层环境命令，pgfonlayer 环境命令用于指明绘图命令属于哪个图层。具体使用示例如下。

LaTeX 源码 13.2　图层使用示例

```
\documentclass{standalone}
\usepackage{tikz}
\pgfdeclarelayer{background}
\pgfdeclarelayer{foreground}
\pgfsetlayers{background,main,foreground}
\begin{document}
  \begin{tikzpicture}
    \fill[yellow] (0,0) circle (1);           %主绘层
    \begin{pgfonlayer}{background}             %背景层
      \fill[green] (-1,-1) rectangle (1,1);
    \end{pgfonlayer}
    \begin{pgfonlayer}{foreground}            %前景层
      \node[white] {Hello TikZ};
```

```
      \end{pgfonlayer}
      \begin{pgfonlayer}{background}              %背景层
        \fill[black] (-.8,-.8) rectangle (.8,.8);
      \end{pgfonlayer}
      \fill[blue!50] (-1,-0.5) rectangle (1,.5);   %主绘层
    \end{tikzpicture}
\end{document}
```

运行效果如图 13.2 所示。

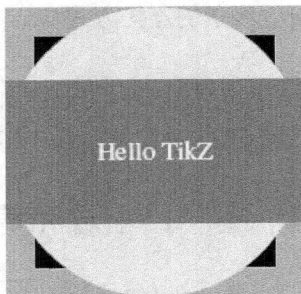

彩图 13.2

图 13.2　图层使用效果

13.3.2　辖域

在绘图环境中可以使用{scope}环境建立辖域，辖域内的任何控制选项仅针对该辖域范围内有效，这样做有利于图形的局部处理，即\ begin{scope }...\end{scope}。

还有一种更为简便的方法，只需在导言区载入\usetikzlibrary[scopes]，在绘图环境的最外层用花括号{...}分隔各个辖域，示例如下。

LaTeX 源码 13.3　**辖域使用示例**

```
\documentclass{standalone}
\usepackage{tikz}
\usetikzlibrary[scopes]
\begin{document}
  \begin{tikzpicture}[green]
    {[red]\draw(0,0)--(3,0);}      %红色辖域
    {[blue]\draw(0,1)--(3,1);}     %蓝色辖域
    \draw(0,2)--(3,2);             %默认辖域
  \end{tikzpicture}
\end{document}
```

运行效果如图 13.3 所示。

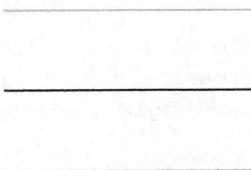

彩图 13.3

图 13.3　辖域绘制三横线

13.3.3　剪裁

在绘图环境中可以使用命令\clip 剪裁图形，只保留剪裁区域内的图形，示例如下。

> **LaTeX 源码 13.4**　**剪裁使用示例**

```
\documentclass{standalone}
\usepackage{tikz}
\begin{document}
    \begin{tikzpicture}
        \clip (0,1) circle (1); %(0,1)为圆心，半径为1的圆
        \draw[red] (0,0) circle (1.5);
        \draw[blue] (0,0)--(1,3);
        \draw[step=.1, yellow, very thin] (-3,-3) grid (3,3);
        %(-3,-3) 到 (3,3)的网格
    \end{tikzpicture}
\end{document}
```

只保留圆心为(0,1)、半径为 1 的圆形区域内的图形，运行效果如图 13.4 所示。

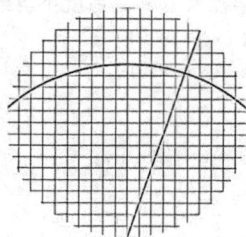

彩图 13.4

图 13.4　剪裁绘制圆环

联合使用图层、辖域和剪裁功能，有助于灵活地分层分块绘制复杂的图像。

13.4　循　　环

TikZ 代码支持 for 循环操作\foreach，示例如下。

> **LaTeX 源码 13.5**　**for循环使用示例**

循环

```
\documentclass{standalone}
\usepackage{tikz}
\begin{document}
    \begin{tikzpicture}[scale=0.1]
        \foreach \x in {1,3,...,9}
        {\draw[red] (0,0) circle (\x);
        \draw[blue] (0,0) circle (\x +1);}
    \end{tikzpicture}
\end{document}
```

运行效果如图13.5所示。其中，\x 为循环变量，可自由命名，但必须为英文字母；{1,3,...,9}表示 1～9 所有的奇数列表，用...省略中间的等差项；循环项用花括号{}包裹，若只有一条

循环项，花括号可省略。

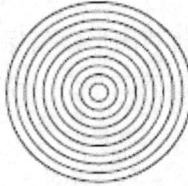

图 13.5　for 循环绘制圆环

还可以在导言区载入\usepackage{ifthen}判断宏包，实现参数判断功能。示例如下。

LaTeX 源码 13.6　参数判断使用示例

```
\documentclass{standalone}
\usepackage{tikz}    \usepackage{ifthen}
\begin{tikzpicture}[scale=0.1]
    \foreach \x in {1,3,...,9}
    {\draw[red] (0,0) circle (\x);
    \ifthenelse{\x > 5}{        %半径大于 5 之后就不再绘制绿色圆圈了
    \draw[blue] (0,0) circle (\x +1);}
    {\draw[green] (0,0) circle (\x +1);}}
\end{tikzpicture}
\end{document}
```

运行效果如图 13.6 所示。

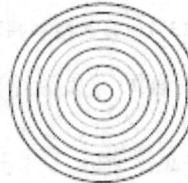

图 13.6　参数判断绘制圆环

另外，该宏包也支持 while do 循环操作。

13.5　坐 标 变 换

在通常情况下，Word 中会根据需求对一些图形进行旋转、平移以及放缩等操作，LaTeX 借助 TikZ 库也能实现图形的旋转、平移以及绘制三维坐标等。

13.5.1　放缩、旋转、平移

坐标变换

TikZ 支持多种坐标变换操作，实现对图形细节的精确控制，包括放缩、旋转、平移。坐标变换只对图形位置有效，对线宽、样式、颜色等没有影响。

> **↗ LaTeX 源码 13.7**　　放缩、旋转、平移使用示例

```
\documentclass{standalone}
\usepackage{tikz}
\begin{document}
   \begin{tikzpicture}
      \draw [blue] (0,0) rectangle (1,0.5) node [anchor=south]{1};
      \draw [scale=2, green] (0,0) rectangle (1,0.5) node [anchor=south]{2};
      \draw [scale=2, shift={(1,1)}, cyan] (0,0) rectangle (1,0.5) node
      [anchor=south]{3};
      \draw [scale=2, shift={(1,1)},rotate=60, red] (0,0) rectangle (1,0.5)
      node [anchor=south]{4};%起始原点移动到坐标(1,1)处后，放大 2 倍然后逆时针旋转
                             %60°
   \end{tikzpicture}
\end{document}
```

运行效果如图 13.7 所示。

scale 为图形放缩命令，可以按比例放大缩小图形。也可以使用 xscale、yscale 按坐标轴放缩图形，特别的，取值为负时表示轴对称的放缩。例如，scale=-1 表示绘制一个原点对称的图形。

shift 为图形平移命令，可以将图形按相对坐标平移。也可以使用 xshift、yshift 按水平、竖直方向平移。

rotate 为图形旋转命令，可以将图形按角度旋转。也可以使用 rotate around 指定旋转点。例如，rotate around={45:(2,2)}表示图形以(2,2)为圆心，顺时针旋转 45°。

anchor 代表文字的位置，可选项有 south（上南）、north（下北）、east（左东）和 west（右西）。

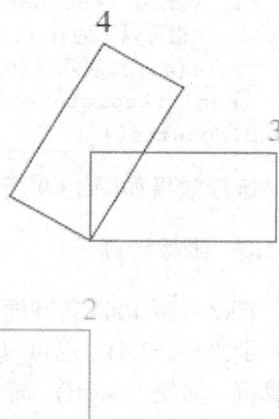

图 13.7　放缩、旋转、平移示例

13.5.2　三维坐标、极坐标

圆括号 "(...)" 是 TikZ 中的坐标语言，用于定义坐标位置。例如，(x,y)形式表示在二维笛卡儿坐标系中的坐标位置。TikZ 也支持三维坐标系，形式为(x,y,z)。

> **↗ LaTeX 源码 13.8**　三维坐标使用示例

```
\documentclass{standalone}
\usepackage{tikz}
\begin{document}
   \begin{tikzpicture}[->]
    \draw (0,0,0) -- (2,0,0);
    \draw (0,0,0) -- (0,2,0);
    \draw (0,0,0) -- (0,0,2);%每个坐标也可以写成(xyz cs:x=0, y=0, z=2)
   \end{tikzpicture}
\end{document}
```

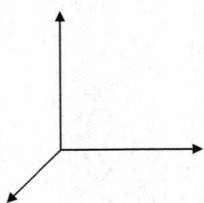

图 13.8 三维坐标示例

运行效果如图 13.8 所示。

绘制三维坐标轴，也可以使用指定坐标系统方法，例如，坐标 (1,0,0)可以写作(xyz cs:x=1,y=0,z=0)。

TikZ 还支持极坐标系：$(\theta:r)$ 表示以半径 r、角度 θ 定义的极坐标系统下的点，坐标元素以冒号"(… : …)"分隔，以区分于二维（三维）笛卡儿坐标系的逗号"(… ，…)"分隔。指定坐标系的写法为(canvas polar cs:radius=r, angle=0)。

LaTeX 源码 13.9 **极坐标使用示例**

```
\documentclass{standalone}
\usepackage{tikz}
\begin{document}
  \begin{tikzpicture}
     \draw (0,0) -- (2,0)-- (2,2)--cycle;
     \draw [red,dashed] (2,0) -- (45:2);
     %也可以写为(canvas polar cs:radius=2, angle=45)
     %(45:2)表示以(0,0)为起点，半径为2，弧度为45°的点(即图中斜边上距离原点2的位置)
  \end{tikzpicture}
\end{document}
```

运行效果如图 13.9 所示。

13.5.3 坐标计算

TikZ 坐标语言支持简单的加减乘除运算，如(1-3*2,6/2)+(3,2-1) 等同于坐标(-2,4)。也可以按比例取线段上某个点。还支持其他常规运算符，如根号 sqrt()、幂级^()、模 mod()、对数 log10()、正弦 sin()、余弦 cos()、正切 tan()等。

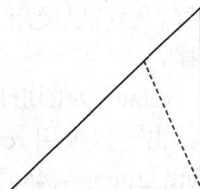

图 13.9 极坐标示例

绘制折线图时，允许使用绘图驻点控制绘笔的移动，只需在坐标前添加"+"或"++"即可。+(x,y)表示由驻点移动(x,y)，但并不改变驻点；++(x,y)表示由驻点移动(x,y)，同时驻点更新为该位置。绘制 Z 字形的示例如下。

LaTeX 源码 13.10 **Z字形示例**

```
\documentclass{standalone}
\usepackage{tikz}
\begin{document}
  \begin{tikzpicture}
     \draw (0,0) -- +(1,0) -- ++(0,-1) -- +(1,0);
     %折线是从前一个点连接到后一个点，(0,0)点位于该图的左上方
  \end{tikzpicture}
\end{document}
```

运行效果如图 13.10 所示。

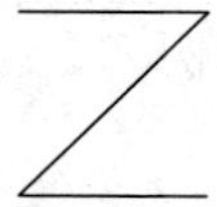

图 13.10　Z 字形示例

TikZ 可以计算折线间的交点，需要预先在导言区载入交点库\usetikzlibrary {intersections}，示例如下。

LaTeX 源码 13.11　**坐标交点计算示例**

```
\documentclass{standalone}
\usepackage{tikz}
\begin{document}
    \begin{tikzpicture}
        \usetikzlibrary{intersections}
        \draw [name path = line1] (0,0) circle (1);
        \draw [name path = line2] (.5,.5) circle (1);
        \path [name intersections={of=line1 and line2}];
        % [name intersections={of=..and ..}] 这些部分都是固定语法，不能改动
        \draw [red,dashed] (intersection-1)--(intersection-2);
    \end{tikzpicture}
\end{document}
```

运行效果如图 13.11 所示。

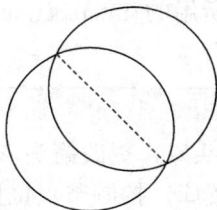

图 13.11　坐标交点示例

在控制选项内使用 name path 命令定义折线标号，再使用 name intersections 命令获取交点，每个交点会自动标号为 intersection-1,intersection-2,…。

13.6　复杂图形

前面介绍了 TikZ 的基本用法，包括一些基本指令和图形控制方法。要使代码更加通顺，可以合理安排模块结构，并借助有效的 TikZ 函数库和绘图工具包进行绘图。通过构建一个符合逻辑的代码体系，可以绘制出精美而复杂的图形。

复杂图形

13.6.1　自定义样式

为了便于节点、边、简单图形的统一管理，TikZ 支持自定义样式，在绘图区顶部添加自定义样式控制命令，还可以自定义绘图命令。

LaTeX 源码 13.12 自定义样式示例

```
\documentclass{standalone}
\usepackage{tikz}
\begin{document}
  \begin{tikzpicture}
    [every node/.style= {draw, circle, red},
    n1/.style= {draw=blue, circle, fill=green},scale=3]
    \definecolor{co1}{RGB}{214,216,80},
    \def\squ{-- ++(1,0) -- ++(0,1) -- ++(-1,0) -- cycle}
    \node at (0,0) {};
    \node at (1,0){};
    \node at (0,1) [n1] {};
    \draw [co1] (0,0) \squ;
  \end{tikzpicture}
\end{document}
```

其中，every node/.style 用于设置默认节点样式；n1/.style 为自定义的样式，命名为 n1；\definecolor{co1}为自定义的颜色，命名为 co1；\def\squ 为自定义的图形，命名为\squ。运行效果如图 13.12 所示。

图 13.12 自定义样式

13.6.2 TikZ 函数库

TikZ 中内置了很多函数库，方便用户自行调用所需功能，如 13.5.3 节中所用的{intersections}函数库，用于求折线交点。其他函数库列表如下。

命令 13.4 函数库命令

\usetikzlibray{arrows.meta}：箭头库，更改箭头形状（其母库{arrows}现已弃用）

\usetikzlibray{positioning}：位置库，控制节点位置

\usetikzlibray{fit}：匹配库，创建一个节点盒匹配多个节点

\usetikzlibrary{automata}：自动绘图库，绘制有限状态机及图灵机

\usetikzlibrary{backgrounds}：背景库，更改背景样式

\usetikzlibrary{calc}：计算库，用于复杂的坐标计算

\usetikzlibrary{calendar}：日历库，显示日历图形

\usetikzlibrary{er}：实体关系库，绘制实体关系图形

\usetikzlibrary{mindmap}：思维导图库，绘制思维导图

\usetikzlibrary{matrix}：矩阵库，使用矩阵结构

\usetikzlibrary {folding}：页面折叠库

\usetikzlibrary {patterns}：图案库，区域内填充图案

\usetikzlibrary{ shaps}：形状库，附加一些节点图形，如多边形、标志形状、扇形以及复合形状等

\usetikzlibrary{decorations}：装饰库，装饰路径形状

\usetikzlibrary {trees}：树状库，绘制树状图

13.6.3 扩展包

TikZ 可以调用其他绘图工具包，如 pgfplots 宏包可绘制科学图表，包括函数图、折线图、散点图、柱状图、三维图、等高线图等。函数图示例如下。

LaTeX 源码 13.13 函数图示例

```
\documentclass{standalone}
\usepackage{tikz}
\usepackage{pgfplots}
\begin{document}
\begin{tikzpicture}[scale=0.8]
   \begin{axis}
      \addplot[red]{exp(x)};
      \addlegendentry{ $ \rm e^\emph x $ }
   \end{axis}
\end{tikzpicture}
\end{document}
```

运行效果如图 13.13 所示。

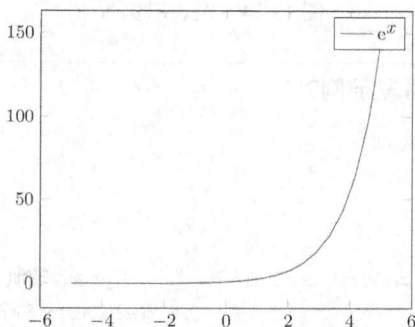

图 13.13　函数图示例

绘制指数图表，图表代码在\begin{axis}环境内，\addplot 用于绘制图形，\addlegendentry 用于添加图例。另附若干个图表示例。

LaTeX 源码 13.14 图表示例1

```
\documentclass{standalone}
\usepackage{tikz}   \usepackage{pgfplots}
\begin{document}
\begin{tikzpicture}[scale=0.7]
\begin{axis}
   [title={Score dependence of time},xlabel={Time},
   ylabel={Score}, xmin=0, xmax=100, ymin=0,
   ymax=120,xtick={0,20,40,60,80,100},
   ytick={0,20,40,60,80, 100,120},legend pos=north west,
   ymajorgrids=true, grid style=dashed,]
   \addplot[color=red, mark=o]
   coordinates{(0,23.1)(10,27.5)(20,32)(30,37.8)(40,44.6)(60,61.8)(80,83.8)
```

```
    (100,114)};
    \legend{Score}
\end{axis}
\end{tikzpicture}
\end{document}
```

运行效果如图 13.14 所示。

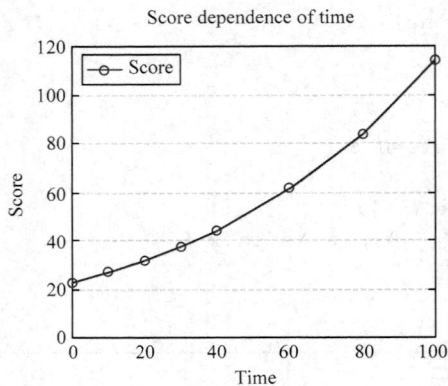

图 13.14　图表示例 1

LaTeX 源码 13.15　图表示例2

```
\documentclass{standalone}
\usepackage{pgfplots}
\begin{document}
\begin{tikzpicture}
\begin{axis}[ybar,enlargelimits=0.15]          %ybar 控制显示为柱状图
                                  %enlargelimits 控制柱状图之间的空隙比例大小
\addplot[draw=blue,fill=red]                  %控制柱状图条框为蓝色，填充为红色
coordinates
{
 (0,4)  (1,1)  (2,2)              %(x,y)，x 为柱状图横坐标数值，y 为柱状图纵坐标数值
 (3,5)  (4,6)  (5,1)
};
\addplot[draw=black,fill=blue]
coordinates
{
 (0,3)  (1,4)  (2,2)
 (3,9)  (4,6)  (5,2)
};
\end{axis}
\end{tikzpicture}
\end{document}
```

运行效果如图 13.15 所示。

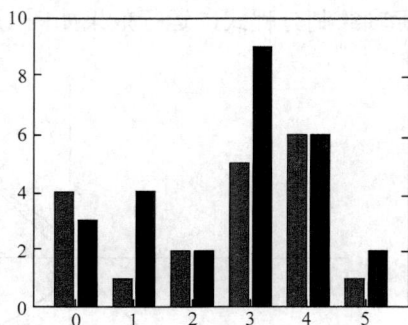

图 13.15　图表示例 2

TikZ 还可以制作动画，需要预先载入 animate 动画库，推荐使用 pdfLaTeX 编译，然后用可查看动画的 PDF 阅读器将 Adobe Reader 打开。制作一个 10 帧/秒，总共 36 帧的红色小球环绕的动画，i=0+10 为动画的循环变量，初始值为 0，以 10 递增，示例如下。

LaTeX 源码 13.16　动画制作示例

```
\documentclass{standalone}
\usepackage{animate}
\usepackage{tikz}
\begin{document}
\begin{animateinline}[loop,autoplay]{10}
%总共生成36帧画面，以每秒10帧的速度自动播放
    \multiframe{36}{i=0+10}
    {%变量i每次步进10度，循环36次一共是360度，刚好循环一周
     \begin{tikzpicture}
     \clip (0,0) circle (5);%设置背景画布，(0,0)点为圆心，5为半径的圆
     \pgfmathsetmacro{\x}{4*sin(\i)}
     \draw[ball color=red](\x,{4*cos(\i)}) circle(.5);
     %绘制以（4*sin(\i)，4*cos(\i)）圆心，半径为0.5的红色球
     \end{tikzpicture}
    }
\end{animateinline}
\end{document}
```

13.7　本 章 小 结

本章介绍 LaTeX 中的 TikZ 绘图宏包的使用，首先介绍了绘图的基本命令，如命令\node、ldraw，然后通过案例的方式介绍了图层、辖域和剪裁的概念以及循环、坐标，最后介绍了若干复杂图形的绘制。

■■■■■■■■■■■■■■■■■■■■■■■ 习题 13 ■■■■■■■■■■■■■■■■■■■■■■■

1. 使用 TikZ 宏包绘制同心圆，效果如图 13.16 所示。

2. 使用 TikZ 宏包在坐标轴绘制方程式，运行效果如图 13.17 所示。

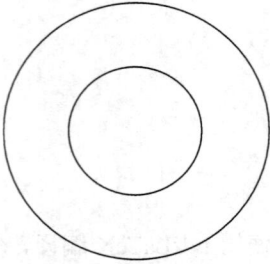

图 13.16 题 1 图

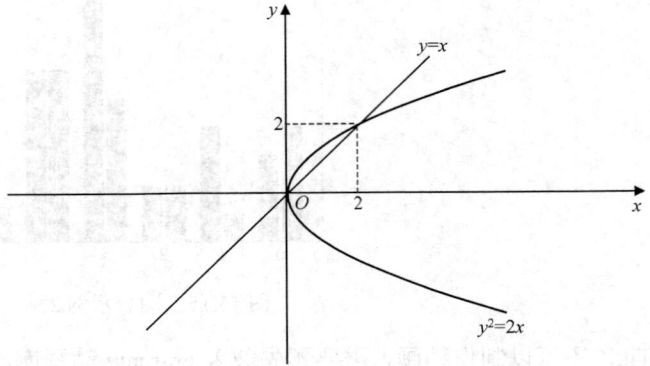

图 13.17 题 2 图

3. 使用 TikZ 宏包绘制流程图，运行效果如图 13.18 所示。

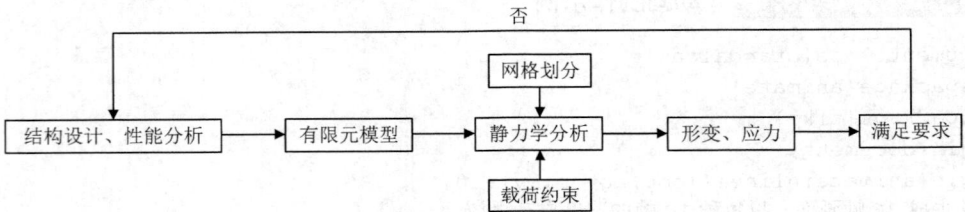

图 13.18 题 3 图

4. 使用 TikZ 宏包绘制散点图，运行效果如图 13.19 所示。

5. 使用 TikZ 宏包绘制三维图，运行效果如图 13.20 所示。

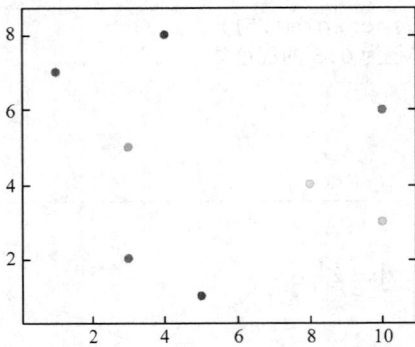

图 13.19 题 4 图

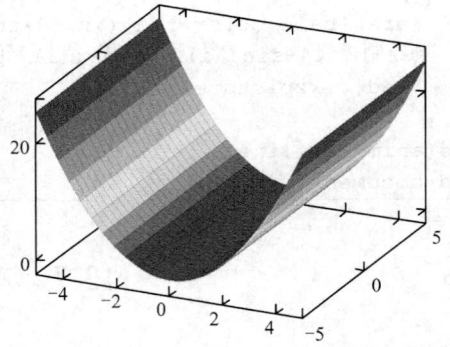

图 13.20 题 5 图

第 14 章　毕业论文模板解析

学习目标 ☞	1. 了解论文模板的基本结构。
	2. 掌握论文各个子结构实现样式所用到的命令。
	3. 尝试改编模板实现想要的效果。

前面已经把 LaTeX 的基础命令介绍完了，将这些命令整合，能够理解并制作完成满足某个特定需求的模板才能真正实现水平进阶。本章将基于吴凌云研究员开发的博士后研究报告 LaTeX 模板，按照本科毕业论文格式要求修改其内容，并解析其命令以供读者理解掌握。修改后的版本可同时支持 MiKTeX 用户和 CTeX 用户使用。

14.1　论文模板目录结构、封面及完整框架

标准的毕业论文含有封面、中英文摘要、目录、正文、参考文献等内容，本章解析的毕业论文的组成如表 14.1 所示。通过学习此模板，读者会对 LaTeX 的自定义设计样式及使用有一个更深的理解。

论文模板目录结构、
封面及完整框架

表 14.1　毕业论文组成

装订顺序	内容	说明
1	封面	
2	中文摘要	
3	英文摘要	
4	目录	
5	表格	可以省略
6	插图	可以省略
7	主体部分	
8	附录	可以省略
9	参考文献	
10	发表文章目录	可以省略
11	个人简历	可以省略
12	致谢	

待解析的论文模板目录结构如表 14.2 所示，接下来将对各个部分展开深度解析。论文封面主要包含学科分类号、学校 Logo、论文题目、专业、作者姓名、指导教师、提交日期等元素。通过学习此模板的设计架构及格式设置，读者可根据实际需求定制开发满足自己需要的排版样式。

表 14.2　论文模板的目录结构组成

序号	内容	文件类型	说明
1	template	TeX	模板的整体框架，也就是论文的主文件
2	StudentGraduatePaperDesign	class 文件	模板的格式设置文件
3	chapter	文件夹	存放论文的各个章节
4	figs	文件夹	存放论文各章节的图片
5	bib	文件夹	存放论文的参考文献库
6	bst	文件夹	存放论文的参考文献格式

　　读者根据自己的需要，在主文件中填写对应的封面信息、正文、参考文献、附录等内容，论文封面的样式如图 14.1 所示，具体源码如下所示。

学科分类号＿＿＿20220518＿＿＿

校徽

本科毕业论文（设计）

论文题目	学位论文模板演示改装设计
	从入门到精通
院　　系	XXX大学软件学院
专　　业	计算机科学与技术
作者姓名	XXX
学　　号	20206520095
指导教师	XX
提交日期	2024年3月

XX（学校所在地）
2024年3月

图 14.1　毕业论文封面

LaTeX 源码 14.1　**主文件（整篇论文结构代码）**

```
\documentclass[dvipdfm,twoside]{StudentGraduatePaperDesign}
%注意：CTeX 版本第一个选项请填写 dvipdfm，后续支持单击 LaTeX 按钮进行编译，MiKTeX 版本
```

```latex
%请填写 pdfTeX，此外 dvipdfm 是一个用于处理 DVI 到 PDF 转换的程序
\graphicspath{{figs/}}                              %设置图片素材路径
\begin{document}
%%%%%%%%%%%%%%%%%%%%%%%%%%%%%%%
%封面部分
%%%%%%%%%%%%%%%%%%%%%%%%%%%%%
    \classification{20220518}
    \school{XXX 大学}
    \schoollogo{4.13cm}{schoollogo.eps}            %封面 Logo，第一个参数图片宽度
    \title{学位论文模板演示改装设计\\从入门到精通}
    \englishtitle{Subtrees and multiple leaf-distance}
    \institute{XXX 大学软件学院}
    \major{计算机科学与技术}
    \studentNo{20206520095}
    \author{XXX}
    \submitdate{2024 年 3 月}
    \address{XX}
    \advisor{XX}
    \maketitle %调用系统底层命令生成标题
%%%%%%%%%%%%%%%%%%%%%%%%%%%%%%%
% 前言部分
%%%%%%%%%%%%%%%%%%%%%%%%%%%%%
\frontmatter
    \include{chapter/abstract}      %摘要
    \tableofcontents                %目录
    \listoftables                   %表格目录
    \listoffigures                  %插图目录
%%%%%%%%%%%%%%%%%%%%%%%%%%%%%%%
% 正文部分
%%%%%%%%%%%%%%%%%%%%%%%%%%%%%
\mainmatter
\include{chapter/chap-intro}        %章节一
\include{chapter/chap-betheatree}   %章节二
\include{chapter/chap-conclu}       %章节三
\appendix                           %附录
\include{chapter/chap-code}
%%%%%%%%%%%%%%%%%%%%%%%%%%%%%%%
% 附件部分
%%%%%%%%%%%%%%%%%%%%%%%%%%%%%
\backmatter
    \bibliography{bib/tex}          %参考文献
    %\nocite{*}                     %显示所有参考文献，即便没有引用也列出来
    \include{chapter/pub}           %发表文章目录
    \include{chapter/resume}        %个人简历
    \include{chapter/thanks}        %致谢
\end{document}
```

14.2 必要宏包的加载解析

论文模板需要加载的宏包有 ulem、CJKulem、booktabs、subfigure、threeparttable、cs4size、a4paper、Fancyhdr、fntef、ifpdf、amsmath、amsthm、amsfonts、amssymb、bm、graphicx、sort、compress、numbers、calc、hyperref、algorithm、verbatim。

必要宏包的加载
解析

在设计 StudentGraduatePaperDesign 类文件的时候，需要引入 ctexbook、文档类；在类文件中，将需要用到的宏包放在前面，具体引入与解析源码如下所示。

LaTeX 源码 14.2　class文件中宏包的配置与解析

```
%\newif 是 LaTeX 中的一个命令，用于创建一个新的逻辑开关
%定义\SGPD@dvips 开关变量，默认为 false
\newif\ifSGPD@dvips \SGPD@dvipsfalse

%声明\documentclass 参数选项，\DeclareOption{}{}命令用来处理给定的选项，有两个参数，
%第一个是选项的名称，第二个是选项传递后要执行的代码
\DeclareOption{dvips}{\SGPD@dvipstrue}
\DeclareOption{dvipdfm}{\SGPD@dvipsfalse}    %DIV 转为 PDF 的工具
\DeclareOption{pdftex}{\SGPD@dvipsfalse}     %直接生成 PDF 的引擎

%设置文档类型为 ctexbook 类，为 ctexbook 类传递参数选项
\DeclareOption*{\PassOptionsToClass{\CurrentOption}{ctexbook}}
%\Declareoption*{}表示接受所有未明确声明的选项
%\PassOptionsToClass{}{}第一对花括号内设置文档参数选项集合，第二对花括号内设置文档类型
%\CurrentOption 用于表示当前处理的选项
\ProcessOptions                              %执行选项里的设置

%预声明
\LoadClass[cs4size,a4paper,fancyhdr,fntef]{ctexbook}
%其中 fntef 宏包为 CJKfntef 宏包和 CCTfntef 宏包提供统一接口
%加载相应的宏包，比如\RequirePackage{ifpdf}，判断当前 LaTeX 编译引擎是否是 pdfTeX 或
%者是 pdfLaTeX
\RequirePackage{ifpdf}        \RequirePackage{graphicx}
\RequirePackage{calc}         \RequirePackage{ulem}
\RequirePackage{CJKulem}      \RequirePackage{booktabs}
\RequirePackage{subfigure}    \RequirePackage{threeparttable}
\RequirePackage{verbatim}     \RequirePackage{algorithm}
\RequirePackage[sort&compress,numbers]{natbib}
\RequirePackage{amsmath,amsthm,amsfonts,amssymb,bm}

%根据生成最终 PDF 文档编译方式的选择，引入对应于选定编译方式的超链接宏包，设定能插入文档
%中的图片后缀格式
\ifpdf                        %编译引擎是否 pdfTeX 或 pdfLaTeX，默认情况下是以 PDF 模式运行的，
                              %也可以以 DVI 模式输出
    \RequirePackage[pdftex]{hyperref}        %使用 pdfTeX 引擎处理超链接等功能
    \DeclareGraphicsExtensions{.pdf}         %只识别 PDF 格式的图形文件
```

```
\else    %没有运行 pdfTeX，或者是以 DVI 模式下运行 pdfTeX 或者是 pdfLaTeX
  \ifSGPD@dvips
    \RequirePackage[dvips]{hyperref}        %用 dvips 将 DVI 文件转换为具有交互
                                            %性和可导航性的 PostScript 格式文件
    \RequirePackage{psfrag}                 %PSfrag 宏包允许用 LaTeX 的文本和公式
                                            %来替代 EPS 图形文件中的字符
    \AtBeginDvi{\special{pdf:tounicode GBK-EUC-UCS2}}% 用于在 DVI 文件的开头
%插入 PDF 相关的设置，pdf:tounicode 是一个用于指定 PDF 字符编码，GBK-EUC-UCS2 参数
%告诉 PDF 查看器如何正确地显示文件中的中文字符
  \else
    \RequirePackage[dvipdfm]{hyperref}      %使用 dvipdfm(x) 程序处理超链接等功
%能，使用 dvipdfm(x) 程序处理超链接等功能
  \fi
  \DeclareGraphicsExtensions{.eps,.ps}      %只识别 EPS 或者 PS 格式的图形文件
\fi
```

14.3　模板引擎的深度解析

介绍完整体框架与宏包以后，本节将解析模板中封面、目录、页眉页脚等元素的引擎命令。

毕业论文模板
解析

14.3.1　封面元素引擎深度解析

在封面中，学科分类号和学校 Logo 等元素的样式是通过在 class 类文件中自定义变量名，并为这些变量赋值来实现的。用户可以输入相应的值，例如学科分类号可以通过 \classification{20220518}进行赋值。下面是设置这些变量的格式的步骤。

先在 class 文件中定义一个标签或者标题：

```
\def\SGPD@label@classification{学科分类号}
```

然后设置带参数的宏命令：

```
\newcommand\classification[1]{\def\SGPD@value@classification{#1}}
```

最后设置显示格式：

```
\bf\songti\zihao{-4}  %小四号字体
\vskip 10pt
\hfill    %\hfill 根据排版需要插入空白，充满整行
\SGPD@label@classification
\SGPDunderline{100pt} {\SGPD@value@classification} %参数 classification
                                                   %对应的值
```

可能读者注意到上面的 **SGPDunderline**，这是经过重新定义的下划线；为了对齐封面论文题目、院系等信息，模板采用表格进行控制，考虑到论文题目有较长的情况，编写命令 **\titleBox**，实现标题长度自适应换行判断。

下面是设置封面显示样式时用到的源码。

📐 **LaTeX 源码 14.3**　　**class文件中封面的设置**

```
%定义变量名
\def\SGPD@label@classification{学科分类号}
```

```
\def\SGPD@label@report{本科毕业论文（设计）}
\def\SGPD@label@title{论文题目}
\def\SGPD@label@institute{院系}
\def\SGPD@label@major{专业}
\def\SGPD@label@author{作者姓名}
\def\SGPD@label@studentNo{学号}
\def\SGPD@label@advisor{指导教师}
\def\SGPD@label@submitdate{提交日期}
%设置参数，\hbox to <宽度>{<内容>} 用于创建一个水平盒子，并指定盒子的宽度
\newcommand{\SGPDunderline}[2]{
\underline{\hbox to #1{\hfill#2\hfill}}}   %定义新的下划线命令
\newcommand\classification[1]{\def\SGPD@value@classification{#1}}
                              %给学科分类号赋值
\newcommand\school[1]{\def\SGPD@value@school{#1}}
%给学校名赋值
\renewcommand\title[2][\SGPD@value@title]{
%重新定义标题 title 命令，可以接受两个参数，第一个参数是可选的，若不提供，则默认使用
%\SGPD@value@title 的值。两个参数分别赋值给\SGPD@value@titlemark 和
%\SGPD@value@title，必选参数 #2 用于传递标题内容
\def\SGPD@value@title{#2}
\def\SGPD@value@titlemark{\MakeUppercase{#1}}}
%其中\renewcommand<命令>[<首参数默认值>]{<具体定义>}
%title 命令如果传递一个参数，即给 SGPD@value@title 赋值，然后%SGPD@value@title 作为
%第一个参数又给 titlemark 赋值
\renewcommand\author[1]{\def\SGPD@value@author{#1}}
\newcommand\advisor[1]{\def\SGPD@value@advisor{#1}}
\newcommand\submitdate[1]{\def\SGPD@value@submitdate{#1}}
\newcommand\address[1]{\def\SGPD@value@address{#1}}
\newcommand\major[1]{\def\SGPD@value@major{#1}}
\newcommand\studentNo[1]{\def\SGPD@value@studentNo{#1}}
\newcommand\institute[1]{\def\SGPD@value@institute{#1}}
\newcommand\schoollogo[2]{\def\SGPD@value@schoollogowd{#1}
\def\SGPD@value@schoollogo{#2}}%学校 Logo 的宽度以及名称赋值的宏命令


\def\cleardoublepage{\clearpage\if@twoside\ifodd\c@page\else
%清双页命令，确保下一页从奇数页开始  如果是双面打印且当前页是奇数页（\c@page 代表
%页码），则不做任何操作
\thispagestyle{empty}                 %偶数页的话，去掉页眉和页脚

%创建一个空盒子（用于强制换页）并开始新页，如果当前是双栏排版，则再创建一个空盒子并开始下
%一页
\hbox{}\newpage\if@twocolumn\hbox{}\newpage\fi\fi\fi}
%总的来说，这段代码重新定义了 \cleardoublepage 命令，确保在双面打印模式下，每一章或
%部分都从右侧页面（奇数页）开始。如果当前页是左侧页面（偶数页），则插入一个空白页以保持这
%一排版约定。在双栏模式下，可能需要额外的空白页以保持正确的布局
%更改浮动页的浮动对象比例为 0.8，通常该数值较低，避免在浮动页留下太多空白空间
\renewcommand{\floatpagefraction}{0.80}

%设置格式\renewcommand\maketitle{
    %设置论文封面格式
    \cleardoublepage                    %确保下一页从奇数页开始
```

```
    \thispagestyle{empty}              %将本页设置为没有页眉和页脚的形式
    \begin{center}

    %设置文字、下划线长度
    \bf\songti\zihao{-4}\vskip 10pt\hfill
    \SGPD@label@classification         %论文分类号标签变量
    \SGPDunderline{100pt}{\SGPD@value@classification}
    \vskip \stretch{2}                 %弹性长度命令，垂直向下跳跃 2 倍行距

    %封面论文学校 Logo
    \begin{figure}[h]
        \centering
        \includegraphics[width=\SGPD@value@schoollogowd]
        {\SGPD@value@schoollogo}
    \end{figure}
    \vskip -1em \bf\songti\zihao{-1} \SGPD@label@report
    %显示本科毕业论文（设计）
    \vskip \stretch{2}
    \bf\fangsong\zihao{4}
    \def\tabcolsep{3pt}                %控制表格列与列之间水平间距，book 类默认值为 6pt
    \def\arraystretch{1.5}             %行距系数，用于控制 array 数组，或者控制 tabular
                                       %表格环境行与行之间的距离
    \def\pretitle1wd{60pt}             %封面论文题目、院系这一列的宽度
    \newlength\CovertitleSingleLineMaxWd    %论文封面题目单行最大宽度（见后续解释）
%\makebox[width][position]{text}表示产生宽度为 width 的盒子，position 表示文本的对
%齐方式，命令中 s 代表分散对齐方式
    \begin{tabular}{p{\pretitle1wd}p{\CovertitleSingleLineMaxWd}}
    \makebox[\pretitle1wd][s]{\SGPD@label@title} &
    \titleBox{\SGPD@value@title }\\
    \makebox[\pretitle1wd][s]{\SGPD@label@institute}&
    \titleBox{\SGPD@value@institute}\\
    \makebox[\pretitle1wd][s]{\SGPD@label@major}&
    \titleBox{\SGPD@value@major}\\
    \makebox[\pretitle1wd][s]{\SGPD@label@author}&
    \titleBox{\SGPD@value@author }\\
    \makebox[\pretitle1wd][s]{\SGPD@label@studentNo}&
    \titleBox{\SGPD@value@studentNo}\\
    %导师一栏不填写不显示，填写则显示，\@empty 表示一个空的内容作为默认参数值或占位符
    \ifx\SGPD@value@advisor\@empty\else
    \makebox[\pretitle1wd][s]{\SGPD@label@advisor}&
    \titleBox{\SGPD@value@advisor }\\
    \makebox[\pretitle1wd][s]{\SGPD@label@submitdate}&
    \titleBox{\SGPD@value@submitdate }\\
\end{tabular}
    \vskip \stretch{2}
    \SGPD@value@address \\             %作者单位
    \SGPD@value@submitdate             %论文提交日期
    \end{center}}
```

　　论文题目等内容超过设定长度自动换行居中的命令如下所示。请注意：下面的源码务必要放在调用命令 titleBox 之前。

```
┌──────────────────────────────────────────────────────────────────┐
│  LaTeX 源码 14.4    论文题目等信息自动换行居中的设置                    │
```

```latex
\newlength\@tempTitleHt                    %标题的高度
\newlength\@tempTitleMaxWd                  %标题最大宽度

\newlength\CovertitleSingleLineMaxWd       %封面标题单行下划线最大宽度
\newlength\CovertitleMultiLineMaxWd        %封面标题多行下划线最大宽度
\newlength\CovertitleLRExtraWd             %封面标题下划线左右两侧余量宽度，用来设置
                                           %居中功能初始赋值
\setlength\CovertitleSingleLineMaxWd{0.6\textwidth}
\setlength\CovertitleMultiLineMaxWd{0.5\textwidth}
\setlength\CovertitleLRExtraWd{.5em}
\newcommand{
\CovertitleUnderline}{\rule[-.3em]{\CovertitleSingleLineMaxWd+
\CovertitleLRExtraWd}{1pt}}
%定义封面论文题目下划线新命令\CovertitleUnderline
%其中命令\rule[]{}{}，[]内容表示下划线垂直向下0.3em，第一个花括号内容表示下划线长度为
%单行最大宽度加上左右两侧余量，第二个花括号内容表示下划线粗细为1pt

\newcommand{\@titleBox}[1]{\parbox[t]{\@tempTitleMaxWd}{#1}}
%定义@titleBox命令为带宏命令参数的\parbox[position]{width}{text}，position为与
%段落盒子外面文字的对齐方式

\newcommand\titleBox[1]{
  \setlength\@tempTitleMaxWd\CovertitleSingleLineMaxWd
    \settototalheight\@tempTitleHt{\@titleBox{#1}}
%定义盒子新命令\titleBox，盒子长度中标题最大宽度为单行下划线最大宽度，盒子总高度为标题
%的高度，该命令是为了自动计算标题所占的行数
    %第一种情况：标题为空，则只有空下划线
    \ifdim\@tempTitleHt=0pt                 %\ifdim 比较长度是否等于 0pt
      \CovertitleUnderline                  %添加下划线
    %第二种情况：标题有内容
    \else
      \leavevmode                           %转为水平模式
    %第二种情况中的第一种情况，标题内容超过一行
      \ifdim\@tempTitleHt>\normalbaselineskip
    %\normalbaselineskip 为基本行距变量，如果标题高度超过一行
        \setlength\@tempTitleMaxWd\CovertitleMultiLineMaxWd
    %设置标题最大宽度为多行下划线最大宽度
        \settototalheight\@tempTitleHt{\@titleBox{#1}}
    %设置总高度为标题的高度
    %\rlap 命令，创建了一个 "right overlap"(右重叠)的盒子，控制下划线起始位置,\smash
    %命令压缩空白间距，使显示更紧凑
        \rlap{\smash{\@titleBox{
          \@whiledim\@tempTitleHt>0pt        %条件循环语句，如果标题高度大于 0
          \leavevmode                        %转为水平模式输出
          \do{
            \CovertitleUnderline\\            %添加（换行后的）下划线
            \addtolength\@tempTitleHt{-\normalbaselineskip}
          }                                  %并减小标题高度
      }}}                                    %\rlap 命令结束
```

```
    %设置偏移量，将标题内容居中，\dimexpr 命令可以计算尺寸表达式
    %\relax 是一种安全模式，意思是前面命令到此为止，不再展开新命令
     \hspace{\dimexpr\CovertitleLRExtraWd +  %\dimexpr 为计算尺寸表达式
    .5\CovertitleSingleLineMaxWd -
    .5\CovertitleMultiLineMaxWd\relax}      %设置偏移量，单行和多行的一点差距
    \@titleBox{\centering #1}               %内容居中
    %第二种情况中的第二种情况，标题内容不超过一行
    \else
    \rlap{\CovertitleUnderline}             %添加下划线
      \hspace{\CovertitleLRExtraWd}         %设置偏移量
      \@titleBox{\centering #1}             %内容居中
    \fi
  \fi
}
```

14.3.2　目录生成解析

主页文件中用关键字 tableofcontents 生成目录，事实上 LaTeX 通过识别 chaper、section、subsection 等关键字来生成章节、小节等目录项，可以通过设置命令对生成的目录标签、目录文字，前后间距、缩进等进行设置，目录的生成样式如图 14.2 所示，源码解析如下。

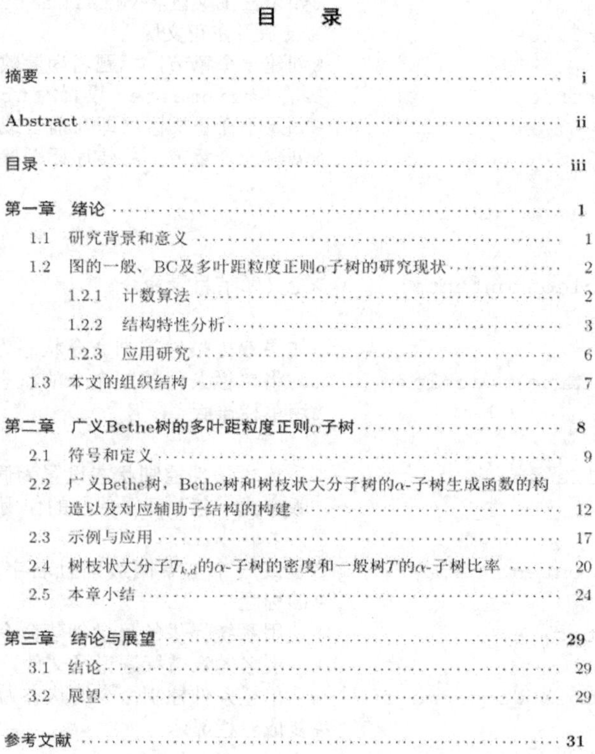

目　录

摘要 …… i
Abstract …… ii
目录 …… iii
第一章　绪论 …… 1
1.1　研究背景和意义 …… 1
1.2　图的一般、BC及多叶距粒度正则α子树的研究现状 …… 2
1.2.1　计数算法 …… 2
1.2.2　结构特性分析 …… 3
1.2.3　应用研究 …… 6
1.3　本文的组织结构 …… 7
第二章　广义Bethe树的多叶距粒度正则α子树 …… 8
2.1　符号和定义 …… 9
2.2　广义Bethe树，Bethe树和树枝状大分子树的α-子树生成函数的构造以及对应辅助子结构的构建 …… 12
2.3　示例与应用 …… 17
2.4　树枝状大分子$T_{k,d}$的α-子树的密度和一般树T的α-子树比率 …… 20
2.5　本章小结 …… 24
第三章　结论与展望 …… 29
3.1　结论 …… 29
3.2　展望 …… 29
参考文献 …… 31

图 14.2　目录

LaTeX 源码 14.5　class文件中生成目录的设置

```
%设置 PDF 中的超链接属性
\hypersetup{
    CJKbookmarks=true,                  %生成书签支持中文，默认为 true
    bookmarksnumbered,                  %在生成的 PDF 文档中为书签添加章节编号
    %(以上两个设置在 MiKTeX 版本中需要去除，在 CTeX 版本中需要保留)
    colorlinks,                         %声明超链接以颜色来标识，不使用默认的方框来标识
    linkcolor=blue,                     %生成目录文字的颜色为蓝色
    citecolor=blue,                     %引用文献上标颜色为蓝色
    pdfstartview=FitH                   %页面宽度适应 Acrobat 视窗宽度
}
%定义一个新的空格，较为脆弱的命令在浮动性参数里时需要\protect 命令来保护
\newcommand\SGPDspace{\protect\CTEX@spaceChar\protect\CTEX@
spaceChar}
%用于插入两个连续的空格
%定义变量名，中间用空格隔开（在之后的致谢等中也会用到）
\def\CTEX@contentsname{目\SGPDspace 录}


%输出跟章节同级的一个目录项，但是不编号，名称为传递过来的参数#1，并添加到目录
\newcommand*\Nchapter[1]{              %带 * 的为短命令，命令内容不能出现段落，即不能有
                                      %段落\par，定义新命令\Nchapter

    \if@mainmatter                    %如果在主文区将\@mainmatter 设置为 false
      \@mainmatterfalse               %表示不在正文区
      \chapter{#1}                    %创建一个章节，标题名为参数#1
      \@mainmattertrue                %将\@mainmatter 设置为 true，重新进入正文区
    \else                             %如果不在正文区（即在前言或其他部分），直接
      \chapter{#1}                    %创建一个章节，并传递标题参数
    \fi}

%设置生成目录的格式
\renewcommand\tableofcontents{        %定义章节目录命令

    \if@twocolumn                     %如果双栏条件控制命令状态为真，
      \@restonecoltrue\onecolumn      %则将单栏条件控制命令的状态设置为真，然后使
                                      %用单栏排版

    \else
      \@restonecolfalse               %将单栏条件控制状态设置为假，无须改变现有的排
                                      %版方式，起到双重保险的作用

    \fi
    \Nchapter{\contentsname }         %生成一个与章同级别且名字为\contentsname
                                      %的标题
    \@starttoc{toc}                   %使用系统提供的目录创建命令，生成一个以 .toc 为
                                      %扩展名的章节标题记录文件，并读取和刷新该文件
    \if@restonecol\twocolumn\fi       %若单栏条件控制命令的状态为真，将后续内容显示恢
                                      %复成双栏显示

    }
    %去掉目录中的空格字符，把\CTEX@spaceChar\relax 命令以字符串的形式写入 toc 文件
    \addtocontents{toc}{\let\string\CTEX@spaceChar\relax}
```

```
%设置书的部条目（part）目录标题和页码之间的格式
%在排版章节目录时，每种层次条目的缩进宽度、序号宽度和字体等条目格式是由系统预命名的命令
%\l@条目类型来控制的
\renewcommand*\l@part[2]{              %带 * 的为短命令，命令内容不能出现段落，即不能
                                       %有 \par
   \ifnum \c@tocdepth >-2\relax        %设定的目录深度必须大于 -2 才能显示
      \addpenalty{-\@highpenalty}      %\@highpenalty 的值为 301，其值越小，越鼓励
                                       %在此换行或换页，可以在部条目（part）前面换页
      \addvspace{2.25em \@plus\p@}     %\p@ 为 1pt，在部条目前添加约 2.25em 的垂直空
                                       %白，以便与前一个条目分开，留出弹性距离 1pt
      \setlength\@tempdima{3em}        %临时变量 \@tempdima 用来存储书的部条目（part）
                                       %的宽度，该值可以被系统命令 \numberline{序号}
                                       %调取用来确定序号盒子的宽度，如果部条目（part）
                                       %中没有使用该命令，则该赋值命令可以忽略
      \begingroup                      %开始一个组合
      \parindent \z@ \rightskip \@pnumwidth   %\@pnumwidth 表示页码的宽度，将段
                                       %落首行缩进设置为 0pt，\z@ 表示 0pt 相对于原段
                                       %落边界，段落右侧留出宽度为 \@pnumwidth 的空间
      \parfillskip -\@pnumwidth        %段落最后一行向右扩充 \@pnumwidth 宽度，这个宽
                                       %度留给页码使用，这样页码刚好跟原始段落边界对齐
      {\leavevmode                     %从垂直模式进入水平模式，即开始一个段落
       \large \bfseries    #1          %将部条目（part）内容参数 #1 加大加粗
%\leaders 盒子命令，多次复制，排成一行或一列，形成水平或垂直指引线，以充满限定长度的空
%间，其中 \m@th 取消在行内公式前后插入的附加水平空白，\mkern 长度表示在数学模式中生成一
%段宽度为 1.5mu 的水平空白
       \leaders\hbox{$\m@th\mkern 1.5mu\cdot\mkern 1.5mu$}
                                       %生成标题内容后的点，自适应充满本行 \hfil 为填
                                       %充空白命令，\hb@xt@长度{内容}命令将内容装入
                                       %宽度为指定长度的水平盒子，\hss 可
                                       %生成一段水平弹性空白
       \hfil \hb@xt@\@pnumwidth{\hss #2}}\par
                                       %将部标题页的页码参数 #2 装入 1.55em 宽的水平
                                       %盒子并使其右对齐，结束段落
      \nobreak                         %阻止在部条目（part）当前位置换页
      \global\@nobreaktrue             %阻止在当前位置换页，命令全文有效，以防止在此条
                                       %目之后立即换页
      \everypar{\global\@nobreakfalse\everypar{}}
                                       %它首先将 @nobreak 标志设置为 false，从而允
                                       %许在后续的文本中正常地进行分页，然后，它将
                                       %\everypar 本身重置为一个空的钩子，这样就不
                                       %会在后续段落中再次执行这些命令
      \endgroup                        %结束一个组合
   \fi}

%设置章节条目格式
\renewcommand*\l@chapter[2]{
   \ifnum \c@tocdepth >\m@ne           %\m@ne 值为 -1
      \addpenalty{-\@highpenalty}      %可以在章条目（chapter）前换页
      \vskip 1.0em \@plus\p@           %在章条目前（chapter）增加一段高度约为 1em
                                       %的垂直空白，以便与前一条目分割，\p@ 通常为 1pt
```

```
                \setlength\@tempdima{1.5em}      %临时变量\@tempdima,解释同上,用来存储书的章
                                                 %条目(chapter)的宽度

        \begingroup
          \parindent \z@ \rightskip \@pnumwidth
          \parfillskip -\@pnumwidth
          \leavevmode \bfseries
          \advance\leftskip\@tempdima    %\advance 为增加第二个到第一个值上,将章标题段
                                         %落整体从左侧向右缩进 1.5em,首行向左缩进
          \hskip -\leftskip              %1.5em,进而实现第一行不缩进,后续行缩进
           #1\nobreak                    %阻止当前位置可能发生的换页
          \leaders\hbox{$\m@th\mkern 1.5mu\cdot\mkern 1.5mu$}
          \hfil \nobreak\hb@xt@\@pnumwidth{\hss #2 }\par
          \penalty\@highpenalty          %尽量避免在章条目(chapter)后换页

        \endgroup
\fi}
```

%\@dottedtocline 命令用户不直接调用,但是\tableofcontents 会调用它来逐级生成目录条
%目,命令\@dottedtocline{层次深度}{缩进宽度}{序号宽度}{标题内容}{页码}是用于对节及其
%以下子节目录条目格式命令的定义,该命令共有 5 个参数,其中前 3 个供类文件编写者使用,后两个
%由系统调用\l@条目类型的\contentsline 命令提供,所以,上述定义命令中并未出现这两个参数

```
\def\@dottedtocline#1#2#3#4#5{
  \ifnum #1>\c@tocdepth \else
                                 %\c@tocdepth 为设定的目录深度,book 类默认值为 2,
                                 %如果条目层次深度大于设定目录深度,则不显示在目录中。
    \vskip \z@ \@plus.2\p@        %否则在条目前增加一段高度约为 0.2pt 的垂直空白,以便与
                                 %前一条目分割开,\z@=0pt, \p@=1pt

    {\leftskip #2\relax          %\leftskip 左侧边距缩进,缩进距离为参数#2
    \rightskip \@tocrmarg        %\@tocrmarg 设置目录条目\rightskip 右边距
    \parfillskip-\rightskip       %确保最后一行对齐,也就是页码对齐右边距
    \parindent #2\relax          %控制标题首行缩进,缩进距离为参数#2,这样刚
                                 %好能使序号悬挂凸显

    \interlinepenalty\@M         %禁止在段落中换页,\@M=10000
    \leavevmode                  %从垂直模式进入水平模式,即,开始一个段落
    \@tempdima #3\relax          %\@tempdima 为宽度命令,宽度为参数#3
    \advance\leftskip \@tempdima  %增加左侧缩进宽度
    \null\nobreak\hskip -\leftskip %首行向左缩进\leftskip 宽度,使首行内容向左移
                                 %动,使得除了节标题序号之外的内容与第二行内容
                                 %对齐
    {#4}\nobreak                 %输出(小)节标题,阻止当前位置可能发生的换页
    \leaders\hbox{$\m@th\mkern 1.5mu\cdot\mkern 1.5mu$}\hfill
    \nobreak                     %输出引导线,阻止在当前位置换页
    \hb@xt@\@pnumwidth{\hfil\normalfont \normalcolor #5}
                                 %hb@xt@长度{内容}命令将内容装进水平盒子,
                                 %\@pnumwidth 为页码宽度,\hfil 为弹性空白
                                 %用于将页码推到最右边,字体为\normalfont
                                 %颜色为\normalcolor,内容为参数#5
    \par}                        %目录条目换行
\fi}
```

14.3.3　中英文摘要解析

摘要是用精简的语言对全文进行概括，是论文结构一个不可缺少的部分。其步骤是定义变量名、摘要环境，最后设置其格式。

LaTeX 源码 14.6　中英文摘要的位置

```
%%%%%%%%%%%%%%%%%%%%%%%%%%%%%%%%%%%%%%%%%%%%%%%%%%%%%%%%%%
class 文件中英文摘要的设置
%定义变量名
\def\SGPD@label@abstract{摘\SGPDspace 要}
\def\SGPD@label@englishabstract{Abstract}
\def\SGPD@label@keywords{关键词：}
\def\SGPD@label@englishkeywords{Keywords:~}

%定义摘要环境
\newenvironment{abstract}
    {\Nchapter{\SGPD@label@abstract}}      %定义开始部分，将中文摘要写入目录
    {}                                     %定义结束部分

\newenvironment{englishabstract}
    {\Nchapter{\SGPD@label@englishabstract}}  %将英文摘要写入目录
    {}

%设置关键字格式
\newcommand\keywords[1]{
    \vspace{2ex}\noindent{\heiti \SGPD@label@keywords} #1}

\newcommand\englishkeywords[1]{
    \vspace{2ex}\noindent{\bf \SGPD@label@englishkeywords} #1}


%%%%%%%%%%%%%%%%%%%%%%%%%%%%%%%%%%%%%%%%%%%%%%%%%%%%%%%%
chapter 文件夹中摘要文件编写示例
\begin{abstract}
    利用图论理论，并通过引入多元生成函数和结构分析的方法，本文解决了...
\keywords{扇图, $r$多扇图, 轮图, 广义 Bethe 树，子树，多叶距粒度正则
$\alpha$-子树，生成函数}
\end{abstract}
\begin{englishabstract}
    With graph theory, and through introducing multiple generating functions
\englishkeywords{fan graphs, $r$ multi-fan graphs, wheel graphs, generalized
Bethe trees, subtree, multiple leaf-distance granular regular $\alpha$-subtree,
generating function}
\end{englishabstract}
```

运行效果如图 14.3 所示。

摘　要

利用图论理论，并通过引入多元生成函数和结构分析的方法，本文解决了

关键词：扇图，r 多扇图，轮图，广义Bethe树，子树，多叶距粒度正则α-子树，生成函数

Abstract

With graph theory, and through introducing multiple generating functions

Keywords: fan graphs, r multi-fan graphs, wheel graphs, generalized Bethe trees, subtree, multiple leaf-distance granular regular α-subtree, generating function

图 14.3　中英文摘要

14.3.4　页码及页眉页脚格式设置解析

页码计数分为两部分：第一部分是从摘要到图片目录，用关键字 frontmatter 控制该范围；第二部分是从正文到文章最后，用关键字 mainmatter 控制该范围。两部分页码计数均从 1 开始，其中 frontmatter 部分页码使用罗马数字；mainmatter 部分页码使用阿拉伯数字。这两个关键字的用法见主文件源码 14.1，在主文件中进行文章框架设置时，还用到两个关键字，分别是 appendix 和 backmatter。其中，appendix 部分章节序号使用字母，从 A 开始编号；backmatter（后置）章节编号中断（章节不会被编号），但是页码编号不中断。

本模板使用了命令 twoside 实现双面打印设置，同时为奇偶页页眉分别进行了设置，奇数页页眉设置为当前页的章标题，偶数页页眉设置为论文的题目，运行效果如图 14.4 所示。

| 10 | 学位论文模板演示改装设计学位论文模板演示改装设计 |

| 第二章　广义BETHE树的多叶距粒度正则α子树 | 11 |

图 14.4　奇偶页显示效果

在论文排版规范中，通常情况下论文封面没有页眉页脚，这是因为使用了命令 \thispagestyle{empty}，该命令是 LaTeX 系统自带的一个命令，用于设置当前页面的页眉和页脚为空。关于页眉的其他设置见如下代码。

LaTeX 源码 14.7　　class文件中关于页眉的设置

```
%新定义一个去除空格的命令
\def\newdelespace{\let\CTEX@spaceChar\relax}%让\CTEX@spaceChar
                                        %用空字符替换，目的是将页眉中的空格去掉
                                        %将\CTEX@spaceChar 命令设置为无效
\headheight 15pt                        %定义页眉高度为15pt

\fancypagestyle{plain}{                 %每章第一页使用的风格\chapter 命令一旦运行就
                                        %自动调用该设置
  \fancyhf{}                            %清除当前页眉页脚的设置
    \renewcommand{\headrulewidth}{0pt}
```

```
                                          %控制每章第一页页眉不显示分隔线
    \renewcommand{\footrulewidth}{0pt}
                                          %控制每章第一页页脚不显示分隔线
}
\pagestyle{fancy}                          %通过该命令，将这个样式应用到整个文档中，除非
                                          %在某个特定页面上使用了\thispagestyle{...}
                                          %来覆盖它
\fancyhf{}
\fancyhead[RE]{\small {\renewcommand\\{\unskip\ignorespaces}
\SGPD@value@titlemark}}                    %偶数页右侧显示论文标题，若题目有换行符进行强制
                                          %换行时，页眉处不换行，\unskip 表示移除前面的
                                          %空格距，\ignorespaces 表示忽略后面的空格。
                                          %此处还可用\chead{}命令增加其他内容，如校徽等
\fancyhead[LO]{\small {\newdelespace\leftmark}}
                                          %奇数页左侧显示当前页的章标题\leftmark，如果
                                          %当前页没有章标题，则为最近页的章标题，
                                          %\newdelespace 用于将标题中的空格去掉
fancyhead[LE,RO]{\small ~\thepage~}
                                          %偶数页左侧，奇数页右侧显示页码，这里\thepage
                                          %代表页码
%上述两个样式共同作用，可以实现文档中不同页面有不同的页眉和页脚样式
```

14.3.5 页面、段落间距及章节格式的设置和解析

在通常情况下，还需要对页面大小、段落间距、章节的字体样式、前后间距以及奇偶页的页边距进行设置。可以借助一些关键字来调整文档的版面结构，如可以用关键字 beforeskip 和 afterskip 控制不同对象之间的垂直间距。

在使用 ctex 宏包或文档类时，beforeskip 参数用于控制章节标题（如\section）上方的垂直间距。然而，ctex 的内部机制可能对间距的设置有一定的限制，特别是当尝试将 beforeskip 设置为负值时，这个负值可能不会按预期生效，实际上标题上方的垂直间距仍然是该参数绝对值的正值，导致标题并不会向上移动。可以通过其他方式实现标题上移，如利用 titlesec 宏包来实现。

afterskip 用于控制章节标题后的垂直距离，其绝对值表示标题到下文之间的间距，此度量若是负的，则定义的标题是段内显示的。总的来说，上下间距主要是第一个值起作用，因为本身就是微调，需要注意的是，plus 和 minus 只能在±1ex 之内，超过这个值将不会起作用。

LaTeX 源码 14.8 **class文件中章节的设置**

```
%设置页面大小、段落间距
\topmargin -0.5ex      %\topmargin 控制的是页面顶部边界到正文区域顶部（也就是 header 的
%底部）的距离。当\topmargin 的值为正时，正文区域会向下移动，相对地，header 也会向下移动
%当\topmargin 的值为负时，正文区域（以及 header）会向上移动，更靠近纸张的顶部边界
\textheight 21 true cm           %版面（正文区域）高为21cm
\textwidth 14.5 true cm          %版面宽为14.5cm
\parskip 0.5ex plus 0.25ex minus 0.25ex      %段落间的距离
```

```
%设置奇偶页页边距
\oddsidemargin 1.5 true cm                %奇数页的左页面边距，LaTeX 可以直接调用的命令
\if@twoside
    \evensidemargin 0 true cm             %双面显示的话，偶数页和奇数页在同一张纸上，所以
                                          %偶数页的左边距需要为 0
\else
    \evensidemargin 1.5 true cm
\fi


%\def 命令可以定义或重新定义宏（macro），设置章节字体样式及前后间距
%用于定义章节标题的名称格式，即章、节、条等的名称的格式。这个命令用于控制章节名称
%（如"第一章""第二节"等）的格式
\def\CTEX@chapter@nameformat{\bfseries\heiti\zihao{-3}}
%用于控制章节标题（如"绪论"）的格式
\def\CTEX@chapter@titleformat{\bfseries\heiti\zihao{-3}}


%控制章标题前后的垂直距离
\def\CTEX@chapter@beforeskip{15\p@}
\def\CTEX@chapter@afterskip{12\p@}


\def\CTEX@section@format{\bfseries\heiti\zihao{4}\centering }
% 用于定义节的名称和标题的格式以及章节标题前的垂直间距，以及弹性长度：由设定长度、伸长范
%围和缩短范围 3 个部分组成：例如 2mm plus 0.2mm minus 0.3mm
\def\CTEX@section@beforeskip{-2ex \@plus -1ex \@minus -.2ex}
\def\CTEX@section@afterskip{1.0ex\@plus.2ex}
%-2ex 表示相当于两个小写字母 x 的高度的负值
\def\CTEX@subsection@format{\bfseries\heiti\zihao{-4}}
\def\CTEX@subsection@beforeskip{-2.5ex\@plus-1ex\@minus-.2ex}
\def\CTEX@subsection@afterskip{1.0ex\@plus.2ex}


\def\CTEX@subsubsection@format{\bfseries\heiti\zihao{-4}}
\def\CTEX@subsubsection@indent{2\ccwd}  %小小节缩进当前字体两个汉字字符
\def\CTEX@subsubsection@beforeskip{-2ex\@plus-1ex\@minus-.2ex}
```

14.3.6　个人简介格式引擎设置和解析

毕业论文有时候需要附上个人简介，个人简介的编写在第 9 章已经介绍过了，本模板在 class 文件中定义个人简历环境，然后设置个人简历基本情况的环境，再定义一个以列表形式表达的环境，最后在 chaper 文件夹中的 resume 文件内编写内容即可。

> ⤢ **LaTeX 源码 14.9**　个人简历的设置

```
%%%%%%%%%%%%%%%%%%%%%%%%%%%%%%%%%%%%%%%%%%%%%%%%%%%%%%%%%%%%%%%%
class 文件中个人简历的环境定义及格式设置
%定义类似章的个人简历环境
\def\SGPD@label@resume{简\SGPDspace 历}
\newenvironment{resume}
```

```
    {\Nchapter{\SGPD@label@resume}}          %开始部分定义
    {}                                        %结束部分定义
%定义个人简历基本情况的环境
%list{默认标签}{格式}用于开始 list 通用列表环境，\list{} 定义列表环境后，用 \item 命
令来定义列表项的内容，然后用\endlist 结束该环境
\newenvironment{resumesection}[1]
    {{\noindent\normalfont\bfseries #1}       %不缩进，正常字体，加粗
     \list{}{\labelwidth\z@                    %没有标签，标签盒子的宽度设为 0
             \leftmargin 2\ccwd}              %列表与左边距之间的水平距离为两个汉字
     \item\relax}                             %确保在环境的内容开始时立即创建一个列
                                              %表项，因此，第一项不用写\item，第二
                                              %项及之后的需要写\item

{\endlist}
%定义个人简历列表的环境
\newenvironment{resumelist}[1]
    {{\noindent\normalfont\bfseries \color{blue}{#1}}
     \begin{list}{\labelwidth\z@              %利用 list 环境来显示
             \leftmargin 4\ccwd              %列表与左边距之间的水平距离
             \itemindent -2\ccwd             %每 item 第一行的缩进，向左缩进 2 个汉字
             \listparindent\itemindent}      %列表中的段落的缩进也设置为与列表项
                                              %第一行相同的缩进距离
             \item\relax}                    %确保在环境的内容开始时立即创建一个列表项，因
                                              %此，第一项不用写\item，第二项及之后的需要
    {\end{list}}                             %环境结束定义代码
%%%%%%%%%%%%%%%%%%%%%%%%%%%%%%%%%%%%%%%%%%%%%%%%%%%%%%%%%%%%%%%%%%%%%%
%chapter 文件夹中个人简历 resume 文件编写示例
\begin{resume}
\begin{resumesection}{基本情况}
    张三，汉族，计算机应用技术专业博士       %第一项已默认有\item 了，无须加\item 了
\end{resumesection}
\begin{resumelist}{教育状况}                   %第一项已默认有\item 了，无须加\item 了
    2015 年 9 月至 2020 年 8 月~~上海交通大学，计算机应用技术专业，工学博士
\end{resumelist}
  \begin{resumelist}{工作经历}
    2020 年 9 月至今~~上海交通大学           %第一项已默认有\item 了，无须加\item 了
  \end{resumelist}
  \begin{resumelist}{研究兴趣}
    理论计算机科学                           %第一项已默认有\item 了，无须加\item 了
    \item 大数据技术
  \end{resumelist}
  \begin{resumelist}{联系方式}
    通信地址：上海交通大学                    %第一项已默认有\item 了，无须加\item 了
    \item 邮编：200240
    \item E-mail: ***@.edu.cn
  \end{resumelist}
\end{resume}
```

显示效果如图 14.5 所示。

简　　历

基本情况

　　张三，汉族，计算机应用技术专业博士

教育状况

　　2015年9月至2020年8月　上海交通大学，计算机应用技术专业，工学博士

工作经历

　　2020 年 9月至今　上海交通大学

研究兴趣

　　理论计算机科学

　　大数据技术

联系方式

　　通讯地址：上海交通大学

　　邮编：200240

　　E-mail: ***@.edu.cn

图 14.5　个人简历

14.3.7　发表论文、参考文献引擎设置和解析

如果在攻读学位期间发表过论文，可以在毕业论文中附上，在发表文章环境中，对标题、文章左右页边界、编号样式等进行设置，运行效果如图 14.6 所示。

发表文章目录

[1] Redmon J, Divvala S, Girshick R, et al. You only look once: Unified, real-time object detection[C]//Proceedings of the IEEE conference on computer vision and pattern recognition. 2016: 779-788.

[2] Redmon J, Farhadi A. YOLO9000: better, faster, stronger[C]//Proceedings of the IEEE conference on computer vision and pattern recognition. 2017: 7263-7271.

图 14.6　发表论文

参考文献的标准采用《信息与文献　参考文献著录规则》（GB/T 7714—2015），采用文献库的形式，其形式还是将文献信息存放到 BIB 文件中，在第 6 章介绍参考文献时已经介绍过了，这里不再赘述，发表论文格式设置对应的环境定义如下所示。

⬈ LaTeX 源码 14.10　　发表论文、参考文献的设置

```
%%%%%%%%%%%%%%%%%%%%%%%%%%%%%%%%%%%%%%%%%%%%%%%%%%%%%%%%%%%%%%%%%
class 文件中发表论文、参考文献的设置
%定义发表文章环境
\def\SGPD@label@publications{发表文章目录}

%参考文献格式
\bibliographystyle{bst/GBT7714-2015}

%设置发表论文、参考文献的格式
```

```
%%%%%不同之处%%%%%
%发表论文环境
\newenvironment{publications}[1]
{\Nchapter{\SGPD@label@publications}
\@mkboth{\MakeUppercase\SGPD@label@publications}{\MakeUppercase\SGPD@label
@publications}
```
%字母全部大写，分别控制左右页眉，这里虽然被赋值了，但系统未必使用，本源码后面会详细讲解
%如何让\@mkboth 生效
%本模板是以库文件的方式引用参考文献，当使用 bib 文献库的时候，编译后会产生中间后缀为 bbl
%的文件，该文件中有 thebibliography 环境的使用，因此我们重新定义参考文献环境，
```
\renewenvironment{thebibliography}[1]{\Nchapter{\bibname}
\@mkboth{\MakeUppercase\bibname}{\MakeUppercase\bibname}
```
%定义参考文献页的左右页眉都是\bibname，同样没有生效，本源码后会讲解如何让他生效。
%%%%%相同之处（下面代码分别接上面两个定义环境进行续写）%%%%%

%创建新的 list 环境

`\list{\@biblabel{\@arabic\c@enumiv}}`	%\@biblabel 用于指定标签格式，生成每 %个条目的序号，将排序列表第四级计数器 %（大写英文字母）转化为阿拉伯计数形式； %\@arabic 为内部命令，\c@enumiv，排 %序列表第 4 层计数器
`{\settowidth\labelwidth{\@biblabel{#1}}}`	%\settowidth 将长度变量赋值， %用\@biblabel{#1}这个数值来赋值， %参数#1 供论文作者填写文献条目数
`\leftmargin\labelwidth` `\advance\leftmargin\labelsep`	%设置左边距为上面定义的\labelwidth %\advance 为增加第二个到第一个值上， %\labelsep 为列表条目编号与条目文本 %之间的距离，将\leftmargin 的值增大 %\labelsep 这个数值，作为条目文本左 %缩进宽度
`\@openbib@code`	%该命令的默认定义为空，只有当启用了 %openbib 选项后重新对其定义，才会起到 %使每个文献段落悬挂缩进的作用
`\usecounter{enumiv}`	%调用排序列表第四层序号计数器作为条目 %序号计数器
`\let\p@enumiv\@empty`	%将排序列表第四层前缀命令清空，使其失效
`\renewcommand\theenumiv{\@arabic\c@enumiv}}`	%重新定义排序列表第四层序号命令的计数 %形式为阿拉伯数字
`\sloppy`	%宽松命令，降低后面文本的排版标准， %以避免文本行右侧溢出或过多的断词，用 %扩大单词间距的方法防止产生断词
`\clubpenalty4000`	%控制版面底部孤行的，默认值 150，改 %为 4000，避免出现孤行，保证条目文本 %的完整性
`\@clubpenalty \clubpenalty` `\widowpenalty4000`	%存放当前\clubpenalty 的值 %控制版面顶部孤行的，默认值 150， %改为 4000，避免出现孤行，保证条目文

```
\sfcode'\.\@m}                          %本的完整性
                                        %将点字符（.`）的间距因子设置为 -1,
                                        %这意味着点字符不被视为一个完整的单词
                                        %结束符，句号起到分割参考文献内容的作用
{\def\@noitemerr                        %定义没有\item 的时候的错误提示
                                        %内部宏\@noitemerr
{\@latex@warning{Empty 'publications' environment}}
                                        %该命令用于生成编译时的警告消息
\endlist}
%%%%%%%%%%%%%%%%%%%%%%%%%%%%%%%%%%%%%%%%%%%%%%%%%%%%%%%%%%%%%%
chapter 文件夹中发表文章的文件编写示例
\begin{publications}{99}
  \item
  Redmon J, Divvala S, Girshick R, et al. You only look once: Unified, real-time
  object detection[C]//Proceedings of the IEEE conference on computer vision
  and pattern recognition. 2016: 779-788.
  \item
  Redmon J, Farhadi A. YOLO9000: better, faster, stronger[C]
  //Proceedings of the IEEE conference on computer vision and pattern
  recognition. 2017: 7263-7271.
\end{publications}
```

　　在源码 14.3 class 文件封面的设置中定义了 cleardoublepage 命令，\chapter 命令一般是 openright，这样生成一个新的章 chapter 就会自动调用\cleardoublepage 命令，该命令会把偶数页的页眉页脚清空，因此要实现偶数页（即便是空白页）也能显示页眉，进而实现自定义页眉，核心就是利用全局命令\gdef 重新对 cleardoublepage 进行定义，而且必须是全局修改。要对"发表文章目录"章节单独使用自定制页眉，可以先通过定义新的名称如 yyoldcleardoublepage 以保留之前的 cleardoublepage 命令，在实现该章节自定制的页眉页脚效果后，可以使用 yyoldcleardoublepage 恢复为原来的页眉页脚显示效果，这样该章节的页眉页脚效果不影响后续章节原来的页眉页脚效果。具体代码如下所示。

LaTeX源码 14.11　对"发表文章目录"章节定制化显示页眉页脚

```
%定义一个新的页眉页脚环境
\fancypagestyle{pubspecil}{
  \fancyhf{}                        %清空当前设置
    \fancyhead[LO,RE]{\small {\newdelespace\leftmark}}
}
%对 cleardoublepage 定义新的名称，保留原来的设置
\global\let\yyoldcleardoublepage\cleardoublepage

%在 publications 环境内补充代码
{
\gdef\cleardoublepage{\clearpage\if@twoside\ifodd\c@page\else
\thispagestyle{pubspecil}
\hbox{}\newpage\if@twocolumn\hbox{}\newpage\fi\fi\fi}
  \Nchapter{\SGPD@label@publications }%
\thispagestyle{pubspecil}
    \@mkboth{\MakeUppercase\SGPD@label@publications}
```

```
                    {\MakeUppercase\SGPD@label@publications}
......跟之前的代码相同  }
%在 publications 环境之后紧跟 resume 章，因此需要在个人简历环境 resume 中将
%\cleardoublepage 恢复，不然会影响后面环境的页眉和页脚
\global\let\cleardoublepage\yyoldcleardoublepage%% 定义个人简历环境
\newenvironment{resume}
  {\Nchapter{\SGPD@label@resume}
\thispagestyle{pubspecil}
%令 resume 首页显示页眉，同时让偶数页（如果是空白页）的页眉页脚恢复为空
\global\let\cleardoublepage\yyoldcleardoublepage
}        %开始部分定义
  {}
```

通过上面的设置，就可以在偶数页（即便是空白页）显示发表文章标题，如图 14.7 所示。

发表文章目录

图 14.7 "发表文章目录"偶数页设置页眉页脚

这样的设置同样也可以在致谢、附录等需要单独定制显示格式的环境使用。

14.4 致谢及数学专业术语定义和设置

致谢是论文中一个重要的部分，用于表达对帮助过你的老师、家人、同窗或者朋友的感谢。例子如图 14.8 所示。

致　　谢

　　本研究报告是在我尊敬的合作教授××教授的悉心指导和殷切关怀下完成的。首先非常感谢教授对我生活、工作、学习、研究等各方面的无私帮助，给我提供了宝贵的研究机会，为研究工作的顺利开展提供了极大便利和重要保障。教授严谨治学、谦虚和蔼、平易近人、认真勤奋、不知疲倦的工作作风，以及对事业的执着追求都使我终生难忘，时刻激励着我在科学研究的道路上奋发前行。在此，谨向教授致以最衷心的感谢!

图 14.8 致谢

在 LaTeX 中，\theoremstyle{plain}、 \theoremstyle{definition} 和 \theoremstyle{remark} 是内置的定理样式，它们分别对应了不同的定理环境样式。这些样式定义了定理、定义和备注等环境的外观和格式。可以在 LaTeX 文档中使用它们，而不需要额外定义。此外，也可以使用\newtheoremstyle 命令来定义新的定理样式。由于 LaTeX 默认格式为英文，中文论文中需要将数学术语进行中文化，设置如下。

LaTeX 源码 14.12　致谢及数学专业术语设置

```
%%%%%%%%%%%%%%%%%%%%%%%%%%%%%%%%%%%%%%%%%%%%%%%%%%%%%%%%%%%%%%%%%%%
class 文件中致谢及数学专业术语的设置
\def\SGPD@label@thanks{致\SGPDspace 谢}
```

```
\renewenvironment{thanks}                    %定义致谢环境
    {\Nchapter{\PDR@label@thanks}}
    {}

%定义定理名字中文化
\newtheorem{theorem}{定理}[section]           %会自动编号，并且编号会包含章节号作为前缀
\newtheorem{definition}{定义}[section]        %section 变化的话，计数将重新开始
\newtheorem{proposition}{命题}[section]
\newtheorem{remark}{Remark}
\newtheorem{lemma}{引理}[section]
\newtheorem{corollary}{推论}[theorem]

\theoremstyle{plain}                         %内置好的一个样式
    \newtheorem{algo}{算法~}[chapter]
    \newtheorem{thm}{定理~}[chapter]          %"thm"的编号是按章节独立编号
    \newtheorem{lem}[thm]{引理~}              %与 thm 共享计数器
    \newtheorem{prop}[thm]{命题~}
    \newtheorem{cor}[thm]{推论~}
\theoremstyle{definition}                    %内置好的一个样式
    \newtheorem{defn}{定义~}[chapter]
    \newtheorem{conj}{猜想~}[chapter]
    \newtheorem{exmp}{例~}[chapter]
    \newtheorem{rem}{注~}
    \newtheorem{case}{情形~}
\theoremstyle{remark}                        %内置好的一个样式，"备注"的定理环境。这种风格
    \newtheorem{bthm}[thm]{定理~}             %会使定理文本以普通字体显示，以区别于其他类型定理
    \newtheorem{blem}[thm]{引理~}             %"blem"与"thm"共享编号计数器
    \newtheorem{bprop}[thm]{命题~}
    \newtheorem{bcor}[thm]{推论~}
\renewcommand{\proofname}{\bf 证明}

%%%%%%%%%%%%%%%%%%%%%%%%%%%%%%%%%%%%%%%%%%%%%%%%%%%%%%%%
chapter 文件夹中致谢文件编写示例
\begin{thanks}
本研究报告是在我尊敬的合作教授××教授的悉心指导和殷切关怀下完成的。首先非常感谢教授对我
生活、工作、学习、研究等各方面的无私帮助，给我提供了宝贵的研究机会，为研究工作的顺利开展
提供了极大便利和重要保障。教授严谨治学、谦虚和蔼、平易近人、认真勤奋、不知疲倦的工作作风，
以及对事业的执着追求都使我终生难忘，时刻激励着我在科学研究的道路上奋发前行。在此，谨向教
授致以最衷心的感谢！
\end{thanks}
```

14.5 其 他 杂 项

模板样式设置文件 StudentGraduatePaperDesign 首行需要指定 LaTeX 编译器的版本需求，告诉编译器这个宏包或者类文件需要哪个版本编译器来编译，其命令为\NeedsTeXFormat{版本}。命令\ProvidesClass{类文件名}[版本信息]

其他杂项

的意思是：用\ProvidesClass 调用系统内部命令，用于向编译过程文件写入类文件名及其版本信息，并生成一条命令\ver@StudentGraduatePaperDesign.cls，其定义为日期，版本，其他信息，用于版本核对，示例如下所示。

LaTeX 源码 14.13 设置LaTeX编译器、类文件名称及版本信息

```
\NeedsTeXFormat{LaTeX2e}[1995/12/01] %告诉编译器，该宏包用 LaTeX2e 格式进行编译
\ProvidesClass{StudentGraduatePaperDesign}[2023/05/01 Student Graduate Paper
Design class]
```

如果想要在封面后增加论文版权信息，可以在模板样式设置文件中进行相应设置，由于一些源码解释比较长，故先对一些命令进行讲解说明。

\ifx：比较紧跟的两个 token 记号（可以是一个字符、序列，可以是一个参数）是否相同。

\edef：完全展开要展开的内容，直到没法再展开为止，e 代表 expand。

\expandafter\ifx\csname ver@StudentGraduatePaperDesign.cls\endcsname\relax：\expandafter 来延迟执行\ifx 命令，先执行\csname ver@StudentGraduatePaperDesign.cls\endcsname，命令为\ver@StudentGraduatePaperDesign.cls，然后跟\relax 比较是否相等。

\relax：LaTeX 中的一个命令，用于表示一个空的控制序列。它通常用于多种情况，例如在命令参数之间插入空格、在 \if 语句中作为一个占位符等。在大多数情况下，relax 被认为是一个不产生任何输出的空命令。

\csname ... \endcsname：LaTeX 中用于构建动态命令名称的机制，省略号代表的内容会被当作命令名称进行处理，这里的 csname 全称为控制序列（即命令）。

源码如下所示。

LaTeX 源码 14.14 论文版权信息

```
\newif\ifSGPD@typeinfo \SGPD@typeinfotrue %定义 SGPD@typeinfo 变量，然后赋 true
%定义获取模板文件的版权信息函数，\relax 用于标记参数的结束
\def\SGPD@getfileinfo#1 #2 #3\relax#4\relax{
  \def\SGPDfiledate{#1}        %文件日期
  \def\SGPDfileversion{#2}     %文件版本
  \def\SGPDfileinfo{#3}        %文件信息
  \def\PDRfilereserve{#4}      %预留的想传递的信息
}
%因 StudentGraduatePaperDesign 字符较长，以大写字母 A 替代
%  \csname ... \endcsname 是 LaTeX 中用于构建动态命令名称的机制
\expandafter\ifx\csname ver@A.cls\endcsname  \relax
%用 \expandafter 来延迟执行 \ifx 命令，以便先展开后面的命令，作用是检查是否存在名为
%ver@A.cls 的命令，如果存在且其值为 \relax，则条件成立。
%本模板类文件以 A.cls 的名字存在，因此\ver@A.cls 存在(由系统生成)，且跟\relax 不同，
% 因此执行 else 选择
  \edef\reserved@a{\csname ver@ctextemp_A.cls\endcsname}
%如果\ver@A.cls 没有定义，可能用的是 CCT，则模板类的文件名是\ver@ctextemp_A.cls
\else
  \edef\reserved@a{\csname ver@A.cls\endcsname}
\fi
%上面就是如果存在\ver@A.cls，就把它存入\reserved@a 中，否则就把\ver@ctextemp_A.cls
%存入\reserved@a 中
```

```
\expandafter\SGPD@getfileinfo\reserved@a\relax? ? \relax\relax
%\expandafter 命令来延迟执行 \SGPD@getfileinfo 命令，以便先展开 \reserved@a，再调用
% \SGPD@getfileinfo 命令并传递展开后的参数，最后两个\relax 用于标记参数结束，上面 "？？"
%代表预留的想传递的信息


%显示版权信息
\clearpage %清页命令，清空当前剩余页面并清理此前没有安置的浮动体，强制将剩余的内容放在
                %新页面上
  \if@twoside      %如果是双面显示
      \thispagestyle{empty}           %就用系统提供的 empty 版式排版页眉页脚
      \ifSGPD@typeinfo                %如果允许显示版权信息
      \vspace*{\stretch{1}}           % \vspace*{} 用于在垂直方向上添加空白，
                                      %{\stretch{1}} 表示这个空白的长度可以根据需要
                                      %进行伸缩，用在页首和页尾的时候，该命令仍然起作用

      \begin{footnotesize}
      \LaTeXe{}支持，\SGPDfileinfo 日期：\CTEX@todayold
      \\
      %日期用\today 初始化，在文件 ctex-common.def 中定义
      版本号\SGPDfileversion, 发布日期：\SGPDfiledate, With package
      \texttt{StudentGraduatePaperDesign} \SGPDfileversion{} of C\TeX{}.ORG
      \end{footnotesize} \fi
   \cleardoublepage                 %LaTeX 中用于创建新页面并开始新的奇数页（右侧页）的
                                    %命令，会在需要时添加空白页，确保下一页从奇数页开始
\fi
```

运行效果如图 14.9 所示。

LATEX 2$_\varepsilon$支持，Student Graduate Paper Design class日期：February 15, 2024
版本号SGPDV1，发布日期：2023/05/01，With package **StudentGraduatePaperDesign** 预留信息 of
CTEX.ORG

图 14.9　版权信息

14.6　本 章 小 结

　　本章详细解析了一个非常具有代表性的毕业论文模板，模板由主文件、格式文件、章节、图片素材、参考文献库、参考文献国标格式共六部分构成；通过源码及相对应的注释和展示效果，深入浅出地介绍了封面设计、目录生成、中英文摘要、页码页眉页脚的设计、章节的设计、个人简历、参考文献的设置、致谢等的模板引擎。通过本章的学习，读者可以实现从初级到高级的进阶。

■■■■■■■■■■■■■■■■■■■■■■ 习题 14 ■■■■■■■■■■■■■■■■■■■■■■

　　1. 在主文件中，分别使用了哪些关键字将文档分为前言、正文、附件部分？

　　2. 在封面设计时，主要分为哪三个步骤？如果在封面区域，还需要增加"班级"这一信息，如何设计添加？

3. 在论文标题换行的情况下，设置页眉处显示标题且标题不换行的关键代码命令是什么？

4. 在章节设计时，使用了关键字\beforeskip 和\afterskip，谈谈你的理解。

5. 此模板有哪些可以改进的地方？如果想在页眉上增加一个学校 Logo，请写出对应的代码。

第 15 章　LaTeX 二次应用开发

学习目标 ☞ | 1. 掌握如何开发支持在线编译的基于 LaTeX 的 Web 项目。
2. 加深对 LaTeX 编译引擎及其工作原理的理解。
3. 掌握 LaTeX 二次应用开发的基本逻辑。

本章的任务是开发一个基于 LaTeX 的在线编译 Web 项目，以在线通知文稿为例，前端浏览器输入标题、副标题、主体内容、单位等内容然后提交后台，就可以编译生成对应内容的 PDF 通知文稿。通过本章的学习将加深对 LaTeX 编译引擎与其工作原理的理解，巩固 LaTeX 的基本语法，同时为搭建高级在线编译系统提供思路。

15.1　开发工具及原理介绍

本节主要介绍开发基于 LaTeX 的在线编译系统所需要的编程语言、开发工具，以及所使用的技术框架。

开发工具及原理介绍

15.1.1　MiKTeX、Java 语言和 IDEA 集成开发环境介绍

MiKTeX 是一款开源的 LaTeX 编译系统，它删除了一些不常用的文件，安装更简便，且自带宏包管理程序，使宏包的安装与卸载更加便捷，同时它还提供编译过程中宏包自动下载功能，本 Web 系统基于 MiKTeX 进行开发。

Java 是一款面向对象的跨平台编程语言，SpringBoot 是由 Pivotal 团队提供的基于 Java 语言的全新框架，它能够简化应用的初始搭建及开发过程，从而使开发人员不需要定义样板化的配置，适合快速搭建 Web 项目使用。

IDEA 是一款主流的 Java 语言开发的集成环境，IDEA 集成各种插件让编码效率更高，调试工作更加简洁。

15.1.2　PDFObject.js、Apache Commons Exec 工具介绍

LaTeX 编译完成后最终生成 PDF 文件，借助 PDFObject.js 文件可以将生成的 PDF 在网页上展现给用户，实现在线预览效果。PDF 文件的来源可以是字节流存储在计算机上的本地 PDF 文件，或是可读取的网络 PDF 资源。简洁高效的一行代码即可完成 PDF 的预览功能，示例如下：

```
PDFObject.embed(res.result+"?v="+date.getTime(),"#pdf")
```

其中，"res.result" 为后台服务器返回的 PDF 字节流信息，"pdf" 为 DIV 标签的 ID 名。实现在线 LaTeX 编译系统的关键在于如何利用服务器的 LaTeX 资源编译 TeX 文件。使用 LaTeX 编辑器时，通常通过编辑器上面的编译按钮对 TeX 文件进行编译，在编译过程中，

编译器通过调用安装的 LaTeX 编译引擎完成 TeX 文件的编译。通过查看 MiKTeX 的安装路径："…/MikTeX/miktex/bin/x64"，可以发现路径下有 pdfLaTeX.exe、xeLaTeX.exe、luaLaTeX.exe 等可执行编译程序，这些可执行编译程序是完成 TeX 文件编译的核心文件，在单击编辑器的编译按钮后，系统会在后台调用 pdfLaTeXxxx.tex 命令来完成 TeX 文件的编译。

　　通过了解 LaTeX 编译引擎生成 PDF 的原理可知，只要实现通过浏览器触发 LaTeX 编译命令就能够完成在线 LaTeX 编译系统的搭建，实现在线 LaTeX 编译功能。如何使一个程序去调用第三方的程序呢？Apache Commons Exec 可以很好地完成这个任务。Apache Commons Exec 是一个开源的类库，能够在 Java 程序中调用第三方程序完成预期功能。

15.1.3　在线通知文稿的 TeX 模板

　　在线编译系统的主要任务是将输入的内容按照统一的模板格式生成对应的 PDF 文件，可以使用字符串变量替换技术，实现文本中指定内容的替换。动态替换变量可以采用正则表达式或 FreeMarker 字符串模板两种方式来实现，通知文稿显示效果如图 15.1 所示。

XXX 大学委员会办公室（通知）

新办文（2023）66 号

―――――――――――――――――

关于开展文明 XXX 大学建设专项整治工作的通知

为集中整治校园环境卫生，共同打造文明和谐的校园环境，引领校园
文明新风尚，经学校研究，决定开展文明建设专项整治工作，对影响校园
环境的各类不文明现象进行集中整治。

一、治理内容

（一）私搭乱建、侵占公共空间、乱贴小广告、乱拉横幅。

（二）校园室内外的卫生死角。

（三）随意丢弃垃圾、随口吐痰等不文明现象。

（四）超速行驶、乱停车辆都不文明行为。

（五）校园养狗。

XXX 大学 2023 年 3 月 9 日

图 15.1　通知文稿格式预览

上述显示效果对应的 TeX 模板如下。

LaTeX 源码 15.1　通知模板

```
\documentclass[a4paper,oneside,12pt]{ctexart}
\usepackage{fontspec}                              %设置字体样式
\usepackage{color}                                 %使用颜色宏包
\linespread{1.2}
\begin{document}
   \begin{center}
      {\textcolor{red}{\huge{${title}}}}           %通知标题
      \vspace{0.4cm}
      {\centering ${unitDescript}}                 %通知文号
      \textcolor{red}{\rule[-10pt]{12.3cm}{0.1em}} %红色的横线
   \end{center}
 \begin{center}
      \vspace{0.4cm}
      \large {${subTitle}}                         %通知副标题
```

```
  \end{center}
  \noindent
  ${content}                                          %主体部分
  \rightline{${unit}      ${time}}                    %单位和时间
\end{document}
```

在 TeX 模板中，${XXX}形式的字符串可以被方便地替换。例如，你好${name}，将 name="张三"，就能得到"你好张三"，这样就能动态生成格式统一但内容不同的通知文稿了。

15.1.4 HTML 前端页面框架介绍

对于一个 Web 项目来说，如果没有经过系统学习，想要设计出一个美观的页面是比较困难的，初学者可能需要花费大量时间去调整各种间距、对齐、居中样式，因此可以使用现有的前端框架来美化页面。Semantic UI、BootStrap 等开源框架都是较为流行的前端框架，通过设置标签的 class 属性来调用提前定义好的 css 效果，使用这些框架只需要在页面引入对应框架的 js 与 css 文件即可。

15.2 后端设计与实现

本节主要介绍 LaTeX 系统开发过程所包含的项目创建、主要 HTML 页面、通知内容实体类、TeX 模板文件处理、模板字符串变量替换、TeX 源文件创建、TeX 源文件的命令行编译等内容。

后端设计与实现

15.2.1 项目创建

打开 IDEA，依次单击 File–New–Project，选择创建 Spring Initializr 项目，Spring Initializr 通过模板快速创建一个基础的 SpringBoot 项目，默认启动服务 URL 选择 Default，如图 15.2 所示。

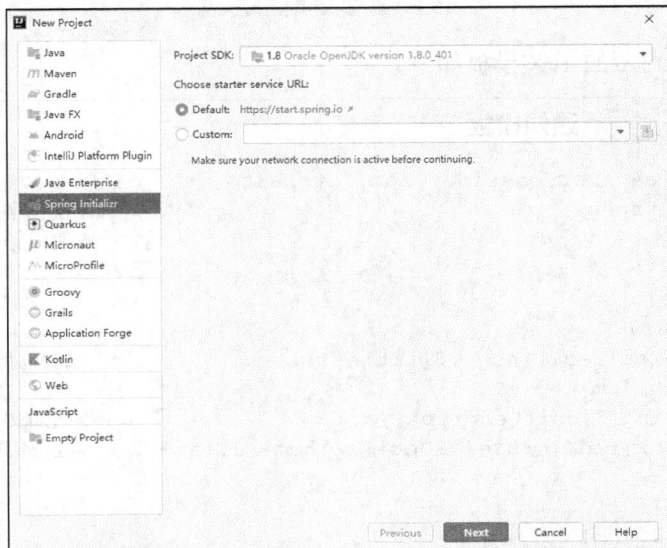

图 15.2 Spring Initializr 初始化向导

单击 Next 按钮后进入项目基础设置页面，修改项目的所属组、版本等信息，选择系统已经安装的 JDK 版本，除 JDK 版本外其他配置默认，再次单击 Next 按钮进入 SpringBoot 项目的依赖管理界面，本次项目只需导入 Spring Web 依赖即可，依赖管理界面如图 15.3 所示，单击 Next 按钮就可以开始创建项目了。

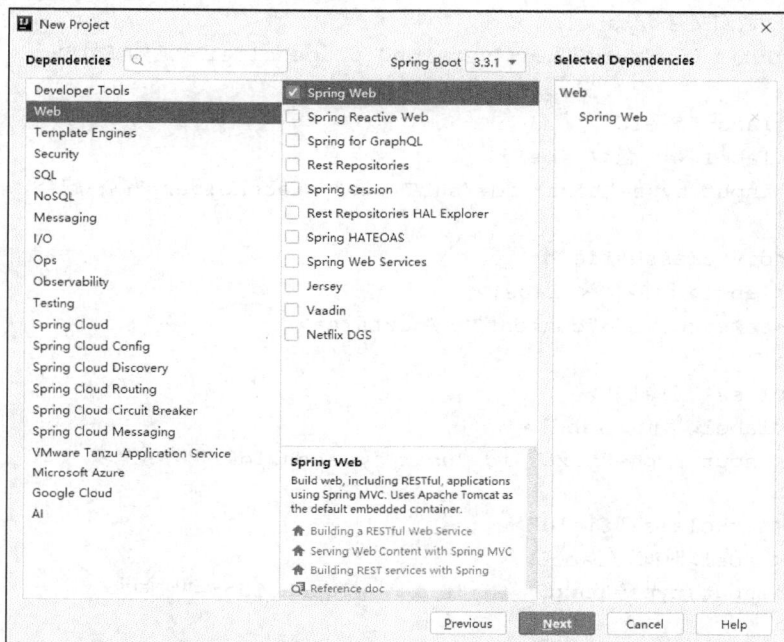

图 15.3　依赖管理界面

15.2.2　在线通知文稿模板对应的 HTML 页面

LaTeX 源码 15.2　　在线通知文稿模板对应的HTML页面

```
<!DOCTYPE html>
<html lang="en">
<head>
    <meta charset="UTF-8">
    <title>Title</title>
    <script type="text/javascript" src="/static/jquery/jquery-3.6.0.min.js">
        </script>
    <script type="text/javascript" src="/static/SemanticUI/semantic.js"></script>
    <link rel="stylesheet" href="SemanticUI/semantic.css">
    <!-- 引入前端页面美化框架 -->
</head>
<body>
<div class="ui container margin-top-large">
    <div class="ui grid">
        <div class="ui eight wide column">
            <form class="ui form">
```

```
        <div class="field">
        <label>标题</label>
    <input type="text" name="first-name" placeholder="标题">
    </div>
    <div class="field">
<label>通知文号</label>
     <input type="text" id="version" placeholder="通知文号">
</div>
    <div class="field">
        <label>副标题</label>
        <input type="text" id="subTitle" placeholder="副标题">
    </div>
        <div class="field">
        <label>主体内容</label>
        <textarea id="content"></textarea>
    </div>
    <div class="field">
        <label>单位</label>
        <input type="text" id="unit" placeholder="单位">
    </div>
        <div class="field">
        <label>时间</label>
        <input type="text" id="time" placeholder="时间">
    </div>
    <button class="ui button" type="button" onclick="compile ()">编译</button>
    </form>
    </div>
    <!-- PDF 可视化显示对应的 DIV -->
    <div class="ui eight wide column">
        <div id="pdf"></div>
    </div>
    </div>
</div>
</body>
<style>
.margin-top-min{                    .margin-top-mid{
margin-top: 5px;!important;         margin-top: 10px;!important;
}                                   }
.margin-top-large{                  .margin-top-huge{
margin-top: 20px;!important;        margin-top: 50px;!important;
}                                   }
</style>
```

　　上述 HTML 页面主要实现需要被动态替换的标题、通知文号、副标题、主体内容、单位、日期等信息的收集，该在线模板 HTML 页面文件存放于项目 resources\static\路径下，命名为 index.html，使用浏览器打开后的预览效果如图 15.4 所示。

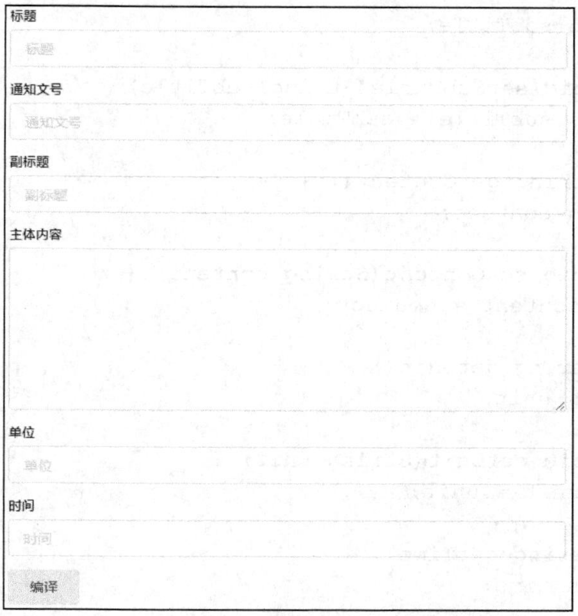

图 15.4　通知文件页面元素

15.2.3　通知文稿抽象实体类

Web 项目的 Controller 层用于接收前端页面传递的数据，将数据进行处理后返回给前端页面，为了统一前端数据的样式，将前端数据抽象为一个类，命名为 NoticeMessage，类 NoticeMessage 的定义如下。

LaTeX 源码 15.3　通知内容抽象类

```
public class NoticeMessage {
       private String title;           //通知标题
       private String unitDescript;    //通知文号
       private String subTitle;        // 副标题
       private String content;         //内容
       private String unit;            //单位
       private String time;            //时间
       public String getTitle() {
           return title;
       }
       public void setTitle(String title) {
           this.title = title;
       }
       public String getUnitDescript() {
           return unitDescript;
       }
       public void setUnitDescript(String unitDescript)
           { this.unitDescript = unitDescript;
       }
       public String getSubTitle() {
```

```
            return subTitle;
        }
        public void setSubTitle(String subTitle)
            { this.subTitle = subTitle;
        }
        public String getContent() {
            return content;
        }
        public void setContent(String content) {
            this.content = content;
        }
        public String getUnit() {
            return unit;
        }
        public void setUnit(String unit) {
            this.unit = unit;
        }
        public String getTime() {
            return time;
        }
        public void setTime(String time) {
            this.time = time;
        }
    }
```

15.2.4 TeX 模板文件处理

在线 Web 项目开发的重点在后端，主要任务是完成 TeX 模板的解析与变量的替换，在项目 resources/static/texTemplate 路径下存储提前编写好的 TeX 源码的模板文件，将定义好的 TeX 模板（即源码 15.1）复制到 texTemplate 文件夹下，并命名为 MAIN.TEX，项目结构如图 15.5 所示。

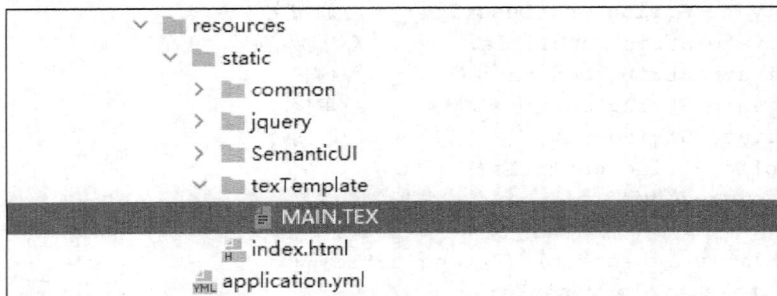

图 15.5　TeX 模板文件位置

15.2.5 模板字符串变量替换

系统主要使用 FreeMarker 的字符串替换功能，关键代码如下，其中 noticeMessage 为通知内容数据对象，对象中保存 Web 前端页面所填写的具体内容，首先创建 FreeMarker 的 Template 对象，参数分别为标识名（可随意设置）、一个 StringReader 对象（对象的参数为读取 TeX 模板文件之后对应的字符串）和一个 FreeMarker 提供的默认配置类对象。获取 Template 对象后，使用 process 方法会将 TeX 模板中的自定义变量，形如${title}的部分替换为 noticeMessage 中名为 title 变量的值。这样就实现了用同一个 TeX 模板格式化输出不同通知内容的功能。

🔖 LaTeX 源码 15.4　　字符串模板变量替换关键代码

```
//用 noticeMessage 实体类中的成员变量分别替换 texStr 中对应的${}标识
Template main = new Template("main",new StringReader(texStr),
new Configuration())
//texStr 就是读取 TeX 模板文件之后对应的字符串，StringReader 为构建 Template 对象所需
要的字符读取类，new Configuration()为 Template 的默认初始化配置
main.process(noticeMessage,stringWriter);
//替换之后的结果存放在字符流对象 stringWriter 中
```

接下来介绍 texStr 如何获取模板内容，用 ClassPathResource 类获取相对路径下的 MAIN.TEX 文件，关键代码如下所示。

🔖 LaTeX 源码 15.5　　SpringBoot读取类路径下文件关键代码

```
//通过相对路径加载 MAIN.TEX 文件
ClassPathResource classPathResource =
  new ClassPathResource("/static/texTemplate/MAIN.TEX");
InputStream inputStream = null;
BufferedInputStream bis = null;
ByteArrayOutputStream bos = newByteArrayOutputStream();
try {
    //获取类路径下文件的输入流
    inputStream =classPathResource.getInputStream(); bis = new
    BufferedInputStream(inputStream);
    int len = 0;
    //创建字节数组读取流中的字节数组 byte[] array = new byte[1024];
    //循环读取字节流并写入 bos 输出流中，bos 中的字符便是 TeX 模板字符串
    while((len = bis.read(array))!=-1)//没有到文件结尾就接着读
    {
        bos.write(array,0,len);//取 len 长度的字符写到 bos
    }
} catch (IOExecption e){//如有异常报错，并输出出错信息
    e.printStackTrace();
}finally {
    try {
      bis.close();//关掉输入流文件
      bos.close();//关掉输出流文件
    } catch (IOExecption e) { e.printStackTrace();
    }
}
```

获取到模板字符串以后就可以进行字符串内容的替换，替换后得到可以编译的 TeX 源码字符串，关键代码如下所示。

> **↗ LaTeX 源码 15.6   获取TeX字符串关键代码**

```
//获取得到的模板 MAIN.TEX 的内容字符串
String texStr = bos.toString();
StringWriter stringWriter = new StringWriter();
Template main = null;
try {
    //通过 texStr 生成一个待替换的文字模板类对象
    main = new Template("main", new StringReader(texStr), new Configuration());
} catch (IOExecption e) {
    e.printStackTrace();
}
try {
//执行替换过程，分别用实体类中的成员变量来替换 texStr 中对应的${}标识，写
//入 stringWriter
    main.process(noticeMessage,stringWriter);
} catch (TemplateExecption e) {
    e.printStackTrace();
} catch (IOExecption e) {
    e.printStackTrace();
}
//获取替换后的 TeX 源码字符串
String s = stringWriter.toString();
```

得到了源码字符串以后，接下来需要把它写入后缀为.tex 的文件中，方便后续使用
LaTeX 的编译引擎对其进行编译，主要代码如下所示。

> **↗ LaTeX 源码 15.7   创建TeX文件**

```
//生成 TeX 文件，其中 texFilePath 为 TeX 文件的存储路径
File filePath = new File(texFilePath);
if(!filePath.exists())
{
    filePath.mkdirs();  //若存储路径不存在，则创建对应的文件夹
}
//创建一个 main.tex 文件对象
File file = new File(texFilePath+"main.tex");
if(!file.exists())
{
    try {
        file.createNewFile();
    } catch (IOExecption e) {
        e.printStackTrace();
    }
}
FileOutputStream fos = null;          //定义文件输出流对象，并初始化为空
ByteArrayInputStream bis2 = null;     //定义字节数组输入流对象，并初始化为空
try {
    //创建文件输入流，用于将内容写入文件
    fos = new FileOutputStream(file);
    //读取已经替换好变量的 TeX 源码字符串 s
```

```
    //s.getBytes()将字符串转化为字节数组
    bis2 = new ByteArrayInputStream(s.getBytes()); int len = 0;
    byte[] buffer = new byte[1024];          //生成一个字节数组
    while((len = bis2.read(buffer))!=-1)      //只要字节数组没有读完就继续读取
    {//将 buffer 字节数组里的内容写入输出流中
        fos.write(buffer,0,len);
    }
  }catch(Execption e){
   e.printStackTrace();
} finally {
 try {//关闭使用资源，关闭后字符流写入文件
        fos.close();
        bis2.close();
    } catch (IOExecption e) {
        e.printStackTrace();
    }
}
```

15.2.6　TeX 源文件创建

完整的 createTexFile 函数如下所示，其中 texFilePath 为 TeX 文件的存储路径。

> **LaTeX 源码 15.8**　**生成目标TeX文件**

```
public void createTexFile(NoticeMessage noticeMessage){
        //读取模板文件内容
        ClassPathResource classPathResource =
        new ClassPathResource("/static/texTemplate/MAIN.TEX");
        InputStream inputStream = null;
        BufferedInputStream bis = null;
        ByteArrayOutputStream bos = new ByteArrayOutputStream();
        try {
            //创建 MAIN.TEX 的输入流，获取 MAIN.TEX 的模板内容
            inputStream= classPathResource.getInputStream();
            bis=new BufferedInputStream(inputStream);
            int len = 0;
            byte[] array = new byte[1024];
            while((len = bis.read(array))!=-1)
            {
                bos.write(array,0,len);
            }
            }catch (IOExecption e) { e.printStackTrace();
            }finally{
            try {
                bis.close();
                bos.close();
            }catch(IOExecption e) {
                e.printStackTrace();
            }
        }
        //获取得到的模板字符串
```

```
String texStr = bos.toString();
//用 stringWriter 来存储替换后的 TeX 源码字符串
StringWriter stringWriter = new StringWriter();
Template main = null;
try {
    main = new Template("main", new StringReader(texStr)
                        ,new Configuration());
} catch (IOExecption e) {
    e.printStackTrace();
}
try {
    //执行字符串模板的变量替换, 其中 noticeMessage 存储前端 HTML 页面填写的内容
main.process(noticeMessage,stringWriter);
}catch(TemplateExecption e){ e.printStackTrace();
}catch(IOExecption e) {
    e.printStackTrace();
}
String s = stringWriter.toString();
System.out.println(s);
//创建 main.tex 的 File 对象, 若不存在则创建
File filePath = new File(texFilePath);
if(!filePath.exists())
{
    filePath.mkdirs();
}
File file = new File(texFilePath+"main.tex");
if(!file.exists())
{
    try {
        file.createNewFile();
    } catch (IOExecption e) {
        e.printStackTrace();
    }
}
//将 TeX 源码字符串通过输出流写入文件中
FileOutputStream fos = null;
ByteArrayInputStream bis2 = null;
try{
    fos = new FileOutputStream(file);
    bis2 = new ByteArrayInputStream(s.getBytes());
    int len = 0;
    byte[] buffer = new byte[1024];
    while((len = bis2.read(buffer))!=-1)
    {
        fos.write(buffer,0,len);
    }
}catch (Execption e) {
    e.printStackTrace();
}finally { try {
        fos.close();
        bis2.close();
```

```
        }catch(IOExecption e){
            e.printStackTrace();
        }
    }
}
```

执行以上代码后可以发现，在 texFilePath（自定义的文件存储路径）下生成了 main.tex 文件，如图 15.6 所示。

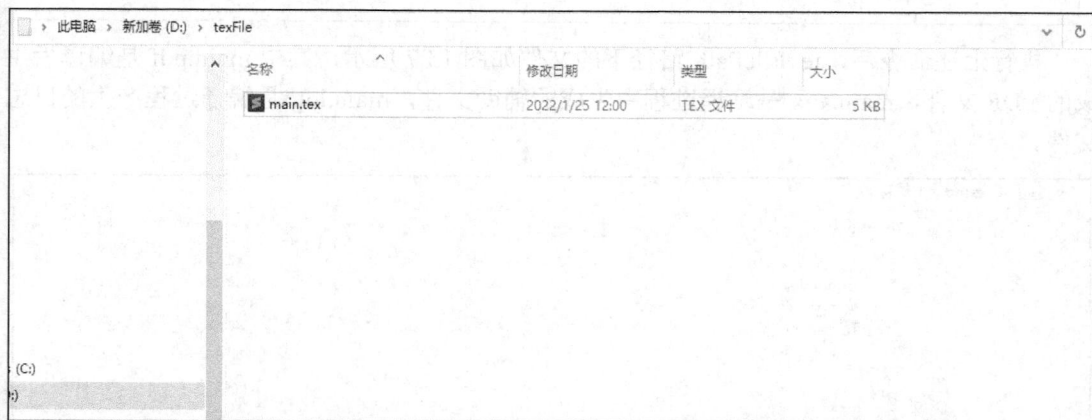

图 15.6　texFilePath 路径下生成的文件

15.2.7　TeX 源文件的命令行编译

系统生成 TeX 文件后，就可以使用 Apache Commons Exec 工具包执行 CMD 命令来调用 LaTeX 的编译程序对 TeX 文件进行编译，编译成功后返回生成 PDF 文件的文件路径。需要注意的是，一定要确保 XeLaTeX 能正常运行，具体源码如下。

LaTeX 源码 15.9　编译TeX文件函数

```
public String compile(NoticeMessage noticeMessage){
    createTexFile(noticeMessage);
    //构建一个执行命令，主要执行 xeLaTeX main.tex，其中 parse 就是解析 cmd 命令
    CommandLine commandLine = CommandLine.parse("xeLaTeX
                            main.tex");
    //创建一个默认的命令执行器
    DefaultExecutor defaultExecutor = new DefaultExecutor();
    //设置命令执行完成退出标识
    defaultExecutor.setExitValue(0);
    //设置 exec 的工作目录，在此目录路径下执行命令
    defaultExecutor.setWorkingDirectory(newFile(texFilePath));
    int execute = -1;
    try {
        //开始执行命令
        execute = defaultExecutor.execute(commandLine);
    } catch (IOExecption e) { e.printStackTrace();
    }
```

```
    if(execute==0)
    {
        //返回 PDF 文件路径
        return texFilePath+"main.pdf";
    }
    else{
        return null;
    }
}
```

执行上述命令后，texFilePath 路径下的文件如图 15.7 所示，其中 main.pdf 是编译后生成的 PDF 文件，main.aux 是编译过程中生成的辅助文件，main.log 是编译过程产生的日志文件。

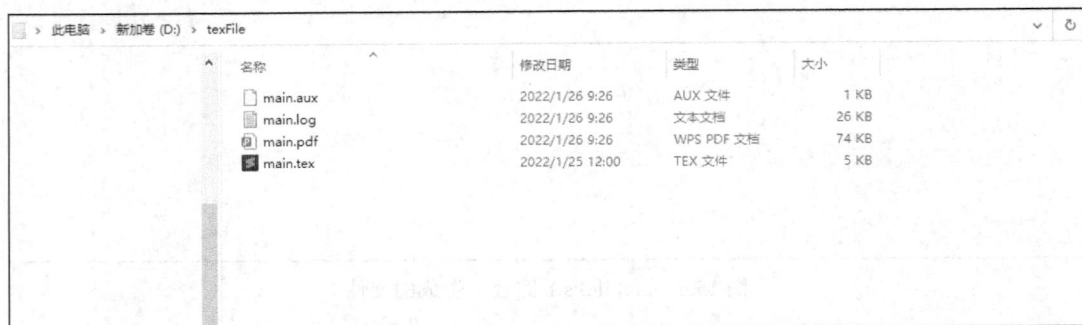

图 15.7　编译后的文件

15.3　整体流程实现

本节主要介绍编排系统由前端到后端之间的数据交互过程，以及对 TeX 文件的创建调用的整个过程。

15.3.1　页面预览 PDF 文件

前端通过 JS 函数执行编译按钮功能，将所有填写的信息传送到后端进行变量替换，得到目标 TeX 文件，使用编译函数对目标文件进行编译后得到生成的 PDF 文件路径，PDF 预览插件通过得到的 PDF 文件路径请求接口获取 PDF 文件字节流，并将字节流解析显示在浏览器页面上。

LaTeX 源码 15.10　　**前端请求与展示PDF**

```
$(function(){
    if (PDFObject.supportsPDFs) {
        //path 为编译后的 PDF 文件路径，其中 D:/texFile 是自定义的文件存储路径，但是必
        //须要和 texFilePath 路径名字完全一样，此段代码的作用是直接加载之前生成的 PDF
        PDFObject.embed("/getPdf?path=D:/texFile/main.pdf","#pdf");
    }
    else {
```

```
        $("#pdf").text("不支持 PDF 预览请升级或更换浏览器");
    }
})
//发送编译请求并传输数据，然后得到 PDF 字节流
function compile(){
    var data = {};
    //获取每个输入框对应的值
    data.title = $("#title").val();
    data.unitDescript = $("#version").val();
    data.subTitle= $("#subTitle").val();
    data.content = $("#content").val();
    data.unit = $("#unit").val();
    data.time = $("#time").val();
    $.post("/compile",data,function(res){
        if(null!=res)  //执行成功有返回值
        {//PDFObject.supportsPDFs 检测浏览器是否支持内嵌 PDF
            if (PDFObject.supportsPDFs) {
            //支持的话把 PDF 流放到 id 为#pdf 的 div 标签里
                PDFObject.embed("/getPdf?path="+res, "#pdf");
            }
            else {
                $("#pdf").text("不支持 PDF 预览请升级或更换浏览器");
            }
        }
    })
}
```

15.3.2　前端请求控制器

　　JS 的请求都发送到前端请求控制器中处理，前端请求控制器调用前文定义的 createTeXFile 函数以及 compile 函数完成文件生成、编译等功能。完整的前端请求控制器代码如下：

> **LaTeX 源码 15.11**　**前端请求与展示 PDF**

```
@Controller       //标识本类是请求处理类，类名为 NoticeMessageController
public class NoticeMessageController {
    @Autowired  //Springboot 自动注入模板文件处理类，不写这个命令的话，
    //下面的 CreateTexFileService 类就无效
    CreateTexFileService createTexFileService;
    //编译 TeX 文件
    @GetMapping("/compile")  //发送/compile 的 http 请求后，会调用 compile 方法
    @ResponseBody           //定义返回数据类型为 json
    public String compile(NoticeMessage noticeMessage){
        //调用系统编译方法
        String compile = createTexFileService.compile(noticeMessage);
        return compile;     //以字符串形式返回生成的 PDF 文件的路径
    }
    //获取 PDF 的字节流
    @GetMapping("/getPdf")  //发送/getPdf 的 http 请求后，会调用 getPdf 方法
```

```
@ResponseBody               //定义返回数据类型为json
public void getPdf(HttpServletResponse response,String path)
    throws IOExecption {
//response 是为了返回pdf 数据, setContentType 是设置数据返回类型
 response.setContentType("application/pdf");
 FileInputStream in;
 OutputStream out;
 try {
     //获取文件的字节流数据
     in = new FileInputStream(new File(path));
     out = response.getOutputStream();
     byte[] b = new byte[512];
     while ((in.read(b)) != -1) {
         out.write(b);
         out.flush();
     }
     in.close();
     out.close();
 } catch (Execption e) {
     e.printStackTrace();
 }
 }
}
```

最后生成的 PDF 展示效果如图 15.8 所示。

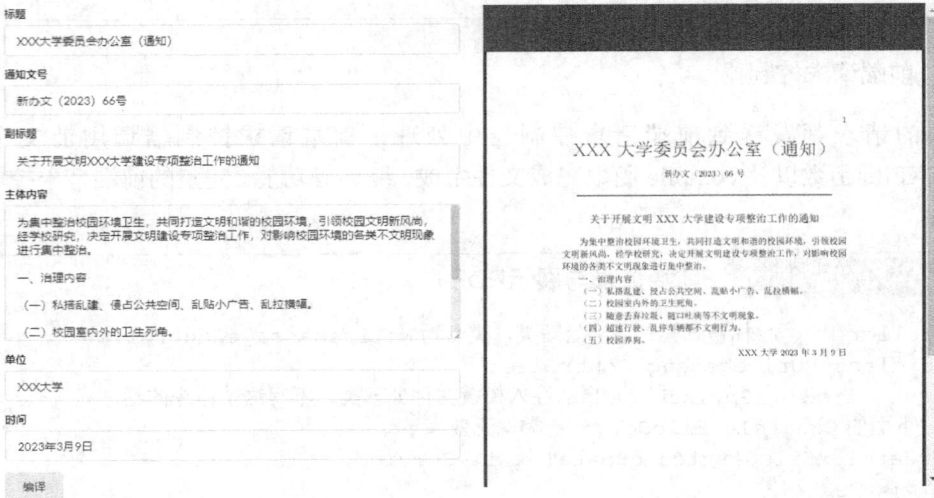

图 15.8　PDF 在线预览效果

15.4　本 章 小 结

本章介绍了 LaTeX 二次应用开发，首先介绍了开发过程中使用的语言、软件和工具，然后详细介绍了前后端的数据传输，交互过程、TeX 模板的字符串替换、TeX 文件生成过

程以及 LaTeX 引擎的命令行调用过程，最后给出了详细的实现代码。

■■■■■■■■■■■■■■■■■■■■■ 习题 15 ■■■■■■■■■■■■■■■■■■■■■

在本章提供的通知文稿模板的基础上添加一个签名项，请写出改造后的模板文件的 HTML 页面和对应的实体类代码。

参 考 文 献

陈志杰，赵书钦，万福永，2006. LaTeX 入门与提高[M]. 北京：高等教育出版社.

邓建松，彭冉冉，陈长松，2001. LaTeX2e 科技排版指南[M]. 北京：科学出版社.

胡伟，2011. LaTeX2e 完全学习手册[M]. 北京：清华大学出版社.

胡伟，2017. LaTeX2e 文类和宏包学习手册[M]. 北京：清华大学出版社.

李汉龙，隋英，韩婷，2016. LaTeX 快速入门与提高[M]. 北京：国防工业出版社.

李平，2004. LaTeX2e 及常用宏包指南[M]. 北京：清华大学出版社.

刘海洋，2013. LaTeX 入门[M]. 北京：电子工业出版社.

刘小平，2015. 论文排版实用教程——Word 与 LaTeX[M]. 北京：清华大学出版社.

王伊齿，李涛，2015. LaTeX 科技论文写作简明教程[M]. 北京：清华大学出版社.

吴康隆，2020. 简单高效 LaTeX[M]. 北京：人民邮电出版社.

吴凌云. 博士后工作报告 LaTeX 模板-PostDocRep[Z/OL]. [2024-06-15].https://github.com/Aloft-Lab/CTEX-Templates/tree/master/
PostDocRep.

周峰，周俊庆，2020. LaTeX 入门与实战应用[M]. 北京：电子工业出版社.

专业开发者社区. 专业开发者社区[Z/OL]. [2024-06-15].https://www.csdn.net.

CNBlogs. 博客园[Z/OL]. [2024-06-15].https://www.cnblogs.com.

CTeX. CTeX 中文技术排版论坛[Z/OL]. [2024-06-15]. http://www.ctex.org.

Doob M, 1980. A gentle introduction to TEX[M]. Portland: TEX Users Group.

Grätzer G, 2016. More Math Into LaTeX[M]. Berlin: Springer.

Knuth D E, Bibby D, 1984. The TeXbook: Volume 15[M]. Reading: Addison-Wesley.

Kopka H, Daly P W, Rahtz S, 2004. Guide to LaTeX: Volume 4[M]. Boston, MA: Addison-Wesley.

Lamport L, 1994. LaTeX: A Document Preparation System[M]. 2nd ed. Reading: Addison-Wesley.

LaTeX 工作室. LaTeX 工作室[Z/OL]. [2024-06-15].https://www.latexstudio.net.

Mittelbach F, Goossens M, Braams J, et al. , 2004.The LaTeX companion[M]. Hoboken: Addison- Wesley Professional.

Oetiker T, Partl H, Hyna I, et al. The Not So Short Introduction to LaTeX2e [Z/OL]. [2024-06-15].https://tobi.oetiker.ch/lshort/
lshort.pdf.

Syropoulos A, Tsolomitis A, Sofroniou N, 2007. Digital typography using LaTeX[M]. New York: Springer Science & Business Media.

TUG. TeX Users Group (TUG) [Z/OL]. [2024-06-15].http://www.tug.org.